POCH

SINGULARITÉS

**DU MÊME AUTEUR
CHEZ ODILE JACOB**

À l'écoute du vivant, 2002.
Génétique du péché originel, 2009.

CHRISTIAN DE DUVE

SINGULARITÉS

Jalons sur les chemins de la vie

poches

© Odile Jacob, 2005, avril 2011
15, rue Soufflot, 75005 Paris

www.odilejacob.fr

ISBN : 978-2-7381-2622-1
ISSN : 1621-0654

Le Code de la propriété intellectuelle n'autorisant, aux termes de l'article L.122-5, 2° et 3° a, d'une part, que les « copies ou reproductions strictement réservées à l'usage privé du copiste et non destinées à une utilisation collective » et, d'autre part, que les analyses et les courtes citations dans un but d'exemple et d'illustration, « toute représentation ou reproduction intégrale ou partielle faite sans le consentement de l'auteur ou de ses ayants droit ou ayants cause est illicite » (art. L. 122-4). Cette représentation ou reproduction, par quelque procédé que ce soit, constituerait donc une contrefaçon sanctionnée par les articles L. 335-2 et suivants du Code de la propriété intellectuelle.

Avant-propos

Ce livre n'était pas destiné à voir le jour. Après avoir terminé *À l'écoute du vivant* (de Duve, 2002), j'étais décidé à ne plus écrire un autre livre. J'avais, dans cet ouvrage et dans les trois autres qui l'ont précédé (de Duve, 1987, 1990, 1996a), écrit tout ce que j'avais à dire au sujet de la vie, y compris sa nature, son origine, son histoire évolutive jusqu'à l'avènement de l'humanité, son avenir et même sa signification cosmique. En fait, j'avais, en relisant certains passages de ces livres, fait la découverte embarrassante que j'avais tendance à me répéter, allant parfois – signe particulièrement inquiétant – jusqu'à utiliser les mêmes mots.

Ce qui m'a fait changer d'avis, c'est la constatation qu'en essayant d'atteindre un plus grand nombre de lecteurs j'avais noyé un certain nombre de points scientifiques que j'estimais signifiants et originaux dans des exposés plus généraux destinés au non-spécialiste. Le message que je voulais faire passer s'en est trouvé brouillé, même mal interprété, comme guidé par un *a priori* idéologique (Szathmary, 2002 ; Lazcano, 2003).

Cette constatation m'a poussé à clarifier ma pensée, éliminer l'accessoire et formuler le résultat d'une manière aussi concise que possible à l'intention d'un lectorat scientifiquement averti. Mon but est de ne pas atteindre seulement mes collègues biologistes, mais tous les scientifiques, depuis les physiciens, cosmologues et géologues jusqu'aux naturalistes et anthropologues, qui partagent un intérêt pour la place occupée par la vie, y compris la nôtre, dans le cosmos. J'ai, dans ce but, avec l'espoir que les spécialistes voudront bien m'en excuser, résumé une fois encore les caractéristiques clés de la vie, comme je l'ai déjà fait dans *Construire une cellule* (de Duve, 1990) mais avec, cette fois, l'accent sur les « singularités », terme par lequel j'entends des événements ou des propriétés de caractère unique, singulier.

L'histoire de la vie est jalonnée de telles singularités. Tous les organismes vivants connus, qu'ils soient microbes, végétaux, mycètes ou animaux, y compris les humains, descendent d'une forme ancestrale *unique*. Tous sont faits des *mêmes* matériaux, aux dépens desquels ils assemblent leurs constituants par les *mêmes* processus biosynthétiques. Tous accomplissent les *mêmes* réactions métaboliques et dépendent des *mêmes* mécanismes pour tirer de l'énergie de leur environnement et la convertir en travail utile. Il y a des différences, bien entendu, selon la nature des substances utilisées, la source d'énergie et le genre de travail exécuté. Mais les processus de base sont les mêmes. Tous les êtres vivants connus utilisent le *même* langage génétique ; ils se conforment aux *mêmes* règles d'appariement de bases et observent le *même* code génétique. Derrière l'extraordinaire diversité de la biosphère, il y a manifestement un plan fondamental *unique*.

À un stade ultérieur de l'évolution, on découvre que les eucaryotes descendent tous d'une cellule ancestrale *unique*. De même, végétaux, mycètes et animaux sont chacun *monophylétiques*, c'est-à-dire descendants d'un organisme fondateur *unique*. C'est le cas également des membres de chaque classe ou famille, comme l'illustre abondamment la cladistique et le confirment les phylogénies moléculaires.

Souvent acceptées simplement pour ce qu'elles sont, ces singularités requièrent une explication. La recherche de cette dernière n'est pas un exercice purement gratuit. Elle peut révéler de précieux faits sur la nature de la vie, son origine et son évolution. Elle peut aussi guider nos explorations en quête de signes de vie dans notre galaxie ou ailleurs.

Tel est le but de cet essai. Il est intentionnellement bref et dépouillé de détails spécialisés. Conformément au format adopté, les références à la littérature sont peu nombreuses et réservées en grande partie à des publications récentes. L'ouvrage est fondé par nécessité sur la biochimie, la biologie moléculaire et la biologie cellulaire, mais sous une forme destinée à rendre ces disciplines accessibles à quiconque possède une certaine familiarité avec le langage de la science moderne et, peut-être, à encourager certains à s'intéresser plus activement à ces disciplines et à acquérir les notions de base sans lesquelles une appréciation correcte de la signification de la vie dans l'Univers est impossible.

Le livre couvre un vaste territoire, dépassant de loin le domaine de ma compétence. Plusieurs amis et collègues m'ont aidé à remédier dans une certaine mesure à mes déficiences. En particulier, Nicolas Glansdorff, Patricia Johnson, Antonio Lazcano, Harold Morowitz, Miklos Müller, Guy Ourisson, Andrew Roger et Günter Wächtershäuser ont lu la totalité ou des parties du manuscrit original et fourni de précieuses informations, remarques, critiques et suggestions. Je leur en suis profondément reconnaissant, mais dois revendiquer seul la responsabilité du texte final, y compris ses erreurs et ses particularités, d'autant plus que je n'ai pas toujours suivi les conseils qui m'ont été prodigués. Je remercie également Jeffrey Bada, Johannes Hackstein, Arthur Kornberg et William Martin de m'avoir procuré certaines de leurs publications récentes. Je dois, une fois de plus, à l'assistance éclairée de mon ami Neil Patterson la toilette finale du texte anglais ainsi que nombre de précieuses suggestions. Pour le texte français, Gérard Jorland m'a apporté une aide tout aussi utile et appréciée. À lui, ainsi qu'aux autres collaborateurs d'Odile Jacob, j'exprime toute ma gratitude. Enfin, je rappelle avec émotion le souvenir de ma fidèle Karrie, qui m'a aidé dans tous mes écrits pendant plus de trente ans.

INTRODUCTION GÉNÉRALE

Les mécanismes de la singularité

Plusieurs explications différentes peuvent théoriquement rendre compte d'une singularité. J'en distingue schématiquement sept genres, qui ne s'excluent pas nécessairement mutuellement et que je présente dans l'ordre de probabilité décroissante.

Mécanisme 1. Nécessité déterministe

Selon cette interprétation, les choses ne pourraient pas être autrement, les conditions physico-chimiques étant ce qu'elles sont. La majorité des phénomènes physiques et chimiques relèvent de cette interprétation. Ils obéissent aux lois naturelles de manière strictement reproductible. Ce n'est qu'au niveau subatomique qu'apparaît un certain degré d'incertitude. La vie n'est pas affectée par des événements à ce niveau, sauf, si l'on en croit une théorie proposée par certains chercheurs mais loin d'être unanimement acceptée, la connexion entre le cerveau et la pensée.

Mécanisme 2. Goulet sélectif

Ce mécanisme s'applique à toute situation où des voies différentes sont sujettes à un processus de sélection imposé de l'extérieur qui n'en laisse subsister qu'une seule. Le plus familier est la sélection naturelle darwinienne où des organismes différents se disputent les ressources disponibles, et les plus aptes à

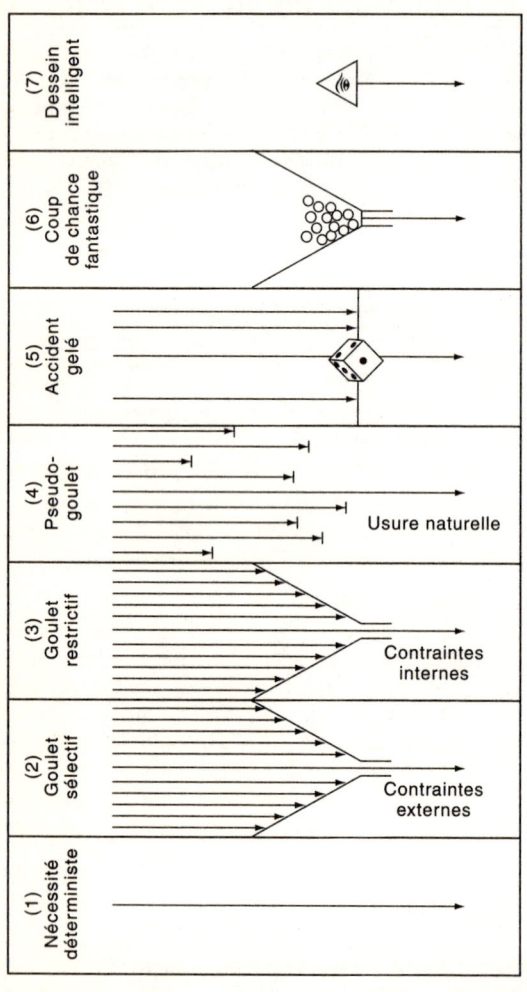

survivre et à se reproduire dans les conditions environnementales existantes finissent par s'imposer. On peut rencontrer, ou créer, de nombreux exemples d'un processus fondamentalement similaire, qui ne se distinguent que par la nature des entités en compétition et par le critère de sélection. Ainsi, dans de nombreuses expériences de bio-ingénierie, on contraint des molécules qui se répliquent tout en étant sujettes à des mutations à traverser un goulet sélectif qui laisse passer seulement les molécules douées d'une activité catalytique prédéterminée et qui finit par sélectionner le catalyseur le plus efficace.

Par définition, un processus de sélection de ce type est limité aux formes variantes qui lui sont soumises. Un type d'organisme ou de molécule mieux adapté que celui qui a été sélectionné est peut-être possible. Mais si la variante requise n'est pas fournie au départ, elle ne peut évidemment pas être sélectionnée. Lorsque, comme c'est souvent le cas, les variantes naissent par hasard, la probabilité qu'une variante donnée soit offerte à la sélection dépend du rapport entre le nombre d'occasions que la variante a de se produire et sa probabilité.

Cette relation se calcule facilement (de Duve, 1996a). Soit un événement de probabilité P, la probabilité qu'il n'ait *pas* lieu sera $(1 - P)$ pour un essai unique et $(1 - P)^n$ pour n essais. Dès lors, la probabilité P_n que l'événement a de se produire si on lui en donne n occasions est égale à $1 - (1 - P)^n$. Quelques valeurs représentatives calculées par cette équation figurent au Tableau I-1.

Jeu	Probabilité P_n pour $n = 1$	Valeur de n pour P_n = 99,9 %
Pile ou face	1/2	10
Dé	1/6	38
Roulette (1 zéro)	1/37	252
Loterie (7 chiffres)	$1/10^7$	69×10^6
Mutations ponctuelles (erreurs de réplication)	$1/(3 \times 10^9)$ par division cellulaire	20×10^9 divisions

Tableau I-1. **Comment le hasard devient nécessité.** Quelques exemples illustrant le nombre n des occasions requises pour qu'un événement de probabilité P ait 99,9 chances sur 100 de se produire. Les calculs (voir texte) sont fondés sur la formule suivante (dans laquelle P_n est la probabilité que l'événement ait lieu si n essais sont pratiqués) :
$$P_n = 1 - (1 - P)^n$$

Ce que ce calcul est destiné à illustrer, c'est que *le hasard n'exclut pas l'inévitabilité*. Même des événements hautement improbables peuvent être provoqués avec quasi-certitude si on leur donne un nombre suffisant d'occasions d'avoir lieu. Une règle simple pour estimer le nombre d'occasions requises pour qu'un événement ait 99,9 % de chances de se produire est de multiplier l'inverse de sa probabilité par un peu moins de sept. Comme le montre le Tableau I-1, même un billet de loterie de sept chiffres est assuré de sortir dans 999 cas sur mille si l'on fait 69 millions de tirages. Ce fait est de peu d'intérêt pour les acheteurs de billets de loterie, mais il a des implications importantes pour l'histoire de la vie. Il rend possible une *optimisation sélective* dans des circonstances données pour autant que la gamme des variantes possibles puisse être explorée dans sa totalité. Nous rencontrerons nombre de cas où cela a pu effectivement se passer.

Mécanisme 3. Goulet restrictif

Ce terme fait référence à une situation dans laquelle des contraintes internes, imposées, par exemple, par la structure des génomes ou par des plans corporels existants, forcent le parcours évolutif dans un passage de plus en plus étroit qui débouche sur une singularité. Ce qui se passe, c'est que chaque étape du processus évolutif restreint les options de l'étape suivante, en d'autres termes, augmente le degré d'*engagement* dans une direction donnée. La différence entre ce type de goulet et le précédent, c'est qu'il est constitué par des facteurs internes plutôt qu'externes. Ce sont là, bien entendu, des extrêmes théoriques. En réalité, les deux sortes de facteurs interviennent souvent simultanément à des degrés divers.

Mécanisme 4. Pseudo-goulet

Le cas évoqué par ce terme est celui d'une branche unique qui émerge sans qu'il y ait sélection ou restriction, suite simplement à l'extinction progressive de toutes les autres branches. Dans cette forme de singularité, la contingence historique joue un rôle beaucoup plus important que dans les goulets, qu'ils soient imposés par des facteurs externes ou internes. Il n'est cependant pas toujours facile de distinguer les deux formes l'une de l'autre. Il existe probablement une gradation continue entre la survie purement fortuite d'une branche donnée et son émergence forcée par une combinaison de facteurs sélectifs et restrictifs.

Mécanisme 5. Accident gelé

Ici, la singularité est due au pur hasard qui décide entre deux ou plusieurs possibilités telles qu'une fois réalisées elles ne peuvent plus être changées. Que l'on imagine une bifurcation où l'on jouerait à pile ou face pour décider si l'on emprunte la branche de droite ou celle de gauche ; ou encore un rond-point à six issues où la direction à prendre se déciderait sur un coup de dé. Ce qui compte, c'est que toutes les options restent ouvertes jusqu'au moment où le hasard décide, mais que l'engagement devient irrévocable immédiatement après, toutes les autres options étant désormais interdites.

Mécanisme 6. Coup de chance extraordinaire

Dans ce mécanisme, le hasard joue un rôle encore plus grand que dans le précédent, en ce sens que la singularité est le fait d'un événement hautement improbable, n'ayant pratiquement aucune chance de jamais se reproduire, où et quand que ce soit. Une telle possibilité n'a rien d'extraordinaire. En effet, des événements singuliers de probabilité infime ont lieu continuellement sans provoquer la moindre surprise. Un exemple que j'ai cité précédemment vient du jeu de bridge. Chaque donne des 52 cartes entre les quatre joueurs représente une répartition sur un total de 5×10^{28} possibilités. Ce chiffre est véritablement immense. Même si toute la population actuelle du monde avait joué au bridge sans arrêt depuis le big bang, une petite fraction seulement de ce nombre de donnes aurait été distribuée. La probabilité d'une répartition particulière des cartes est donc infinitésimalement faible. Cependant, aucun joueur de bridge ne s'est jamais exclamé être témoin d'un quasi-miracle. Ce qui serait un vrai miracle, par contre, ou, plutôt, une preuve manifeste de manipulation, c'est que la même répartition se trouve distribuée ne fût-ce que deux fois de suite. La probabilité d'une telle coïncidence est d'une chance sur $5 \times 10^{28} \times 5 \times 10^{28}$, soit $2,5 \times 10^{57}$, ce qui, en pratique, équivaut à zéro. Ainsi, dans le domaine des probabilités très faibles, hasard et singularité vont de pair. Cet argument est fréquemment invoqué à l'appui du caractère unique des phénomènes évolutifs.

Mécanisme 7. Dessein intelligent

Ce mécanisme sous-entend l'existence d'étapes évolutives qui n'auraient pas pu se produire sans l'intervention d'une sorte d'entité directrice surnaturelle. Strictement parlant, une telle possibilité ne mérite pas d'être mentionnée dans un contexte scientifique, car elle ne peut entrer en ligne de compte qu'une fois exclues toutes les explications naturelles, ce qui, de toute évidence, n'est jamais possible. Au cours des dernières années, le dessein intelligent a été défendu par une petite minorité très agissante de scientifiques qui prétendent avoir démontré que certaines étapes de l'évolution ne peuvent s'expliquer en termes strictement naturels. Accueillis avec faveur dans de nombreux milieux fondamentalistes et, même, dans des cercles religieux plus ouverts, ces arguments n'ont pas convaincu la grande majorité des scientifiques.

CHAPITRE I

Briques

Tous les organismes vivants, des microbes aux humains, sont construits avec les mêmes briques fondamentales, constituées principalement de sucres, d'acides aminés, d'acides gras et de bases azotées, au total d'à peine plus d'une cinquantaine de petites espèces chimiques distinctes dont la masse moléculaire dépasse rarement 200. Ce qui, pour une large part, distingue chimiquement les organismes les uns des autres, c'est la manière dont ces briques s'unissent en assemblages plus volumineux, polysaccharides, protéines, lipides et acides nucléiques, pour l'essentiel. Il existe un certain nombre d'autres composés propres à des organismes donnés – la chlorophylle des végétaux par exemple – mais ils sont probablement des produits de l'évolution ultérieure. La vie, dans ses premières formes, était vraisemblablement faite des seules briques universellement présentes dans les organismes vivant aujourd'hui.

La chimie prébiotique

Cette singularité remarquable dans la composition chimique des êtres vivants remonte au tout début de la vie. La signification de ce fait n'a pas retenu l'attention des biologistes jusqu'au jour où, en 1953, Stanley Miller observa la formation spontanée d'acides aminés et d'autres constituants biologiques typiques dans une situation de laboratoire que son mentor, le célèbre chimiste Harold Urey, et lui-même croyaient représentative des conditions prévalant sur la Terre primitive à l'époque où la vie fit son apparition (Miller, 1953). Bien que des doutes sérieux aient été émis depuis à propos de son hypothèse de départ, la performance de Miller représente toujours un jalon majeur dans l'histoire de la biologie. Elle a ouvert le domaine nouveau de la chimie prébiotique et suscité un grand nombre d'expériences intéressantes.

Sur un plan peut-être encore plus important, les résultats de Miller mirent en lumière la possibilité que les briques de la vie pourraient avoir été produites par des phénomènes chimiques naturels, suscités par des conditions physico-chimiques locales. Cette possibilité n'aurait pas dû surprendre, car elle concordait avec la notion, déjà solidement établie à l'époque, que les processus vitaux ont lieu naturellement sans l'intervention d'une quelconque « force vitale » spéciale. Mais, à de rares exceptions près, les biochimistes en ce temps n'avaient aucun intérêt pour l'origine de la vie, qu'ils reléguaient au royaume de l'inconnaissable, ne méritant pas une approche expérimentale, ni même une pensée.

La chimie cosmique

Fait étrange, rien de comparable à la sensation provoquée par les expériences de Miller n'accueillit, plus tard, les découvertes cependant beaucoup plus surprenantes de molécules organiques diverses dans des sites extraterrestres qu'aucun organisme vivant n'a jamais visités. Detectées par spectroscopie radioastronomique, par des instruments envoyés sur des vaisseaux spatiaux vers des comètes de passage et d'autres parties du système solaire, et par des analyses détaillées de météorites tombées sur Terre, ces substances se comptent aujourd'hui par centaines, soulevant nombre de problèmes fascinants pour les chercheurs qui essaient d'expliquer leur formation (pour deux revues d'ensemble, voir : Botta et Bada, 2002 ; Ehrenfreund *et al.*, 2002).

Depuis les espaces interstellaires ultra-raréfiés, où des heures peuvent s'écouler avant qu'un atome n'en rencontre un autre, aux infimes grains de poussière qui flottent dans ces espaces, de ces grains aux matériaux qui constituent les disques protoplanétaires entourant les étoiles naissantes, de ces matériaux aux comètes et astéroïdes qui se condensent à partir d'eux, jusqu'à, finalement, la surface des planètes et de leurs lunes qui orbitent autour de l'étoile, il existe une gradation de complexité allant de petits radicaux et molécules – eau, hydroxyle, méthylène, méthyle, méthane, monoxyde de carbone, méthanol, formaldéhyde, cyanure, cyanate, isocyanate et thiocyanate, pour n'en citer que quelques-uns – jusqu'à une grande variété de molécules plus grosses comprenant, à côté de ce que les biochimistes appelleraient « du rebut », des acides aminés, des sucres, des purines, des pyrimidines, des acides gras et d'autres constituants biologiques typiques, dont certains sont engagés dans des associations plus complexes.

Ces observations ont atteint le stade de l'expérimentation de laboratoire. En France, le groupe de Guy Ourisson a obtenu une grande variété de briques biologiques par bombardement à haute énergie de cibles de graphite avec des faisceaux moléculaires contenant les atomes désirés, simulant ainsi des événements interstellaires plausibles (Devienne *et al.*, 1998, 2002). Dans une autre approche, deux groupes, l'un américain (Bernstein *et al.*, 2002) et l'autre européen (Munoz-Caro *et al.*, 2002), ont trouvé qu'un certain nombre d'acides aminés naissent spontanément dans des expériences de simulation où des analogues de grains de glace interstellaires contenant de l'eau, du méthanol et de l'ammoniac comme composants principaux, et de l'acide cyanhydrique dans le premier cas, du monoxyde et du dioxyde de carbone dans l'autre, sont exposés à des rayons UV sous un vide très poussé et à très basse température.

On a beaucoup ergoté sur la destruction possible de molécules organiques extraterrestres au moment de l'entrée de la comète ou de la météorite qui les véhicule dans l'atmosphère et de l'impact subséquent (Botta et Bada, 2002 ; Ehrenfreund *et al.*, 2002). On admet généralement à présent que, même si une telle destruction fut importante, assez de matériaux ont pu y avoir échappé pour fournir d'abondantes briques de départ à l'origine de la vie sur notre planète. On ne peut cependant pas exclure une certaine contribution de la chimie terrestre.

La conclusion générale qui émerge de toutes ces découvertes, c'est que *les briques de la vie naissent naturellement* dans notre galaxie et, sans doute, aussi ailleurs dans le cosmos. Les semences chimiques de la vie sont universelles. La première singularité que nous décelons est donc la conséquence des lois fondamentales qui gouvernent les transformations de la matière dans l'Univers ; elle est manifestement d'origine *déterministe* (mécanisme 1).

Cette conclusion présuppose que les produits de la chimie cosmique et ceux de la chimie terrestre prébiotique ont effectivement alimenté le développement de la vie sur Terre. Les similitudes remarquables entre ces produits et les briques de la vie semblent fournir une assise solide à cette supposition. Néanmoins, comme on le verra au chapitre V, plusieurs chercheurs défendent vigoureusement la théorie que la vie est en quelque sorte partie de zéro, c'est-à-dire de dioxyde de carbone et d'autres matériaux simples, assemblés en composés de plus en plus complexes par des voies qui préfigurent dans une certaine mesure les réactions du métabolisme actuel. Il s'agit, comme on le verra, de propositions intéressantes, comprenant plusieurs aspects très valables. Mais la notion que les produits de la chimie prébiotique n'ont rien à voir avec l'origine de la vie sur Terre – et donc que leur ressemblance avec les briques de la vie est le fait d'une coïncidence dénuée de signification – est difficilement acceptable.

On doit, cependant, noter que les produits de la chimie cosmique ne sont pas tous utilisés pour la construction de la vie. Ainsi, les acides α-amino-butyrique et α-amino-isobutyrique, présents en quantité relativement abondante dans la météorite de Murchison et dans les flacons de Miller, ne se rencontrent pas dans les organismes vivants. Par contre, des composés ubiquitaires, tels le tryptophane et l'histidine, deux acides aminés, n'ont pas été identifiés jusqu'à présent parmi les produits de la chimie cosmique, et ne le seront sans doute jamais, étant apparus plus tard dans le développement de la vie. Ainsi, sélection et innovation sont deux notions clés qui doivent être ajoutées très tôt au déterminisme dans notre appréciation des briques de la vie.

Une singularité remarquable à propos des briques du vivant est le fait que la vie utilise souvent un seul des deux isomères possibles chaque fois qu'elle fait usage de molécules présentant le phénomène de chiralité. Connu sous le nom d'homochiralité (du grec *homos*, même, et *cheir*, main), cette caractéristique, que d'aucuns considèrent comme une des propriétés les plus mystérieuses de la vie, mérite un examen plus détaillé.

CHAPITRE II

Homochiralité

On sait depuis l'époque de Pasteur (célèbre, notamment, pour avoir séparé deux formes distinctes de l'acide tartrique) que les molécules qui contiennent un atome de carbone asymétrique, c'est-à-dire porteur de quatre groupements différents, peuvent exister sous deux formes qui sont l'une à l'autre comme la main droite à la main gauche (d'où le nom de « chirales » donné à de telles molécules) ou encore comme un objet à son image dans un miroir. Lorsque des solutions aqueuses de telles molécules sont traversées par un faisceau de lumière polarisée, le plan de polarisation de la lumière est tourné d'un certain angle. La valeur de cet angle, ajustée à la concentration de la solution et à l'épaisseur de la couche liquide traversée, définit le pouvoir rotatoire spécifique, ou activité optique, de la substance ; elle est la même en valeur absolue, mais de signe opposé, pour les deux formes. Par définition, l'activité optique est dite « positive » lorsque le plan de polarisation de la lumière est tourné vers la droite, et « négative » dans le cas contraire. Les deux formes, connues sous le nom d'« énantiomères » (*enantios* signifie « opposé » en grec), sont désignées *d* pour dextrogyre (*dexter* veut dire « droit » en latin), et *l* pour lévogyre (*laevus* veut dire « gauche » en latin).

Selon une proposition faite au début du siècle passé par le chimiste allemand Emil Fischer, on a remplacé l'activité optique par la structure comme base de la nomenclature. Les stéréo-isomères (*stereos* veut dire « solide » en grec) ont remplacé les isomères optiques. Fischer a fondé sa classification sur les deux formes du glycéraldéhyde, désignant par D la forme *d* de cette substance, dans laquelle le groupement OH central se situe à droite dans la projection plane de la molécule (le groupement aldéhyde étant écrit au-dessus), et par L la forme *l*, dans laquelle ce groupement se situe à gauche :

```
     H — C = O              H — C = O
         |                      |
     H — C — OH            HO — C — H
         |                      |
        CH₂OH                  CH₂OH

   D-glycéraldéhyde       L-glycéraldéhyde
```

Fischer a classé les sucres selon cette règle, le préfixe D désignant la forme où le groupement OH attaché au pénultième atome de carbone (à côté du CH$_2$OH terminal) est situé à droite, et le préfixe L désignant l'énantiomère opposé. Dans cette convention, les lettres D et L n'indiquent plus le signe de l'activité optique. Ainsi, alors que le D-glucose est dextrogyre, le D-fructose, qui est uni au glucose dans le sucrose, ou sucre commun, est lévogyre. Il en est de même du D-ribose et du D-désoxyribose. Si l'on veut indiquer l'activité optique, on le fait en ajoutant son signe, par exemple D-(+)-glucose, D-(–)-ribose, et ainsi de suite.

Cette nomenclature a été étendue aux acides α-aminés, la position du groupement α-aminé (le groupement carboxyle étant écrit au-dessus) servant à distinguer les formes D et L :

```
        COOH                  COOH
         |                      |
     H — C — NH₂         H₂N — C — H
         |                      |
         R                      R

    Acide D-aminé         Acide L-aminé
```

Le hasard veut que les acides L-aminés soient lévogyres, du moins en solution neutre (ils deviennent dextrogyres en milieu acide). Dans leur cas, par conséquent, L correspond à *l*.

Chez les organismes vivants, la plupart des substances complexes (polymères) construites avec des briques (monomères) chirales sont homochirales, c'est-à-dire contiennent des molécules de même type stéréochimique. Les protéines sont faites exclusivement avec des acides L-aminés (à l'exception de la glycine, qui n'est pas optiquement active). Parmi les acides nucléiques, l'ARN ne contient que du D-ribose, et l'ADN du

D-désoxyribose. L'amidon et le glycogène sont des combinaisons homochirales de D-glucose, et ainsi de suite. Il y a des exceptions. Ainsi, on trouve des acides D-aminés, à côté d'acides L-aminés, dans la muréine, le constituant principal de la paroi cellulaire des eubactéries, et dans un certain nombre de peptides bactériens et de substances apparentées. On en trouve même en quantité significative chez les organismes supérieurs (Fujii, 2002).

L'homochiralité remarquable des constituants biologiques de base a fait l'objet de bien des discussions et spéculations. En réalité, il y a deux problèmes distincts, représentés par les parties « homo » et « chiralité » du mot. L'utilisation de briques de *même* chiralité (homo) pour la construction des macromolécules biologiques s'explique en grande partie par le fait que ces molécules ne présenteraient pas leurs propriétés caractéristiques si elles n'étaient pas ainsi faites. On sait l'importance, pour la conformation tridimensionnelle des protéines et pour les propriétés fonctionnelles qui en découlent, de structures régulières typiques telles que les hélices α ou les feuillets β. Des protéines construites avec les deux sortes d'acides aminés ne pourraient pas adopter de telles structures. Par ailleurs, des acides nucléiques hétérochiraux ne seraient sans doute pas réplicables, comme l'ont montré Schmidt et ses collaborateurs (1997). Ainsi, quelle que soit la situation de départ, on doit s'attendre à voir émerger l'homochiralité par sélection. Cette question sera examinée dans des chapitres ultérieurs.

Le problème clé soulevé par l'homochiralité biologique concerne le « choix » entre énantiomères. Ce ne peut être parce que des briques d'une seule forme chirale étaient disponibles pour les premiers processus qui ont donné naissance à la vie. Les synthèses chimiques non catalysées de substances chirales fournissent invariablement des mélanges racémiques, contenant des quantités égales des deux isomères. Parmi les catalyseurs, les enzymes sont presque uniques pour être chiralement spécifiques. Cette propriété est à ce point remarquable que la création artificielle de catalyseurs chiraux a été jugée suffisamment importante pour mériter l'attribution du prix Nobel de chimie 2001 à ses auteurs. Le fait que la nature utilise parfois les deux énantiomères de substances chirales (voir ci-dessus) suggère également que les deux isomères ont dû être disponibles originellement. Il paraît donc à peu près certain que les premières briques fabriquées par les chimies cosmique et terrestre étaient racémiques. Le « choix » s'est fait plus tard.

On ignore comment cela a pu se passer. Une possibilité rarement envisagée mais qui mérite néanmoins d'entrer en ligne de compte, c'est que les catalyseurs qui ont servi dans les premiers assemblages de briques étaient déjà chiralement spécifiques. À cette possibilité s'apparente celle, envisagée au chapitre VIII, que la chiralité de l'ARN a pu déterminer celle des protéines ; en d'autres termes, que le « choix » du D-ribose pour la synthèse de l'ARN a dicté celui des acides L-aminés pour celle des protéines. Cela simplifierait les choses, en réduisant le « choix » à la seule molécule de ribose, au lieu de 19 acides aminés, ce qui en ferait une vraie singularité.

Pour beaucoup de chercheurs travaillant dans le domaine, ce « choix » pourrait être un exemple typique d'un accident gelé (mécanisme 5). Deux alternatives également probables se sont présentées. Le hasard pur a décidé en faveur de l'une, qui, une fois adoptée, n'a plus pu être inversée. Mais les deux alternatives furent-elles vraiment également probables ?

Cette question a attiré l'attention de nombre de physiciens, qui se sont demandé comment certains énantiomères pourraient être préférentiellement synthétisés ou, ce qui est plus probable, détruits par des phénomènes tels que la violation de parité ou l'irradiation asymétrique, en particulier le dichroïsme circulaire UV (pour une brève revue d'ensemble, voir : Jorissen et Cerf, 2002). L'excès énantiomérique résultant, bien que faible, aurait suffi à faire pencher la balance en faveur de l'énantiomère le plus abondant à l'époque où la sélection a eu lieu.

L'analyse de météorites a révélé un excès systématique et souvent considérable d'acides L-aminés par rapport à leurs isomères D (Botta *et al.*, 2002). Ce fait a généralement été attribué aux inévitables contaminations par des débris d'organismes vivants jusqu'à l'observation, en 1997, que certains acides aminés qui ne sont pas utilisés pour la synthèse protéique présentent parfois aussi un excès de la forme L, encore que beaucoup plus modeste que celui observé pour les acides aminés protéinogéniques (Cronin et Pizzarello, 1997). On ne peut donc pas exclure la possibilité d'une légère préférence cosmique pour les acides L-aminés, du moins dans le voisinage du système solaire. Fait intéressant, une étude récente a montré qu'une telle asymétrie est communicable catalytiquement : la chiralité de sucres à quatre atomes de carbone (tétroses) formés à partir de glycolaldéhyde par une réaction de condensation aldolique catalysée par des acides aminés s'est avérée différente selon la chiralité des acides aminés (Pizzarello et Weber, 2004).

Nous devons laisser cette question aux experts. Sa principale implication dans le cadre de ce livre, outre son intérêt théorique manifeste, concerne la vie extraterrestre. Pourrait-il y avoir d'autres formes de vie contenant les mêmes constituants de base que les organismes terrestres mais de chiralité opposée ? Si de telles formes devaient un jour être découvertes, leur chiralité serait un indice probant d'origine indépendante.

CHAPITRE III

Protométabolisme

Partant de l'hypothèse d'un apport régulier de briques organiques, provenant de l'espace ou formées localement, la suite des événements dépendra des conditions physiques et chimiques régnantes, ainsi que le montrent la Terre, Titan, Europe et, peut-être, Mars, qui tous ont connu des histoires différentes, tout en ayant probablement subi le même apport de briques primitives. Dans les conditions qui existaient sur Terre il y a quelque quatre milliards d'années – en supposant que c'est bien sur notre planète que la vie a débuté – les briques s'engagèrent dans un jeu complexe d'interactions chimiques, départ d'un long cheminement qui finit par aboutir aux premières cellules vivantes primitives. Souvent désignés sous le nom de « chimie prébiotique » ou « abiotique », ces premiers processus chimiques seront appelés « protométabolisme » dans ce livre, afin d'indiquer qu'ils ont précédé le métabolisme actuel et lui ont donné naissance.

On ignore quelles étaient les voies du protométabolisme, mais on peut tenter de les retracer, théoriquement et expérimentalement, à l'aide de ce que l'on sait de la vie aujourd'hui. Ainsi, on a de bonnes raisons de croire que l'ARN a été le premier vecteur d'information génétique réplicable[1], qui n'a été suivi et remplacé

---

1. On a fréquemment évoqué la possibilité que l'ARN ait été précédé lui-même par une substance porteuse d'information réplicable plus simple. Il existe une littérature abondante sur ce sujet. On lui doit un certain nombre d'observations d'intérêt chimique manifeste mais sans rapport évident à la réalité biologique. Aucune donnée directe ne venant étayer ces propositions, elles ne seront pas considérées dans ce livre.

par l'ADN que plus tard. Il est aussi fort probable que les protéines ont commencé à être formées aux dépens d'acides aminés grâce à l'interaction de molécules d'ARN, dont sont issus les composants de la machinerie de synthèse protéique actuelle. Ces notions, qui ont inspiré le modèle du « monde de l'ARN » de Gilbert (1986), seront examinées en plus grand détail plus tard (voir chapitre VIII). Elles sont essentielles pour comprendre la manière dont a pu se faire la transition du protométabolisme au métabolisme et, de ce fait, éclairent les propriétés du protométabolisme lui-même.

Métabolisme et enzymes

Dans le monde vivant d'aujourd'hui, le métabolisme obéit aux lois de la chimie, mais il ne suit en rien les voies que les chimistes organiciens adopteraient pour effectuer les mêmes transformations. Ce qui fait la différence, c'est la catalyse enzymatique. Chacune des nombreuses réactions chimiques qui ont lieu dans les cellules vivantes – à tout le moins plusieurs centaines, le plus souvent plusieurs milliers – est catalysée par une enzyme. Presque sans exception, aucune de ces réactions ne se produirait, même à une vitesse très faible, sans support catalytique. Les chimistes organiciens, ne disposant pas de catalyseurs ressemblant à des enzymes, doivent faire appel à des mécanismes différents lorsqu'ils essaient de reproduire la nature. Leurs procédés font souvent intervenir plusieurs étapes, dont chacune est effectuée dans un milieu sélectionné et séparée de la suivante par la purification de son produit.

La plupart des enzymes sont des protéines, molécules faites d'un grand nombre d'acides aminés assemblés linéairement selon des séquences spécifiques dictées par les séquences nucléotidiques de molécules d'ARN messager, transcrites elles-mêmes à partir de séquences d'ADN. Comme on l'a mentionné, les protéines furent probablement « inventées » par de l'ARN, qui fut aussi le premier vecteur d'information génétique réplicable, avant l'ADN. Ainsi, les premières enzymes furent des « créations » de l'ARN.

Un petit nombre de réactions biologiques est catalysé par des molécules d'ARN (ribozymes)[2], plutôt que par des enzymes

---

2. Comme on le verra dans des chapitres ultérieurs, les deux principales fonctions exercées par des ARN catalytiques ont trait à la synthèse protéique et à des remaniements d'ARN.

protéiques. Même si, comme le suppose l'hypothèse du monde de l'ARN (Gilbert, 1986), des ribozymes ont joué un rôle plus important à l'époque prébiotique qu'aujourd'hui, leur apparition doit nécessairement avoir suivi le développement chimique de l'ARN lui-même. Il s'ensuit que tous les phénomènes chimiques qui ont précédé l'apparition de l'ARN et y ont conduit ont dû se produire sans l'aide d'ARN ou de protéines catalytiques. D'où la conclusion, fréquemment avancée, que le protométabolisme n'a pas pu suivre les voies du métabolisme[3].

Congruence

Apparemment inattaquable, le raisonnement auquel il vient d'être fait allusion rencontre néanmoins deux difficultés. La première est que les nombreuses tentatives des chimistes pour reproduire des composants de la vie par des processus prébiotiques plausibles n'ont connu jusqu'à présent qu'un succès limité, et ce en dépit d'une dépense considérable d'efforts et d'ingéniosité. Peut-être est-ce simplement parce qu'on s'y est mal pris. Cet échec pourrait être corrigé demain, et tout le monde s'exclamera : « Pourquoi n'y ai-je pas songé avant ? »

C'est possible. Mais il reste une autre question, plus fondamentale : comment le protométabolisme en est-il venu à être remplacé par le métabolisme ? La réponse obvie à cette question est que ce furent les catalyseurs, qu'il s'agisse de ribozymes, d'enzymes protéiques ou des deux, qui, en faisant leur apparition, furent responsables de la transition, traçant les nouvelles voies par leurs activités catalytiques. Mais cela ne résout pas le problème. On doit se demander *comment* sont apparus des catalyseurs doués des propriétés appropriées. Si l'on exclut le « dessein intelligent » et, ce qui revient pratiquement au même[4], le déterminisme strict, la seule explication scientifiquement plau-

---

3. Selon Leslie Orgel, un pionnier des recherches sur l'origine de la vie qui défend énergiquement cette manière de voir, le métabolisme, création de ribozymes et d'enzymes protéiques, ne peut jeter aucune lumière sur l'origine de ses créateurs. Ainsi écrit-il dans un article récent : « Si le monde de l'ARN s'est développé *de novo*, il a érigé une barrière opaque entre la biochimie et la chimie prébiotique qui a précédé le monde de l'ARN » (Orgel, 2003).
4. Dessein intelligent et déterminisme strict sont certes équivalents du point de vue du résultat pratique. Mais ils sont, bien entendu, profondément différents du point de vue philosophique.

sible est que les catalyseurs sont le résultat d'une *sélection*. Cette explication a de profondes implications.

La sélection n'est possible que dans un système doué de réplicabilité et de variabilité. La première propriété appartenait sans doute à des molécules d'ARN (l'ADN ferait l'affaire également, mais par un mécanisme plus compliqué, requérant une étape supplémentaire de transcription). La deuxième propriété, de variation, suit automatiquement la première, spécialement dans un système primitif où la réplication était forcément très imprécise. Reste la sélection elle-même. Comment le fait pour une molécule d'ARN ou de protéine de posséder un certain pouvoir catalytique peut-il conduire à la sélection de cette molécule ?

Dans le cas d'un ribozyme, on peut imaginer que le pouvoir catalytique soit associé à une plus grande stabilité de la molécule, ou à sa réplication plus rapide, ou aux deux propriétés, avec comme conséquence une sélection moléculaire du genre reproduit pour la première fois en tube à essai par Spiegelman (1967). Il est cependant douteux qu'un tel mécanisme puisse rendre compte de la sélection d'ARN catalytiques d'une manière générale. De toute façon, il ne peut expliquer la sélection de protéines, celles-ci n'étant pas réplicables. Pour ces dernières, la sélection doit forcément avoir été indirecte. La protéine enzymatique doit avoir exercé une rétroaction positive sur la réplication de l'ARN codant pour elle (hypercycle selon Eigen et Schuster, 1977). En tant que mécanisme général, une telle sélection n'aurait pu s'opérer que par le biais d'entités capables de reproduction et de compétition, des « protocellules », susceptibles de retirer un certain avantage de la possession de l'enzyme (de Duve, 2005).

On est donc conduit à imaginer, comme préliminaire nécessaire à la sélection d'enzymes (et sans doute aussi de nombreux ribozymes), l'existence d'un grand nombre de protocellules, douées chacune d'un génome primitif d'ARN réplicable, d'une machinerie de traduction rudimentaire et du pouvoir de croître, de se diviser, de se multiplier et, donc, d'entrer en compétition pour les ressources disponibles. On examinera plus loin la manière dont ces propriétés ont pu apparaître. Qu'il suffise de souligner qu'elles ont, par définition, dû être acquises sans l'aide d'enzymes, avec le seul appui du protométabolisme. Il s'ensuit que le protométabolisme a dû présenter un degré appréciable de *complexité* pour permettre le développement de protocellules douées des propriétés requises. De plus, il a dû jouir d'une *stabilité* et d'une *robustesse* considérables dans les conditions existantes pour pouvoir remplir ces fonctions pendant toute la durée exigée par ce développement.

Considérons maintenant le mécanisme de la sélection elle-même. Selon le modèle darwinien proposé, l'élément déclenchant doit forcément être une modification génétique causée par une erreur de réplication, ce qui devait arriver fréquemment à l'époque, ou par quelque autre accident, et entraînant la production d'une protéine douée d'une certaine activité catalytique dans la protocellule mutante. Si cette activité s'avère lui être utile, et uniquement dans ce cas, il y aura sélection et amplification de la protocellule, conduisant en temps voulu à une population dont la plupart des membres possèdent l'enzyme. La répétition du même mécanisme pour une autre enzyme mènera similairement à la sélection et à l'amplification de protocellules douées des deux activités. Ces protocellules pourront, à leur tour, acquérir une troisième enzyme de la même façon, et ainsi de suite.

Ce scénario propose évidemment une vision grossièrement schématique et simplifiée de ce qui a pu se produire. Certaines mutations pourraient s'être produites simultanément plutôt que séquentiellement. Les protocellules pourraient avoir échangé des gènes sur une grande échelle, comme cela se produit aujourd'hui entre bactéries[5]. Plus d'une population de protocellules pourraient avoir été impliquées. Toutes sortes de possibilités peuvent être envisagées. Ce qui est crucialement important et commun à tous les modèles, c'est le rôle clé de la sélection, avec son préalable implicite d'*utilité*.

Pour être sélectionnée, la protocellule propriétaire d'une enzyme doit avoir tiré un avantage de cette possession. L'enzyme doit avoir été utile. Sans cette propriété, il ne peut y avoir sélection. Cela étant, il est évident qu'un catalyseur ne peut être utile que s'il trouve dans son environnement un ou plusieurs substrats sur lesquels agir et une ou plusieurs issues pour les produits de son activité. Sans substrat, même le catalyseur le plus sophistiqué est inutile. Par ailleurs, si ce qu'il fabrique ne peut être dégagé, son pouvoir catalytique mènera dans un cul-de-sac ; il n'offrira aucun avantage et risque même souvent d'être nocif.

---

5. On verra au chapitre XIV que plusieurs chercheurs croient que le transfert horizontal de gènes a été très fréquent entre protocellules.

Substrats et issues étant fournis par le protométabolisme, celui-ci aura donc servi de crible pour la sélection des premières enzymes. Seules furent conservées les enzymes qui s'inscrivaient dans la chimie existante. Il en découle que le protométabolisme a dû préfigurer le métabolisme. Les deux sont *congruents*, ils suivent des voies similaires[6].

On notera que cet argument s'applique également à tout ribozyme qui ne pourrait pas avoir été retenu par sélection moléculaire directe. Il s'ensuit que même un monde de l'ARN hypothétique, soutenu en grande partie par des ARN catalytiques (Gilbert, 1986), pourrait avoir hérité du protométabolisme une part significative de sa chimie sous-jacente.

Ainsi, des considérations théoriques conduisent à des conclusions apparemment paradoxales. Le protométabolisme, ne bénéficiant pas du support d'enzymes, doit nécessairement avoir été fort différent du métabolisme, qui repose entièrement sur des enzymes. Et, cependant, le métabolisme ne pourrait pas être apparu sans reprendre nombre des voies du protométabolisme ou, du moins, des substances qui y participaient. De toute évidence, il doit y avoir une faille quelque part. Commençons par examiner d'un peu plus près l'argument de congruence.

Un point qui n'a pas été clairement apprécié dans mes écrits antérieurs sur le sujet est que le mécanisme proposé pour l'émergence du métabolisme est *doublement* sélectif (de Duve, 2005). Non seulement les enzymes ne sont sélectionnées que si elles s'inscrivent dans le protométabolisme, comme on l'a fait valoir, mais les réactions du protométabolisme ne sont reprises dans le métabolisme que pour autant que naissent et soient sélectionnées les enzymes qui les catalysent. En d'autres termes, protométabolisme et enzymes se sélectionnent mutuellement. Il s'ensuit que l'apparition des premières enzymes pourrait avoir créé un important goulet dans le développement de la vie, un passage clé de ce qui a pu être un protométabolisme « sale » à un métabolisme plus propre. La chimie de la vie émergente pourrait avoir consisté en un ensemble de réactions relativement non spécifiques, parmi lesquelles les enzymes naissantes

---

6. L'argument de congruence, bien qu'avancé il y a plus de dix ans (de Duve, 1993) et souvent réitéré depuis, n'a toujours pas fait l'objet d'un examen critique en dépit du fait qu'il ouvre une large percée dans la « barrière opaque » à laquelle Orgel fait allusion dans l'article cité plus haut (voir note 3).

auraient progressivement sélectionné un sous-ensemble cohérent qui est devenu le métabolisme.

L'existence d'un tel goulet soulève une question intéressante : le métabolisme aurait-il été différent si, par le hasard des mutations, des protéines possédant des activités catalytiques différentes avaient émergé, et un sous-ensemble différent de réactions protométaboliques avait été sélectionné pour former le métabolisme ? Autrement dit, le métabolisme pourrait-il être, du moins en partie, le résultat d'un accident gelé ? Il n'y a pas de réponse simple à cette question. On a vu que le choix de la chiralité, étant de simple nature binaire, pourrait avoir été de ce type, encore que même cela ne soit pas certain. Dans le cas du métabolisme, il est concevable que l'apparition fortuite d'une enzyme donnée ait pu créer des conditions favorisant la sélection subséquente d'enzymes qui n'auraient pas été retenues sans cela. Si, par contre, les conditions ont permis une exploration exhaustive, ou presque, des possibilités offertes par le hasard, le processus aurait pu aboutir à une *optimisation*, quel que soit l'ordre dans lequel les mutations ont eu lieu[7]. On verra dans des chapitres ultérieurs que la seconde alternative paraît plus probable.

Une dernière réserve s'impose avant de clore cette importante question. La congruence avec le protométabolisme s'applique aux réactions catalysées par les premières enzymes primitives et non pas nécessairement aux processus beaucoup plus complexes qui caractérisent le métabolisme actuel. Bien des choses peuvent avoir changé au cours de la longue succession d'événements évolutifs qui a mené des catalyseurs de la première heure aux enzymes supérieurement perfectionnées d'aujourd'hui. C'est incontestable. Il est évident que beaucoup d'éléments ont pu s'ajouter aux premières réactions avec les progrès de l'évolution et que ces réactions elles-mêmes ont pu subir des modifica-

---

7. On doit citer à propos de cette question une intéressante étude cladistique par Cunchillos et Lecointre (2002, 2005), qui ont essayé d'établir l'ordre dans lequel des voies métaboliques sont apparues. D'après leurs résultats, le métabolisme aurait débuté par la dégradation et la synthèse d'acides aminés. Des voies centrales, telles que le cycle de Krebs et la chaîne glycolytique, se seraient développées plus tard. On doit noter que les auteurs de ce travail croient, contrairement au schéma que je propose, que leurs résultats s'appliquent à des voies *protométaboliques* catalysées par d'authentiques protéines, qui seraient apparues *avant* l'ARN et auraient été sujettes à la sélection naturelle sans l'intervention d'acides nucléiques. Cette interprétation, qui bouleverse les idées généralement admises et reprises dans cet ouvrage, sur la place des protéines dans l'origine de la vie, n'est étayée par aucun argument objectif.

tions considérables. Il est peu probable, cependant, que ces changements aient été jusqu'à oblitérer complètement les héritages du passé. Ce qu'on sait de la construction modulaire des protéines (voir chapitre VIII) suggère plutôt que certains centres catalytiques fondamentaux remontant aux premiers jours ont participé à la combinatoire par laquelle les protéines modernes furent assemblées. La distinction entre innovation vraie et continuité évolutive risque, cependant, de ne pas être aisée.

Les premiers catalyseurs

On s'accorde généralement pour admettre que le protométabolisme ne peut pas avoir fonctionné sans l'aide de catalyseurs. La plupart des chercheurs se sont, pour des raisons compréhensibles, tournés surtout vers le monde minéral pour trouver des catalyseurs prébiotiques possibles. Leur quête n'a pas été entièrement vaine. Des ions métalliques et, surtout, des argiles ont permis d'obtenir des résultats intéressants, mais limités presque uniquement au processus d'assemblage d'ARN.

La notion de congruence modifie les données du problème. Si protométabolisme et métabolisme étaient congruents, les équivalents d'un certain nombre d'enzymes clés devaient déjà se trouver dans le décor prébiotique. À première vue, cela paraît peu plausible. On voit mal comment le milieu aride qui a précédé la vie aurait pu enfanter des substances capables de reproduire les propriétés catalytiques d'un certain nombre de molécules protéiques complexes. Il existe, cependant, une possibilité.

En même temps que le chercheur français André Brack (2003), j'ai proposé que la catalyse prébiotique ait pu être accomplie par des peptides ou, plus précisément, par ce que j'ai appelé des « multimères » afin de laisser entendre qu'ils auraient pu contenir d'autres composants en plus d'acides aminés. Comparés aux protéines, les multimères de mon hypothèse sont beaucoup plus courts et ils ont un contenu beaucoup plus hétérogène, comprenant des acides aminés variés de configuration chirale D aussi bien que L et, peut-être en outre, d'autres constituants, tels des hydroxyacides. Fait intéressant, de nombreuses substances répondant à cette description existent dans la nature. Groupées en deux catégories, peptides et polyketides, elles sont élaborées principalement par des bactéries et des mycètes, et attirent un intérêt croissant du fait qu'elles comprennent de nombreux antibiotiques et d'autres agents actifs, tels que la cyclosporine, un immunosuppresseur (Cane, 1997 ; Walsh, 2004). Ces substances sont synthétisées par divers mécanismes complexes qui ont en commun d'utiliser comme précurseurs activés les thioesters (voir chapitre VI) des acides qui les constituent.

La possibilité que des substances similaires eussent pu naître spontanément dans un cadre prébiotique est plausible. Leurs matériaux de départ sont abondants parmi les produits primaires de la chimie cosmique, et leur formation pourrait s'être faite par des mécanismes d'assemblage relativement simples, qui pourraient même, comme leurs équivalents naturels, avoir utilisé des thioesters comme précurseurs. Il est même possible que des substances ressemblant à mes multimères puissent être formées par la chimie cosmique. On a signalé la présence de peptides dans des météorites, avec, cependant, comme seul représentant identifié jusqu'à présent avec certitude, le dipeptide le plus simple, la glycyl-glycine (Shimoyama et Ogasawara, 2002). Dans les expériences de simulation citées ci-dessus (Bernstein *et al.*, 2002 ; Munoz-Caro *et al.*, 2002), des acides aminés libres n'ont été obtenus en quantité appréciable, parmi les produits d'analogues de glace interstellaire soumis à une irradiation UV, qu'après hydrolyse acide du matériau. Les chercheurs évoquent explicitement la possibilité que les acides aminés aient pu être engagés dans des combinaisons peptidiques. Il est donc concevable que des peptides et des substances analogues aient accompagné les briques de base dans les précipitations cométaires que l'on soupçonne d'avoir fourni les semences chimiques de la vie à la Terre prébiotique.

Il est également possible que de telles substances soient nées plus tard sur la Terre. Plusieurs chercheurs ont décrit la synthèse de peptides dans des conditions prébiotiques plausibles (voir, par exemple, Huber et Wächtershäuser, 1998 ; Leman *et al.*, 2004). Un intérêt particulier s'attache aux expériences d'un groupe japonais qui a observé l'oligomérisation d'acides aminés dans un réacteur à flux chaud-froid conçu pour simuler une source hydrothermale (Imai *et al.*, 1999 ; Ogata *et al.*, 2000 ; Yokoyama *et al.*, 2003, Ozawa *et al.*, 2004).

On n'a pas encore tenté de savoir si des composés nés de cette manière pourraient présenter, ne fût-ce que d'une façon rudimentaire, les activités catalytiques requises pour une chimie prébiotique ressemblant au métabolisme. On n'a décelé d'activité catalytique dans aucune des substances naturelles mentionnées plus haut. Mais ce pourrait être simplement parce qu'on ne les a pas cherchées ou, encore, parce que la pression de sélection n'a pas favorisé l'émergence de catalyseurs en présence d'enzymes protéiques beaucoup plus efficaces. Étant étroitement apparentés aux protéines, les multimères hypothétiques ont certainement une bonne chance d'inclure des configurations moléculaires ressemblant à des centres actifs d'enzymes. Leur petite taille ne s'oppose pas à une telle possibilité[8]. Comme on le soulignera plus tard (voir chapitre VIII), on a de solides raisons de croire que les premières enzymes protéiques ne contenaient pas beaucoup plus de vingt acides aminés, en moyenne. S'il en fut ainsi, il s'ensuit que des peptides d'aussi petite taille peuvent présenter les activités catalytiques exigées par le protométabolisme. Il est inutile d'ajouter que des catalyseurs minéraux, en particulier des ions métalliques, ont pu être impliqués également, comme ils le sont dans nombre de réactions catalysées par des enzymes.

On a objecté à l'hypothèse des multimères qu'il lui manque un mécanisme pour la sélection des catalyseurs actifs. Mais cela est vrai de tous les processus qui ont précédé l'émergence de la première machinerie réplicative pouvant conduire à la sélection naturelle. Jusqu'à ce que cet événement se produise, le déterminisme chimique a dû suffire, sans l'aide de la sélection[9]. On doit donc supposer que le mélange de multimères né spontanément dans les conditions existantes contenait un ensemble adéquat de catalyseurs et que les conditions sont demeurées stables assez longtemps pour en assurer un approvisionnement ininterrompu jusqu'au moment où ils ont cessé d'être indispensables. La première condition est évidemment décisive, car le critère de stabilité s'applique à toute propriété critique de l'environnement dont le maintien aurait pu s'avérer nécessaire, quelle qu'en soit la nature. Quant à savoir si le mélange de multimères supposé pourrait avoir contenu un ensemble de catalyseurs suffisant pour un protométabolisme analogue au métabolisme, la question relève pour l'instant de la pure conjecture.

---

8. Même de simples acides aminés peuvent présenter des activités catalytiques (Bar-Nun *et al.*, 1994 ; Weber, 2001 ; Pizzarello et Weber, 2004).

9. On doit envisager la possibilité que la composition des multimères hypothétiques ne soit pas gouvernée entièrement par le déterminisme strict. Dans les expériences où ils ont observé la formation de peptides dans un environnement hydrothermal simulé, les chercheurs japonais ont noté l'existence de ce qu'ils appellent des « aspects stochastiques » (Yokoyama *et al.*, 2003).

Il ne devrait pas en être ainsi indéfiniment. Il est possible de mettre à l'épreuve la théorie des multimères ou, du moins, sa vraisemblance. Comme je l'ai proposé (de Duve, 2003), on pourrait fort bien rechercher la présence de certaines activités catalytiques clés, principalement des transferts d'électrons et des transferts de groupes, dans des analogues naturels et artificiels de mes hypothétiques multimères. Peut-être ce genre d'expériences sera-t-il exécuté un jour dans l'avenir.

CHAPITRE IV

ATP

Dans tout le monde vivant, l'énergie circule presque exclusivement sous la forme d'une seule monnaie chimique, connue en jargon biochimique sous le sigle ATP. Le rôle central de cette substance apparaît comme une des singularités les plus remarquables de la vie, d'autant plus impressionnante que l'ATP, en même temps que ses proches parents et substituts occasionnels, les GTP, CTP, et UTP, représente également un des quatre précurseurs universels dans la construction de l'ARN, qui fut presque certainement la première molécule porteuse d'information dans le développement de la vie.

Anatomie d'une molécule

ATP signifie Adénosine TriPhosphate. Comme on le verra plus en détail en fin de chapitre, l'adénosine (A) appartient au groupe des *nucléosides*. La base purique adénine y est combinée au ribose, un pentose, ou sucre à cinq atomes de carbone.

L'union d'une molécule de phosphate à l'extrémité ribose de A par une liaison ester donne l'adénosine monophosphate (AMP), un *nucléotide*. Avec deux groupements phosphoryles supplémentaires liés au phosphate terminal de l'AMP et l'un à l'autre par des liaisons *pyrophosphates* (le pyrophosphate est le produit de la condensation thermique, avec perte d'eau, de deux molécules de phosphate inorganique), on obtient successivement l'adénosine diphosphate (ADP) et l'adénosine triphosphate (ATP). Ces structures sont illustrées ci-dessous :

$$A-O-\overset{\overset{O}{\|}}{\underset{\underset{O^-}{|}}{P}}-O^- \qquad \text{AMP}$$

$$A-O-\overset{\overset{O}{\|}}{\underset{\underset{O^-}{|}}{P}}-O-\overset{\overset{O}{\|}}{\underset{\underset{O^-}{|}}{P}}-O^- \qquad \text{ADP}$$

$$A-O-\overset{\overset{O}{\|}}{\underset{\underset{O^-}{|}}{P}}-O-\overset{\overset{O}{\|}}{\underset{\underset{O^-}{|}}{P}}-O-\overset{\overset{O}{\|}}{\underset{\underset{O^-}{|}}{P}}-O^- \qquad \text{ATP}$$

Il est utile de mentionner dès à présent qu'il existe des structures identiques dans lesquelles A est remplacé par G (guanosine), C (cytidine) ou U (uridine), des nucléosides où le ribose est combiné avec la guanine, la cytosine ou l'uracile, respectivement. La première est une base purique, comme l'adénine ; les deux autres sont des pyrimidines. On verra plus loin que ces composés sont des précurseurs dans la synthèse de l'ARN. Ajoutons que le remplacement du ribose par le désoxyribose dans ces molécules (et celui de U par T, la thymidine) donne des dérivés similaires impliqués dans la construction de l'ADN. Ces différences sont ici sans importance, tout en étant d'une importance cruciale pour l'information. Ce qui compte dans ces molécules sur le plan énergétique, c'est l'extrémité triphosphate, qui est la même pour toutes et y possède exactement les mêmes propriétés énergétiques.

Le moteur universel de la vie

Le travail accompli par les êtres vivants sur notre planète est, en dernière analyse, alimenté presque entièrement par une seule réaction, l'hydrolyse (scission à l'aide d'eau) de la liaison pyrophosphate terminale de l'ATP, avec formation d'adénosine diphosphate (ADP) et de phosphate inorganique (P_i) :

$$\text{A-O-P(=O)(O}^-\text{)-O-P(=O)(O}^-\text{)-O-P(=O)(O}^-\text{)-O}^- + H_2O \longrightarrow \text{A-O-P(=O)(O}^-\text{)-O-P(=O)(O}^-\text{)-O}^- + \text{HO-P(=O)(O}^-\text{)-O}^- + H^+$$

En abrégé biochimique :

$$ATP + H_2O \longrightarrow ADP + P_i \qquad (1)$$

Cette réaction dégage de l'énergie, terme utilisé pour des raisons de simplicité, ici et ailleurs dans ce livre, en lieu et place de celui, plus précis, d'énergie libre. Cette dernière définit, en combinant énergie interne et entropie, la quantité maximale de travail qui peut être accomplie à l'aide d'une réaction chimique, qui est la quantité qui intéresse la bioénergétique. Dans des conditions proches de celles qui existent dans les cellules vivantes, la quantité d'énergie dégagée par l'hydrolyse des liaisons pyrophosphates de l'ATP est de l'ordre de 14 kcal (kilocalories), ou 59 kJ (kilojoules), par molécule-gramme de substance scindée. Ce chiffre définit la grandeur des paquets d'énergie utilisés dans la plupart des transactions biochimiques, ce qu'on pourrait appeler « l'unité monétaire bioénergétique standard ». Si l'hydrolyse de l'ATP a lieu librement, l'énergie dégagée par la réaction est dissipée sous forme de chaleur. Les systèmes vivants contiennent un certain nombre de *transducteurs* qui convertissent l'énergie libérée par l'hydrolyse de la liaison pyrophosphate terminale de l'ATP (réaction (*1*)) en diverses formes de travail.

Dans les muscles des animaux, par exemple, les transducteurs sont des systèmes protéiques spéciaux qui scindent l'ATP, mais ne peuvent le faire que s'ils se raccourcissent en même temps, fût-ce à l'encontre d'une résistance. L'énergie libérée par la scission de l'ATP est ainsi transformée en travail mécanique dépensé pour vaincre la résistance. Dans les membranes cellulaires, des transducteurs spécialisés, appelés « systèmes de transport actif », ou « pompes », utilisent l'énergie dégagée par la scission de l'ATP pour contraindre des substances à entrer dans les cellules ou à en sortir à l'encontre d'un gradient de concentration, c'est-à-dire dans une direction de concentration croissante, avec, par conséquent, accomplissement de travail osmotique. Si les substances transportées activement de cette manière sont chargées électriquement, leur transport crée des déséquilibres de charge, ou potentiels de membrane, source du travail électrique, dans les cellules nerveuses par exemple, ou chez certains poissons. Chez les animaux luminescents, tels que les lucioles, la production de lumière a lieu semblablement à l'aide d'énergie libérée par la scission de l'ATP (avec, dans ce cas, l'apport supplémentaire d'une réaction oxydative). Surtout, les formes, particulièrement importantes, de travail chimique requis par la biosynthèse des composés naturels et de leurs associations sont presque toujours alimentées en énergie par la scission de l'ATP.

La plupart des formes de travail sont apparues tardivement dans le développement de la vie, à un moment où les cellules avaient déjà atteint un haut degré de complexité. Fait exception le travail chimique qui, de toute évidence, a dû être effectué dès le début. Hormis la synthèse des premières briques, dont on a vu qu'elle pourrait avoir été soutenue par les sources d'énergie présentes dans l'espace, la forme principale de travail chimique accomplie par la vie naissante a uni les briques en molécules plus complexes. De tels processus font intervenir presque invariablement l'enlèvement d'un atome d'hydrogène (H) d'un des réactifs et celui d'un groupement hydroxyle (OH) de l'autre, avec formation d'une molécule d'eau (H_2O). La grande majorité des constituants cellulaires, y compris les protéines, les acides nucléiques, les lipides, les polysaccharides et bien d'autres molécules complexes, sont synthétisés de cette manière à partir de petites molécules, telles que des acides aminés, des sucres, des bases azotées, des acides gras, etc. Dénommées *condensations déshydratantes*, de telles réactions ne peuvent pas se produire spontanément en milieu aqueux car l'abondance d'eau favorise thermodynamiquement la réaction inverse d'hydrolyse.

Dans la vie d'aujourd'hui, ce problème est résolu par le couplage des condensations déshydratantes demandeuses d'énergie à l'hydrolyse de l'ATP qui en fournit. Les réactions impliquées dans ces processus sont aussi variées que les molécules qu'elles servent à assembler. Leur description remplit une bonne part des traités de biochimie. Heureusement, cette diversité se réduit à un petit nombre de mécanismes, qui sont eux-mêmes des applications d'un principe unificateur d'une simplicité renversante. Facile à expliquer, ce principe illumine la compréhension des processus individuels. C'est le *transfert de groupe séquentiel*. Les pages qui suivent, résumées à partir d'un de mes ouvrages précédents (de Duve, 1987), devraient clarifier ce dont il s'agit.

Le transfert de groupe : clé de la biosynthèse

Que l'on considère le problème suivant : on désire former la substance X-Y en milieu aqueux par la condensation déshydratante demandeuse d'énergie de X-OH avec Y-H :

$$\text{X-OH} + \text{Y-H} \longrightarrow \text{X-Y} + \text{H}_2\text{O} \qquad (2)$$

avec comme source d'énergie l'hydrolyse de l'ATP en ADP et phosphate inorganique (réaction (*1*)). Il ne servira à rien de laisser les deux réactions se dérouler côte à côte. L'énergie dégagée par la réaction (*1*) sera dissipée en chaleur inutile, impuissante à forcer X-OH et Y-H à s'unir en ajoutant de l'eau à un milieu où celle-ci est déjà surabondante. La solution de la vie au problème est aussi élégante que simple. Au lieu de transférer le phosphate terminal de l'ATP à une molécule d'eau, comme dans la réaction (*1*), transférez ce groupe à X-OH, par une réaction appelée *phosphorylation*, qui laisse l'ADP, comme dans la réaction (*1*), mais forme le dérivé X-yl phosphate au lieu de phosphate inorganique :

$$\underset{\underset{O^-}{|}}{\overset{\overset{O}{\|}}{\text{A-O-P}}} \underset{\underset{O^-}{|}}{\overset{\overset{O}{\|}}{\text{-O-P}}} \underset{\underset{O^-}{|}}{\overset{\overset{O}{\|}}{\text{-O-P-O}^-}} + \text{X-OH} \longrightarrow \underset{\underset{O^-}{|}}{\overset{\overset{O}{\|}}{\text{A-O-P}}} \underset{\underset{O^-}{|}}{\overset{\overset{O}{\|}}{\text{-O-P-O}^-}} + \underset{\underset{O^-}{|}}{\overset{\overset{O}{\|}}{\text{X-O-P-O}^-}} + \text{H}^+$$

Soit, en abrégé biochimique :

$$\text{ATP} + \text{X-OH} \longrightarrow \text{ADP} + \text{X-O-P} \qquad (3)$$

En une deuxième étape, transférez le groupement X-yle de l'intermédiaire X-O-P au réactif Y-H :

$$\underset{\underset{O^-}{|}}{\overset{\overset{O}{\|}}{\text{X-O-P-O}^-}} + \text{Y-H} \longrightarrow \text{X-Y} + \underset{\underset{O^-}{|}}{\overset{\overset{O}{\|}}{\text{HO-P-O}^-}}$$

En abrégé biochimique :

$$\text{X-O-P} + \text{Y-H} \longrightarrow \text{X-Y} + \text{P}_i \qquad (4)$$

En additionnant les réactions (*3*) et (*4*), on obtient :

$$\text{ATP} + \text{X-OH} + \text{Y-H} \longrightarrow \text{X-Y} + \text{ADP} + \text{P}_i \qquad (5)$$

Il y a synthèse d'X-Y et scission d'ATP, mais l'eau n'apparaît nulle part sous forme libre. Elle voyage cryptiquement de l'oxygène de X-OH à celui du phosphate inorganique par le biais de l'intermédiaire X-O-P. Cela se voit plus clairement dans la représentation de la Figure 4-1.

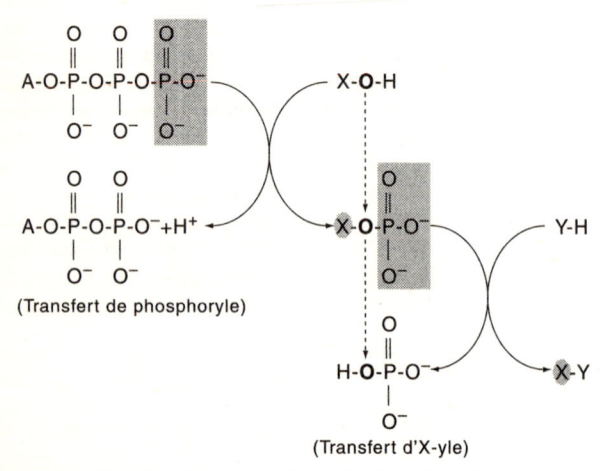

Figure 4-1 : **Transfert de groupe séquentiel dépendant d'un transfert de phosphoryle.** Dans la première étape, le groupement phosphoryle terminal de l'ATP est transféré au réactif X-OH, laissant l'ADP et formant le phosphate d'X-yle, dont le groupement X-yle est ensuite transféré au réactif Y-H dans la seconde étape, laissant le phosphate inorganique. On note que l'intermédiaire bicéphale, le phosphate d'X-yle, est constitué des deux groupements transférés dans chacune des deux étapes, unis par un atome d'oxygène. Ce dernier provient de X-OH et se retrouve dans le phosphate inorganique, traçant ainsi le chemin cryptique de l'eau de la condensation déshydratante de X-Y à l'hydrolyse de la liaison pyrophosphate terminale de l'ATP.

L'essentiel de ce mécanisme, c'est qu'il permet l'utilisation de l'énergie dégagée par l'hydrolyse de l'ATP pour l'assemblage de X-Y. Au lieu d'être dissipée, comme c'est le cas au cours de la simple hydrolyse (réaction (*1*)), cette énergie migre avec le groupement phosphoryle transféré dans l'étape de phosphorylation (réaction

(3)) et elle est conservée dans l'intermédiaire X-O-P, avec comme conséquence que le réactif X-OH est maintenant *activé*, c'est-à-dire nanti de l'énergie nécessaire pour pouvoir se joindre au réactif Y-H (réaction (4))[1]. J'appelle *bicéphale* l'intermédiaire X-O-P parce qu'il est constitué des deux groupements transférés, reliés par l'atome central d'oxygène qui, grâce à l'intermédiaire, passe de X-OH au phosphate inorganique (Figure 4-2).

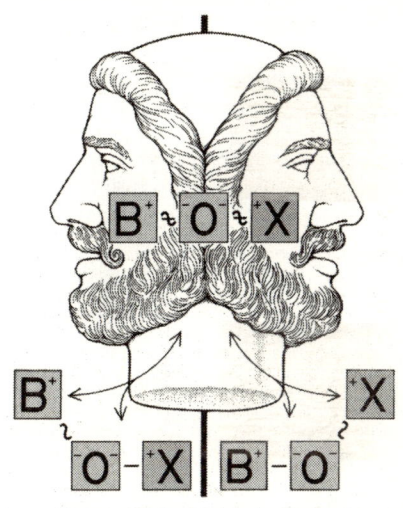

Figure 4-2 : **Janus, l'intermédiaire bicéphale**. Ce dessin représente l'intermédiaire obligatoire de tout processus de transfert de groupe séquentiel. B représente le morceau d'ATP transféré au réactif X-OH dans la réaction initiale d'activation (le groupement phosphoryle, AMP-yle ou pyrophosphoryle). L'intermédiaire est appelé « bicéphale » parce qu'il est constitué des deux groupements transférés liés par un atome d'oxygène : d'un côté le groupement B-yle et, de l'autre, le groupement X-yle transféré dans la seconde étape biosynthétique. On notera que, grâce à l'intermédiaire bicéphale, l'atome d'oxygène fourni par le réactif X-OH finit associé au morceau B donné par l'ATP (phosphate inorganique, AMP ou pyrophosphate inorganique), couplant ainsi la condensation déshydratante à l'hydrolyse d'ATP (de Duve, 1987, p. 125).

---

1. Les chimistes organiciens font également appel à une activation – par exemple d'acides carboxyliques sous la forme d'anhydrides – pour effectuer des synthèses, mais leur terminologie est différente. Ils représentent généralement les réactions de transfert comme des « attaques » (nucléophiles, le plus souvent) du donneur de groupe par l'accepteur. Cette terminologie est plus rigoureuse mais moins intuitive que la notion de transfert de groupe utilisée en biochimie.

Les biochimistes reconnaîtront dans le mécanisme qui vient d'être esquissé un certain nombre de processus où le réactif X-OH est un acide carboxylique, qui est activé par phosphorylation en acyl-phosphate correspondant. Ce complexe cède ensuite le groupement acyle à un accepteur, qui peut être l'ammoniac (avec formation d'un amide, tel que l'asparagine ou la glutamine), ou un groupement aminé (dans la synthèse du glutathion, par exemple), ou un thiol (avec formation d'un thioester, voir ci-dessous Figures 6-1 et 6-2). La carboxylation (voir plus loin, Figure 10-2) est un autre exemple d'un tel processus.

Au total, le mécanisme fondé sur la phosphorylation n'est pas utilisé très fréquemment dans la nature. Les processus biosynthétiques les plus importants dépendent de la scission de la liaison pyrophosphate *interne* de l'ATP, le groupement transféré au cours de la première étape d'activation étant soit le groupement AMP-yle (*transnucléotidylation*), soit le groupement pyrophosphoryle terminal (*pyrophosphorylation*) :

$$X\text{-}OH \leftarrow \boxed{A\text{-}O\text{-}P\overset{O}{\underset{O^-}{\parallel}}} \text{-}O\text{-} \boxed{\overset{O}{\underset{O^-}{\parallel}}P\text{-}O\text{-}\overset{O}{\underset{O^-}{\parallel}}P\text{-}O^-} \rightarrow X\text{-}OH$$

(transfert de nucléotidyle)   (pyrophosphorylation)

Le premier mécanisme est illustré par la Figure 4-3 et résumé en abrégé biochimique comme suit :

$$\text{ATP} + \text{X-OH} \rightarrow \text{PP}_i + \text{X-O-AMP} \tag{6}$$
$$\text{X-O-AMP} + \text{Y-H} \rightarrow \text{X-Y} + \text{AMP} \tag{7}$$
$$\overline{\text{ATP} + \text{X-OH} + \text{Y-H} \rightarrow \text{X-Y} + \text{AMP} + \text{PP}_i} \tag{8}$$

Le mécanisme fondé sur la pyrophosphorylation est représenté à la Figure 4-4. En abrégé :

$$\text{ATP} + \text{X-OH} \rightarrow \text{AMP} + \text{X-O-PP} \tag{9}$$
$$\text{X-O-PP} + \text{Y-H} \rightarrow \text{X-Y} + \text{PP}_i \tag{10}$$
$$\overline{\text{ATP} + \text{X-OH} + \text{Y-H} \rightarrow \text{X-Y} + \text{AMP} + \text{PP}_i} \tag{11}$$

Plusieurs remarques méritent d'être faites. On notera d'abord que les deux processus présentent les mêmes propriétés clés que le mécanisme par phosphorylation. L'eau est invisible. L'oxygène de X-OH passe à un produit de scission final de l'ATP (AMP ou

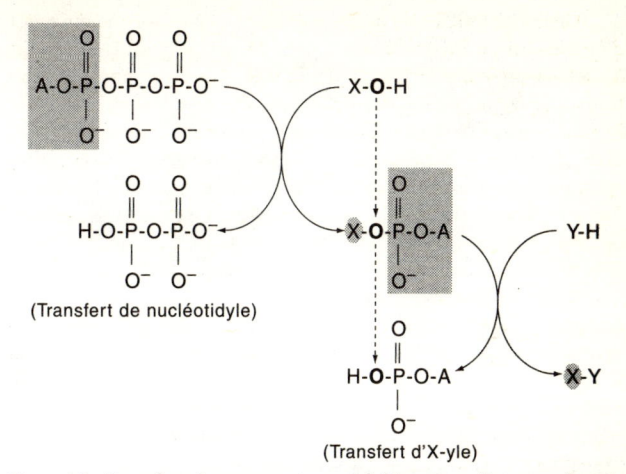

Figure 4-3 : **Transfert de groupe séquentiel dépendant d'un transfert de nucléotidyle.** Dans la première étape, le groupement nucléotidyle de l'ATP est transféré au réactif X-OH, laissant le pyrophosphate inorganique et formant X-yl-AMP, dont le groupement X-yle est ensuite transféré au réactif Y-H dans la seconde étape, laissant l'AMP. L'intermédiaire bicéphale est X-yl-AMP. Son atome d'oxygène central vient de X-OH et se retrouve dans l'AMP.

pyrophosphate inorganique), par le biais de l'intermédiaire bicéphale, qui est X-O-AMP dans le premier cas et X-O-PP dans l'autre. Le principe du transfert de groupe séquentiel est universel.

On remarquera ensuite que le résultat final est le même que ce soit le groupement nucléotidyle ou le groupement pyrophosphoryle qui est transféré (les réactions (8) et (11) sont identiques). Dans les deux cas, X-Y est assemblé aux dépens de la scission de l'ATP en AMP et pyrophosphate inorganique.

En troisième lieu, lorsque l'un ou l'autre de ces mécanismes est utilisé, l'AMP formé est converti en ADP par phosphorylation à partir d'ATP :

$$AMP + ATP \longrightarrow 2\ ADP \quad (12)$$

et le pyrophosphate est hydrolysé :

$$PP_i + H_2O \longrightarrow 2\ P_i \quad (13)$$

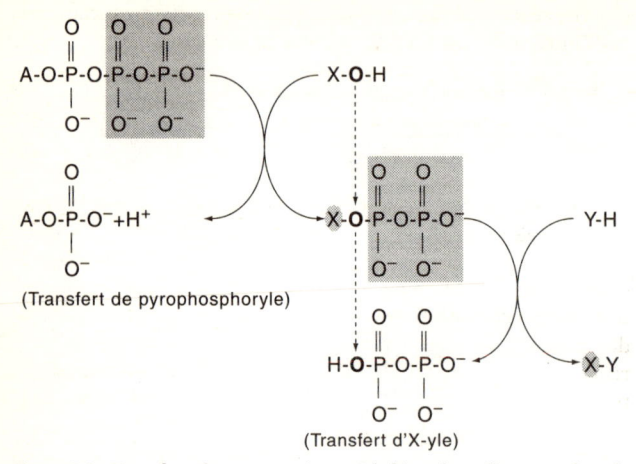

Figure 4-4 : **Transfert de groupe séquentiel dépendant d'un transfert de pyrophosphoryle.** Dans la première étape, le groupement pyrophosphoryle terminal de l'ATP est transféré au réactif X-OH, laissant l'AMP et formant le pyrophosphate d'X-yle, dont le groupement X-yle est ensuite transféré au réactif Y-H dans la seconde étape, laissant le pyrophosphate inorganique. L'intermédiaire bicéphale est le pyrophosphate d'X-yle. Son atome d'oxygène central vient de X-OH et se retrouve dans le pyrophosphate inorganique.

Le résultat final est que deux molécules d'ATP sont hydrolysées en ADP et phosphate inorganique. La dépense d'énergie est double de celle qui accompagne le mécanisme reposant sur la phosphorylation, ce qui permet à des réactions particulièrement coûteuses en termes d'énergie d'avoir lieu facilement.

Un quatrième point est que l'ATP est parfois remplacé comme donneur d'énergie par un autre nucléoside-triphosphate (NTP). Cela ne fait pas de différence sur le plan énergétique, comme on l'a vu. Quand cela se passe, le NTP utilisé est régénéré à partir de son produit de scission, NMP ou NDP, par transfert du groupement phosphoryle terminal de l'ATP, qui finit donc par payer la note énergétique :

$$NMP + ATP \rightarrow ADP + NDP \qquad (14)$$

$$NDP + ATP \rightarrow ADP + NTP \qquad (15)$$

Enfin, il peut arriver, surtout dans le processus dépendant de transnucléotidylation, que la deuxième étape (le transfert d'X-yle, réaction (7)) soit divisée en deux réactions successives par l'intercalation d'un transporteur de groupe :

$$\begin{array}{r} \text{X-O-AMP + Transporteur} \longrightarrow \text{AMP + Transporteur-X} \qquad (16)\\ \underline{\text{Transporteur-X + Y-H} \longrightarrow \text{X-Y + Transporteur} \qquad (17)}\\ \text{X-O-AMP + Y-H} \longrightarrow \text{X-Y + AMP} \qquad (18) \end{array}$$

On remarquera que la réaction (18) est identique à la réaction (7).

La séquence dépendante du transfert de nucléotidyle représente le mécanisme biosynthétique de loin le plus important. Elle sert à l'activation des acides gras dans la synthèse de lipides, avec le coenzyme A comme transporteur (voir chapitre VI, réaction (5)), et à celle des acides aminés dans la synthèse de protéines, avec les ARNt comme transporteurs (voir chapitre VIII, réaction (4)). Elle intervient, le CTP remplaçant l'ATP, dans la synthèse de nombreux phospholipides et, le plus souvent avec l'UTP, dans l'assemblage de polysaccharides. Dans ce dernier cas, cependant, le réactif X-OH est un sucre phosphorylé, dont seule la partie sucre est transférée ultérieurement tandis que le groupement phosphate accompagne l'UMP, qui apparaît donc comme UDP.

Une variante particulièrement importante du mécanisme opère la synthèse d'ARN. La chaîne d'ARN en croissance y est le réactif X-OH et le transfert d'un groupement NMP à partir d'un des quatre NTP (ATP, GTP, CTP ou UTP) par la réaction (6) complète la synthèse (voir plus loin, Figure 7-2). Le même processus sert dans la synthèse d'ADN, les dérivés du ribose étant remplacés par ceux du désoxyribose.

Le mécanisme par pyrophosphorylation est rarement utilisé. Ses deux principales applications interviennent dans la synthèse de nucléotides et dans celle de terpènes, avec comme intermédiaire bicéphale le phosphoribosyl-pyrophosphate dans le premier cas et l'isopentényl-pyrophosphate[2] dans le second (voir plus loin, Figure 10-3).

La beauté des mécanismes qui viennent d'être esquissés réside dans leur centralisation. Une *réaction unique*, la scission d'ATP en ADP et phosphate inorganique, se trouve, en dernière

---

2. Le groupe pyrophosphoryle de l'isopentényl-pyrophosphate n'est pas acquis par transfert de pyrophosphoryle, mais bien par deux transferts de phosphoryle successifs.

analyse, alimenter en énergie un nombre indéfini d'assemblages biosynthétiques. Et ce n'est pas tout. Outre les condensations déshydratantes, nombre d'autres réactions métaboliques sont semblablement étayées par des mécanismes particuliers dépendant de la scission d'une des liaisons pyrophosphates de l'ATP. On verra plus loin que certaines réactions connues sous le nom de « réductions biosynthétiques » peuvent également être alimentées en énergie par la scission de l'ATP.

Il n'est pas que les transferts d'énergie qui soient soutenus par l'ATP. Ainsi, il arrive assez fréquemment que des substances subissent une phosphorylation par l'ATP avant de pénétrer dans le métabolisme. Ce processus les pourvoit d'un « manche » électriquement chargé (le groupement phosphate est électronégatif) qui peut aider à les positionner correctement sur la surface des enzymes qui agissent sur elles. Les signalements cellulaires, qui, surtout chez les animaux supérieurs, jouent un rôle régulateur extrêmement important, dépendent eux aussi de diverses manières de la scission de l'ATP (ou du GTP). Si l'on se souvient que la scission de l'ATP soutient également la plupart des autres transducteurs d'énergie, on arrive à la conclusion qu'à part quelques exceptions mineures, mentionnées plus loin, toutes les dépenses biologiques d'énergie sont, en dernière analyse, supportées par l'hydrolyse de l'ATP en ADP et phosphate inorganique. C'est une des singularités les plus remarquables offertes par la vie aujourd'hui.

L'ATP n'est pas stocké en quantité appréciable par les cellules vivantes et il ne peut être obtenu à partir de l'environnement. Aussi les cellules sont-elles obligées de régénérer continuellement l'ATP qu'elles dépensent pour payer leurs factures d'énergie, en recombinant l'ADP avec le phosphate inorganique. Ce processus exige de l'énergie (un minimum de 14 kcal, ou 59 kJ, par molécule-gramme, comme on l'a vu). Comme on le mentionnera dans les deux chapitres qui suivent, un petit nombre de réactions spécialisées couple l'assemblage d'ATP à l'utilisation d'énergie lumineuse ou à un autre processus physique ou chimique producteur d'énergie. Mais, avant de passer à ce sujet, il convient de considérer la question clé : pourquoi l'ATP ? Cette question peut elle-même être divisée en deux : pourquoi P ? Pourquoi A ? Qu'est-ce qui a fait que ces substances ont été singularisées au point de participer aussi centralement au développement de la vie ?

Pourquoi le phosphate ?

En 1987, le biochimiste américain Frank Westheimer publiait un article fort remarqué intitulé « Why nature chose phosphates », « Pourquoi la nature a-t-elle choisi les phosphates ? ». Il y détaille avec beaucoup de perspicacité les nombreuses propriétés qui font du phosphate une molécule exceptionnellement bien adaptée à ses multiples fonctions biologiques, non seulement dans les transferts d'énergie, mais aussi dans la constitution de substances aussi centrales que les acides nucléiques et les phospholipides, et dans celle de beaucoup d'intermédiaires métaboliques importants. Mais Westheimer ne s'est pas demandé *comment* la nature a choisi les phosphates. À moins de souscrire au « dessein intelligent », on ne peut expliquer l'usage par l'aptitude, si ce n'est par la voie d'un processus d'optimisation sélective. Mais le phosphate a dû entrer dans le métabolisme avant que la réplication et ses corollaires de mutation et de sélection ne fassent leur apparition, sans doute avec l'ARN. Il doit y avoir une explication chimique au choix des phosphates par la nature. Comme je l'ai discuté ailleurs (de Duve, 1990, 2001), cette explication est loin d'être évidente.

Ce ne peut être une question d'abondance. Le phosphate n'est pas un constituant fort répandu sur la Terre, et il y est en grande partie immobilisé dans des combinaisons insolubles avec le calcium, telles que l'apatite. La concentration en phosphate des océans et des eaux douces est très faible, de l'ordre de 0,3 micromolaire ou moins, ce qui revient à 30 microgrammes par litre ou moins. Cette rareté fait souvent de la concentration en phosphate un facteur limitant de la prolifération de microorganismes, comme l'a révélé l'augmentation dramatique de cette prolifération, ou eutrophication, observée dans de nombreuses pièces d'eau après l'addition (aujourd'hui prohibée pour cette raison) de phosphate aux produits de nettoyage.

La rareté du phosphate est telle que certains chercheurs ont même suggéré qu'il ne peut pas avoir joué de rôle dans la chimie prébiotique (Keefe et Miller, 1995). Les choses auraient cependant pu être différentes avant l'apparition de la vie, probablement en grande partie responsable de la formation de l'apatite (Gedulin et Arrhenius, 1994). En outre, le contenu en phosphate des eaux prébiotiques aurait pu être plus élevé qu'il ne l'est aujourd'hui si ces eaux avaient été plus acides (de Duve, 1990).

Un indice possible est fourni par le fait que les fonctions de l'ATP sont accomplies par le pyrophosphate inorganique chez certains organismes actuels. Cette observation a inspiré l'hypothèse, vigoureusement défendue par le couple suédois Margaret et Herrick Baltscheffsky (1992), selon laquelle, à l'origine de la vie, l'ATP aurait été précédé par le pyrophosphate inorganique en tant que fournisseur de liaisons pyrophosphates. Une autre substance qui aurait pu jouer ce rôle est le polyphosphate, un composé de nombreuses molécules de phosphate unies entre elles par des liaisons pyrophosphates. Présent dans toutes les formes de vie, il sert de réserve de telles liaisons et joue peut-être aussi un rôle régulateur (Kulaev, 1979 ; Kornberg *et al.*, 1999). Du pyrophosphate (*pyr* signifie « feu » en grec) et des polyphosphates ont été détectés dans des émissions volcaniques (Yamagata *et al.*, 1991) et pourraient avoir servi comme sources d'énergie pour la vie naissante. Mais ce sont des substances fort rares dans le monde actuel, ce qui laisse supposer que la vie pourrait avoir débuté dans un cadre volcanique. Je reviendrai sur ce point plus tard.

On doit une contribution intéressante à la question au chimiste suédo-américain Gustaf Arrhenius et à ses collaborateurs, qui ont observé que des sels phosphatés protonés, contrairement aux sels non protonés tels que l'apatite, se condensent facilement en pyrophosphate et en polyphosphates plus longs lorsqu'on les chauffe à des températures aussi basses que 250 °C (Arrhenius *et al.*, 1993 ; Gedulin et Arrhenius, 1994). Ils ont trouvé, en outre, que des minerais stratifiés tels que l'hydrotalcite, un hydroxyde mixte de magnésium et d'aluminium, ont le pouvoir d'extraire des composés phosphorés à partir de solutions très diluées et de les concentrer jusqu'à sursaturation dans les espaces aqueux qui séparent les couches minérales. Ces minerais peuvent ainsi catalyser certaines réactions faisant intervenir des composés phosphorés, y compris la phosphorylation de molécules organiques (Pitsch *et al.*, 1995 ; Kolb *et al.*, 1997).

Quelle que soit l'explication, le « choix » des phosphates par la nature ne peut avoir été un cadeau du hasard. Il a dû être la conséquence des conditions physico-chimiques qui régnaient dans le berceau de la vie. Cette exigence impose de sévères limites à ces conditions et devrait pouvoir servir de guide dans leur identification.

Pourquoi l'adénosine ?

L'adénosine, avons-nous vu, représentée par A, appartient à la classe des nucléosides. Elle est faite de deux composants liés entre eux, une substance azotée, ou base, appelée « adénine », et un sucre à cinq atomes de carbone, ou pentose, dénommé « ribose ». Le phosphate de l'AMP est attaché à l'extrémité ribose de la molécule. D'autres bases azotées se combinent de la même manière avec le ribose pour former G, C et U, qui remplacent A dans certaines réactions et servent, en même temps qu'elle, à la synthèse d'ARN. On verra au chapitre VII que l'apparition prébiotique de ces bases s'explique probablement par des réactions relativement simples partant d'acide cyanhydrique (HCN), un produit typique de la chimie cosmique.

Le ribose soulève un problème plus épineux. Il s'agit moins de la synthèse de ce sucre, qui a pu se faire à partir d'une substance aussi simple que le formaldéhyde (H_2CO), également un produit typique de la chimie cosmique, que de sa séparation des nombreux autres sucres qui se forment en même temps et aussi, comme on l'a mentionné déjà au chapitre II, de sa chiralité. Le ribose est une molécule chirale. Le stéréo-isomère de ce sucre engagé dans l'adénosine est le D-ribose, lévogyre.

L'utilisation biologique sélective du D-ribose a fait l'objet de nombreux travaux et spéculations, surtout en raison de l'intérêt prépondérant que les chercheurs accordent à la synthèse d'ARN. On a envisagé, parmi les explications possibles, une synthèse préférentielle de ce sucre et on a fait quelques progrès dans l'identification d'un mécanisme chimique susceptible de conduire à ce résultat (Eschenmoser, 1999). Il se pourrait aussi que, pour une raison chimique cachée, le D-ribose ait été sélectionné pour l'assemblage de l'adénosine et d'autres nucléosides. Une observation fort intéressante à ce propos est que le borate, probablement abondant dans les eaux prébiotiques, exerce un fort effet stabilisant sur le ribose (Prieur, 2001 ; Ricardo *et al.*, 2004) et peut même catalyser la combinaison, en milieu aqueux, de ce sucre et de l'adénine, avec formation d'adénosine (Prieur, 2001).

Reste à savoir si des effets de ce genre suffisent pour expliquer l'utilisation sélective du D-ribose. Les organismes vivants contiennent de nombreux sucres différents, dont trois autres pentoses, l'arabinose, le xylose et le lyxose, en plus du ribose. Il est donc possible que la chimie primitive ait donné naissance à une grande variété de sucres et que le D-ribose ait acquis son rôle particulier pour des raisons qui n'ont rien à voir avec son abondance relative ou avec d'autres qualités particulières de la molécule. Il est significatif, à cet égard, que les quatre pentoses se forment en quantité égale et soient semblablement stabilisés par le borate, dans une réaction faisant intervenir le glycéraldéhyde et le glycolaldéhyde en milieu alcalin en présence de calcium (Ricardo *et al.*, 2004).

On peut même envisager que des sucres autres que le ribose se soient unis avec l'adénine et d'autres bases. Comme on l'a déjà mentionné, on ne voit pas comment le genre de chimie grossière qui a dû se produire dans les temps prébiotiques aurait pu être suffisamment spécifique pour ne former que les substances qui se sont avérées avoir une fonction dans la vie d'aujourd'hui. Il paraît plus vraisemblable que la vie a commencé avec un « brouet » contenant de nombreuses molécules différentes de structure semblable et que celles que l'on trouve dans les organismes vivants ont émergé ultérieurement par sélection. Cette notion clé a déjà été mentionnée à propos de la sélection des enzymes (voir chapitre III). J'y reviendrai plusieurs fois dans les chapitres qui suivent.

Quelle que soit la complexité de la mixture de sucres et de bases dont disposait la vie naissante, on doit trouver une explication pour l'union des premiers avec les secondes. On a vu que le borate pourrait avoir joué un rôle dans cette réaction (Prieur, 2001). On peut concevoir également une intervention de la liaison pyrophosphate. Une caractéristique remarquable du métabolisme actuel est constituée par les relations étroites qui existent entre les sucres et le phosphate. À de rares exceptions près, des sucres tels que le glucose, le fructose ou le galactose pénètrent dans le métabolisme par une étape de phosphorylation alimentée par l'ATP. Leurs remaniements subséquents par des voies métaboliques, telle la chaîne glycolytique, font intervenir le plus fréquemment des intermédiaires phosphorylés. De plus, l'association de sucres entre eux ou avec d'autres substances, dont l'adénine et d'autres bases, se fait invariablement avec des molécules activées par combinaison avec le phosphate, le pyrophosphate ou quelque autre composé phosphoré.

Ces faits suggèrent l'existence d'une « marmite » primitive dans laquelle des sucres interagissaient avec des composés pyrophosphorés et avec des bases azotées, pour produire toutes sortes de sucres phosphorylés, de nucléosides et de composés plus complexes, dont l'ATP et ses analogues. Les substances qui ont fini par jouer un rôle métabolique important – notamment en tant que précurseurs de la synthèse d'ARN – ont émergé de cette mixture par sélection, comme on l'a déjà suggéré. L'identification des conditions dans lesquelles de telles réactions ont pu se produire avec la seule aide des catalyseurs disponibles prébiotiquement (multimères ?) constitue un des plus grands défis pour les recherches de l'avenir.

CHAPITRE V

Électrons et protons

On appelle souvent l'ATP, sujet du chapitre précédent, le « combustible de la vie ». C'est une erreur. L'ATP n'est qu'un simple intermédiaire entre la fourniture et l'utilisation d'énergie. Le véritable moteur de la vie est la *chute d'électrons* d'un niveau d'énergie plus élevé à un niveau plus bas. Les mécanismes qui sous-tendent de telles chutes d'électrons productrices d'énergie et l'assemblage d'ATP qui leur est associé sont au cœur de la bioénergétique. Je me contenterai d'en esquisser les grandes lignes dans ce chapitre. On trouvera plus de détails dans les traités de biochimie classiques et dans mes publications antérieures (de Duve, 1987, 2001).

Énergétique des transferts d'électrons

L'assemblage d'ATP à partir d'ADP et de phosphate inorganique est couplé presque invariablement au transfert d'un ou deux électrons entre deux substances, appelées « donneur » et « accepteur » d'électrons pour des raisons évidentes. Au cours de tels transferts, le donneur passe de l'état dit « réduit » (riche en électrons) à l'état dit « oxydé » (pauvre en électrons), tandis que l'accepteur passe d'oxydé à réduit. Dans la réaction inverse, l'accepteur réduit devient donneur, et le donneur oxydé devient accepteur. Pour cette raison, de tels transferts d'électrons sont appelés « réactions d'oxydoréduction », en abrégé « réactions redox », tandis que les substances qui y participent sont dénommées « couples redox » du fait qu'elles peuvent exister sous forme réduite et sous forme oxydée.

Il arrive souvent que des protons (ions hydrogène H^+) accompagnent les électrons transférés, de telle manière que des atomes d'hydrogène ($H = H^+$ + électron) soient transférés au lieu d'électrons nus (transhydrogénation). Parfois, des atomes d'hydrogène sont cédés tandis que seuls des électrons sont acceptés, ou *vice versa*. Dans le premier cas, les protons laissés-pour-compte se retrouvent dans l'eau environnante, rendant le milieu plus acide. Dans le cas opposé, les protons nécessaires sont empruntés au milieu, qui devient plus alcalin.

Les couples redox, que l'on représente généralement par le rapport forme réduite/forme oxydée (par exemple Fe^{++}/Fe^{+++}, $H_2/2\ H^+$, ou lactate/pyruvate), sont caractérisés par leur potentiel redox. Celui-ci est la mesure, exprimée en volts, de la tendance qu'a la forme réduite du couple à donner des électrons ou, en changeant le signe, de l'avidité de la forme oxydée pour les électrons. Par convention, les potentiels redox sont mesurés par rapport au couple $H_2/2\ H^+$, considéré par définition comme ayant un potentiel redox de zéro dans des conditions standard. Les couples redox de pouvoir réducteur plus élevé, c'est-à-dire qui donnent spontanément des électrons au « standard à hydrogène » ainsi défini, ont un potentiel redox négatif. Le contraire est vrai des couples, de pouvoir oxydant plus élevé, qui acceptent spontanément des électrons du standard à hydrogène.

Le potentiel redox définit le niveau d'énergie auquel des électrons sont cédés par la forme réduite d'un couple ou acceptés par sa forme oxydée. La règle est que les électrons chutent spontanément d'un niveau plus élevé à un niveau plus bas d'énergie, soit migrent de la forme réduite du couple de potentiel redox plus négatif ou moins positif à la forme oxydée du couple de potentiel redox moins négatif ou plus positif. Un tel transfert d'électrons libère une quantité d'énergie proportionnelle à la différence entre les deux potentiels redox et au nombre d'électrons transférés. Pour que cette énergie soit égale à l'unité bioénergétique de 14 kcal, ou 59 kJ, par molécule-gramme (voir p. 41), la différence de potentiel doit être d'au moins 600 ou 300 mV, selon que les électrons sont transférés isolément ou par paires.

En d'autres termes, pour soutenir l'assemblage d'une molécule d'ATP à partir d'ADP et de phosphate inorganique, un électron isolé doit chuter d'une dénivellation de potentiel d'au moins 600 mV. La différence minimale est de 300 mV si, comme c'est souvent le cas, les électrons sont transférés par paires. Pour la réaction inverse, par laquelle des électrons sont hissés à un niveau d'énergie plus élevé à l'aide d'ATP, ces différences de potentiel représentent le gain d'énergie maximal que les électrons peuvent tirer, isolément ou par paires, de l'hydrolyse d'une molécule d'ATP.

Fonctions bioénergétiques des transferts d'électrons

Les transferts biologiques d'électrons ne jouent pas tous un rôle bioénergétique. Beaucoup ont lieu au cours du métabolisme, soumis à la simple règle thermodynamique qui veut que les électrons passent d'un niveau d'énergie plus élevé à un niveau plus bas. La différence de potentiel redox est souvent faible cependant, de sorte que la direction des transferts est facilement inversée par un changement approprié des concentrations des substances réagissantes.

Quand les transferts d'électrons servent à alimenter les besoins d'énergie de la vie par l'intermédiaire d'ATP, il faut, comme on l'a vu, un donneur et un accepteur d'électrons séparés par une différence de potentiel d'au moins $600/n$ mV (n étant le nombre d'électrons transférés). Il faut, en outre, un système catalytique qui lie obligatoirement – le terme technique est « couplage » – le transfert d'électrons à l'assemblage d'ATP à partir d'ADP et de phosphate inorganique. L'ATP, comme on a vu, fait le reste, ou presque. Représentées schématiquement à la Figure 5-1, ces exigences sont satisfaites de manière différente chez les organismes hétérotrophes et chez les autotrophes.

Comme l'illustre la Figure 5-2, les organismes hétérotrophes, c'est-à-dire ceux qui dépendent d'autres organismes vivants pour leur survie, tirent leurs donneurs d'électrons de leur nourriture. Leur accepteur d'électrons final est le plus souvent l'oxygène moléculaire (O_2), qui accepte quatre atomes d'hydrogène (électrons + protons) avec formation de deux molécules d'eau :

$$O_2 + 4\,(-) + 4\,H^+ \longrightarrow 2\,H_2O \tag{1}$$

Il en est ainsi de tous les mycètes, des végétaux dans l'obscurité, des animaux, y compris nous-mêmes, et de nombreux organismes unicellulaires, tant eucaryotiques que procaryotiques. Ces organismes appartiennent tous au groupe connu sous le nom

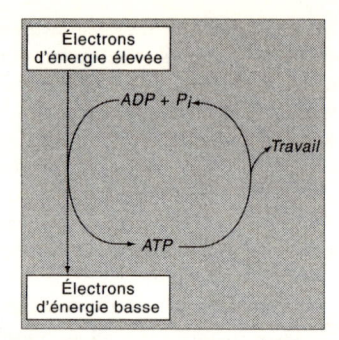

Figure 5-1 : **La source de l'énergie biologique.** À de rares exceptions près, l'assemblage couplé d'ATP à partir d'ADP et de phosphate inorganique est supporté par la chute d'électrons le long d'une dénivellation d'énergie. À son tour, la scission d'ATP en ADP et phosphate inorganique alimente en énergie la plupart des formes de travail biologique (voir chapitre IV). Pour que le couplage soit thermodynamiquement faisable, la différence entre les deux niveaux d'énergie doit être égale à au moins $600/n$ mV, n étant le nombre d'électrons transférés (1 ou 2). Il peut y avoir jusqu'à quatre « chutes d'électrons » successives, couplées chacune à l'assemblage d'une molécule d'ATP. C'est ce qui se passe, par exemple, lorsqu'une paire d'électrons migre d'un aldéhyde ou d'un acide α-cétonique à l'oxygène moléculaire (différence de potentiel redox = environ 1 500 mV). Ce mécanisme central peut suivre quatre modes différents selon la source et le sort des électrons (voir Figures 5-2 à 5-5).

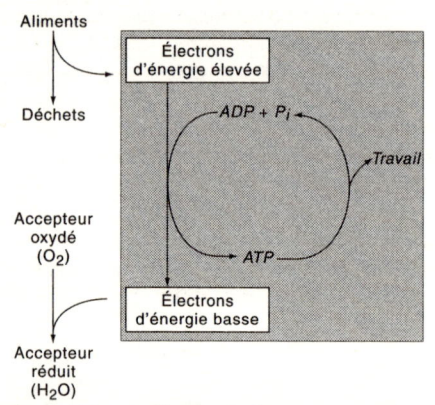

Figure 5-2 : **Énergétique de l'hétérotrophie.** Le mécanisme central de la Figure 5-1 est alimenté en électrons à un haut niveau d'énergie par des nutriments organiques et retourne les électrons à un niveau d'énergie inférieur à un accepteur extérieur, le plus souvent l'oxygène.

d'« aérobies » (vivant à l'air). Ils tirent un avantage maximal de leur environnement, car le couple eau/oxygène occupe le niveau d'énergie le plus bas offert à la vie[1] et donc offre la plus grande dénivellation d'énergie aux électrons chutants.

Certains procaryotes hétérotrophes utilisent un accepteur d'électrons autre que l'oxygène, par exemple le fer ferrique, Fe^{+++}, qui est réduit en fer ferreux, Fe^{++}, ou le soufre élémentaire, S, qui est réduit en hydrogène sulfuré (H_2S). Dans le cas particulier des fermentations anaérobies (sans oxygène), telles que les fermentations alcoolique ou lactique, aucun accepteur d'électrons externe n'est utilisé. L'accepteur naît du donneur par le métabolisme et il est excrété sous forme réduite, éthanol (+ CO_2) ou lactate, par exemple (voir Figure 5-3).

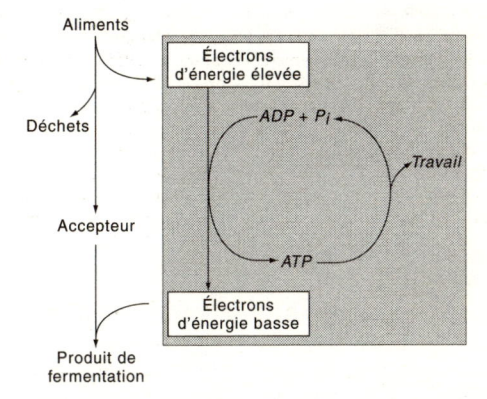

Figure 5-3 : **Énergétique de la fermentation.** Le mécanisme central de la Figure 5-1 est alimenté en électrons à un haut niveau d'énergie par des nutriments organiques, comme dans toutes les formes d'hétérotrophie (voir Figure 5-2), mais sans la participation d'un accepteur extérieur d'électrons. Les électrons dépensés sont transférés à un accepteur d'origine métabolique, qui est excrété sous forme réduite. Celle-ci constitue le produit de fermentation (par exemple éthanol ou acide lactique).

---

1. Strictement parlant, l'eau oxygénée, ou peroxyde d'hydrogène (H_2O_2), est un oxydant plus puissant que l'oxygène, mais sa formation (par transfert d'électrons à l'oxygène par des oxydases de type II) est de nature essentiellement biologique.

Contrairement aux hétérotrophes, les organismes autotrophes se suffisent à eux-mêmes, ils peuvent survivre en l'absence de toute autre forme de vie. Cette prérogative se paie d'une dépense d'énergie considérable ajoutée au prix de la vie hétérotrophe. Non seulement les autotrophes partagent avec les hétérotrophes les mêmes besoins d'ATP, qu'ils satisfont semblablement par des réactions d'assemblage couplées à la chute d'électrons le long d'une dénivellation d'énergie, mais ils doivent, en outre, fabriquer tous leurs constituants aux dépens de substances simples d'origine non biologique, tirant leur carbone du dioxyde de carbone (CO_2), leur hydrogène de l'eau (H_2O), leur azote du nitrate (NO_3^-) ou, parfois, de l'ammoniac (NH_3), leur soufre du sulfate (SO_4^-) ou de quelque autre mineral soufré, et ainsi de suite. La transformation de ces substances en molécules organiques exige de nombreuses réductions (réductions biosynthétiques) et demande donc un apport considérable d'électrons riches en énergie, dont les organismes hétérotrophes n'ont pas besoin pour cette fonction[2]. Des électrons d'une telle richesse en énergie ne se rencontrent pas dans la nature. Provenant de sources à basse énergie, ils doivent être hissés activement au niveau requis.

Il y a essentiellement deux solutions à l'autotrophie : la chimiotrophie et la phototrophie. Les chimiotrophes, qui sont présents uniquement dans le monde procaryotique, ressemblent aux hétérotrophes en ce qu'ils reçoivent des électrons de donneurs externes à un niveau d'énergie élevé et les restituent plus bas à un accepteur externe, le plus souvent l'oxygène (voir Figure 5-4). Mais, au lieu d'être fournis par des aliments organiques, ces électrons viennent de simples substances inorganiques, par exemple l'hydrogène sulfuré. En outre, pour satisfaire les besoins de l'autotrophie, les organismes dévient une partie des électrons ainsi gagnés vers les réductions biosynthétiques après les avoir préalablement élevés au niveau d'énergie exigé à l'aide d'ATP. Il existe de nombreuses formes de chimiotrophie qui se distinguent par la nature des donneurs et accepteurs d'électrons utilisés. Un mode de chimiotrophie particulièrement simple est pratiqué par les procaryotes producteurs de méthane, ou méthanogènes. Ces organismes utilisent l'hydrogène moléculaire (H_2)

---

2. Les organismes hétérotrophes effectuent un petit nombre de réductions biosynthétiques. La transformation du ribose en désoxyribose et la formation d'acides gras à partir d'hydrates de carbone en sont des exemples caractéristiques.

comme donneur d'électrons et le dioxyde de carbone (CO_2) comme accepteur, avec formation de méthane (CH_4) et d'eau (H_2O) et assemblage couplé d'ATP.

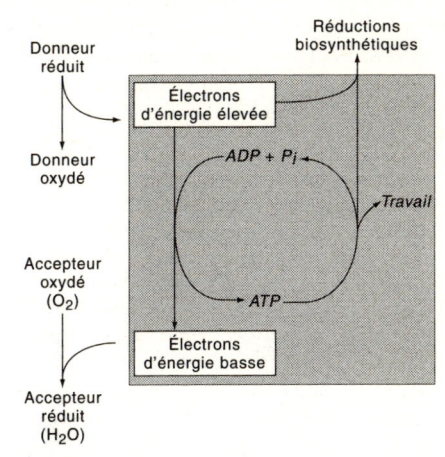

Figure 5-4 : **Énergétique de la chimiotrophie.** Ce mécanisme fonctionnne comme l'hétérotrophie (voir Figure 5-2), sauf que les électrons proviennent d'un donneur minéral et ne sont transférés qu'en partie à un accepteur extérieur pour soutenir l'assemblage couplé d'ATP. Le reste des électrons est utilisé pour les réductions biosynthétiques. Pour pouvoir accomplir cette dernière fonction, les électrons doivent être hissés à un niveau d'énergie plus élevé que celui auquel ils sont fournis par les donneurs extérieurs. Cette énergisation nécessaire est supportée par l'ATP.

Les phototrophes fonctionnent comme les chimiotrophes, sauf qu'ils ont le pouvoir, grâce à la présence du pigment vert, la chlorophylle, d'élever des électrons à un haut niveau d'énergie à l'aide d'énergie lumineuse. Ils peuvent ainsi opérer l'assemblage d'ATP sans la participation de donneurs ou d'accepteurs d'électrons externes (voir Figure 5-5), simplement en recyclant indéfiniment les mêmes électrons au moyen de lumière (photophosphorylation cyclique). Les phototrophes ont, cependant, besoin d'électrons externes pour alimenter leurs réductions biosynthétiques. Chez les bactéries photosynthétiques primitives, le donneur est un minéral réduit, comme chez les chimiotrophes, parfois même un composé organique, combinant ainsi hétérotrophie et phototrophie. Chez les organismes photosynthétiques supérieurs, dont, notamment, tous les végétaux verts, le donneur est l'eau, avec dégagement d'oxygène moléculaire (réaction (*1*) inversée). Après activation par la lumière, les électrons requièrent encore un apport d'énergie supplémentaire, supporté par l'ATP, pour servir aux réductions biosynthétiques, comme chez les chimiotrophes.

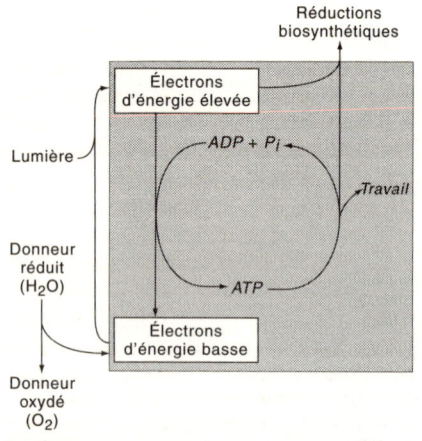

Figure 5-5 : **Énergétique de la phototrophie.** Le mécanisme central de la Figure 5-1 fonctionne sans donneur ni accepteur d'électrons extérieurs. Il est entièrement soutenu par l'énergie lumineuse, qui ramène les électrons utilisés à leur niveau d'énergie de départ (photophosphorylation cyclique). Des électrons extérieurs (fournis le plus souvent par l'eau, avec formation d'oxygène moléculaire) sont requis pour les réductions biosynthétiques, comme dans la chimiotrophie (voir Figure 5-4). Comme dans ce dernier cas, ces électrons exigent un coup de pouce énergétique supplémentaire, fourni par l'ATP, pour être utilisables.

En résumé, la vie tire les électrons dont elle a besoin de trois sources différentes : aliments organiques, substances minérales ou eau. Tous les organismes incapables d'utiliser l'énergie lumineuse, y compris les végétaux dans l'obscurité, restituent à l'environnement les électrons qu'ils utilisent pour assembler l'ATP en les transférant à un accepteur externe de niveau d'énergie plus bas, le plus souvent l'oxygène, ou, dans de rares cas, en les combinant à un accepteur généré métaboliquement (fermentations). Les organismes phototrophes, lorsqu'ils sont éclairés, satisfont leurs besoins d'énergie sans donneur ou accepteur d'électrons externe en assemblant leur ATP à l'aide d'électrons de chlorophylle continuellement recyclés entre niveau fondamental et niveau élevé au moyen d'énergie lumineuse. De plus, tous les autotrophes ont besoin d'électrons externes pour couvrir leurs réductions biosynthétiques. Ces électrons ne sont jamais fournis à un niveau d'énergie suffisant pour être utilisés directement (dans la plupart des cas, ils le sont à ce qu'on peut appeler le « niveau plancher », celui du couple eau/oxygène). Ils sont hissés au niveau d'énergie requis par les réductions biosynthétiques, soit à l'aide de la seule scission d'ATP (chimiotrophes), soit à l'aide d'énergie lumineuse complétée au niveau supérieur par la scission d'ATP (phototrophes).

Catalyseurs

Reflet du rôle crucial des transferts d'électrons dans l'économie de tous les organismes vivants, les catalyseurs de tels transferts constituent une part importante du patrimoine enzymatique de toute cellule (une seconde catégorie d'importance majeure intervient dans des transferts de groupe, voir chapitre IV).

Les systèmes de transfert d'électrons comprennent non seulement des enzymes, mais aussi un certain nombre de cofacteurs, ou coenzymes, qui participent en tant que transporteurs d'électrons aux transferts effectués par les enzymes. Certains de ces coenzymes ont une distribution universelle et remontent peut-être aux premiers jours de l'origine de la vie. Parmi eux figurent des substances que les biochimistes connaissent sous les sigles NAD, NADP, FMN et FAD, qui sont formées de bases azotées (N représente la nicotinamide, F la flavine) engagées dans des combinaisons de type nucléotide. On trouve encore, parmi les transporteurs d'électrons, des quinones, des protéines fer-soufre, des ions métalliques tels que le fer, le manganèse ou le cuivre, et des cytochromes. Ces derniers appartiennent au groupe des hémoprotéines qui comprend l'hémoglobine, le transporteur d'oxygène du sang des vertébrés, et un certain nombre d'enzymes importantes, parmi lesquelles la cytochrome-oxidase, à laquelle Otto Warburg, qui l'a découverte, a donné le nom significatif de « ferment respiratoire », occupe une place spéciale en tant que consommateur d'oxygène principal du monde vivant. On verra au chapitre XI que les transporteurs d'électrons sont fréquemment associés en chaînes complexes incluses dans le tissu d'une membrane.

Mécanismes de couplage

Pour être bioénergétiquement utiles, les transferts d'électrons doivent être *couplés* à l'assemblage d'ATP ; en d'autres termes, ils doivent suivre une voie telle que les électrons ne peuvent passer du donneur à l'accepteur que pour autant que de l'ADP et du phosphate inorganique s'unissent simultanément en ATP. On notera que certains de ces transferts couplés sont réversibles et peuvent donc, opérant en sens inverse, permettre à des électrons de remonter une pente d'énergie à l'aide de la scission d'ATP. On a vu que de tels processus sont typiquement engagés dans les réductions biosynthétiques.

Très complexes, les mécanismes de couplage seront examinés dans des chapitres distincts. Mentionnons simplement qu'il en existe deux sortes. Celui de loin le plus important, du point de vue quantitatif, fait intervenir une entité connue sous le nom de « force protonmotrice ». La machinerie en cause est obligatoirement logée dans le tissu d'une membrane. Le chapitre XI sera consacré à sa description.

Le second mécanisme est quantitativement mineur mais au moins aussi important qualitativement que le premier, étant universellement distribué et impliqué dans les systèmes métaboliques les plus centraux et, sans doute aussi, les plus anciens, dont la chaîne glycolytique et le cycle de Krebs. Il fait intervenir des thioesters, le sujet du chapitre suivant.

Les premiers transferts d'électrons

Quand des transferts d'électrons ont-ils commencé à jouer un rôle dans le protométabolisme et quels en étaient les premiers mécanismes ? Ces questions fondamentales ont rarement été traitées et, lorsqu'elles l'ont été, elles ont reçu des réponses hypothétiques contradictoires que l'on peut grouper en deux catégories selon la direction admise pour les premiers transferts d'électrons.

Nous avons vu au chapitre I que de nombreuses briques de la vie naissent spontanément dans l'espace et pourraient avoir fourni les premiers matériaux de la vie, en même temps, peut-être, que des substances synthétisées localement par le genre de processus que Miller et d'autres ont essayé de reproduire au laboratoire. Cette possibilité, retenue dans la théorie dite « hétérotrophique » de l'origine de la vie, implique que certains de ces produits des chimies cosmique et terrestre prébiotique ont été les premiers donneurs d'électrons, au même titre que le sont les aliments chez les hétérotrophes aujourd'hui, et que les électrons ont été captés par l'un ou l'autre accepteur minéral, mais non par l'oxygène, dont on admet généralement qu'il n'était présent qu'à l'état de traces dans l'atmosphère primitive (voir chapitre XVI).

Les transferts d'électrons que l'on postule ont dû exiger des catalyseurs. Mais cela ne soulève pas de difficulté insurmontable. Un certain nombre d'ions métalliques, des complexes minéraux fer-soufre (Cammack, 1983) ou mes multimères hypothétiques pourraient avoir fait l'affaire. Une question beaucoup plus épineuse et totalement sans réponse concerne la manière dont la vie naissante a exploité pour la première fois l'énergie libérée par des transferts d'électrons. On a vu au chapitre précédent que l'ATP et les autres NTP sont probablement apparus précocement dans le métabolisme. Il doit en être ainsi s'ils ont servi de précurseurs dans la première synthèse d'ARN. Le lien entre transfert d'électrons et ATP est cependant loin d'être évident. Il semble fort peu probable que le type de systèmes complexes dépendant de force protonmotrice qui fonctionne aujourd'hui ait pu naître, fût-ce sous une forme rudimentaire, au cours des premiers temps du développement de la vie. Beaucoup plus plausible est l'hypothèse que les premiers couplages entre transferts d'électrons et l'assemblage d'ATP eurent lieu par l'intermédiaire de thioesters. Ce sujet sera traité au chapitre VI.

La théorie hétérotrophique de l'origine de la vie n'est pas unanimement acceptée. Deux chercheurs, en particulier l'Allemand Günter Wächtershäuser (1998) et l'Américain Harold Morowitz (1999), ont énergiquement défendu, bien qu'indépendamment et pour des raisons différentes, la notion que la vie a débuté d'une façon autotrophique. Tous deux voient ce développement comme progressivement réalisé autour d'un cycle de Krebs tournant en sens inverse, c'est-à-dire dans le sens réducteur. Laissant de côté les détails, un trait commun aux deux théories – et à toute autre théorie autotrophique de l'origine de la vie – c'est que les premiers transferts d'électrons eurent lieu dans le sens réducteur, c'est-à-dire d'un donneur riche en énergie présent dans l'environnement vers un accepteur oxydé biogénique tel que le CO_2. Morowitz n'offre aucune suggestion spéciale quant à la nature des donneurs, qu'il se contente de qualifier de « simples réducteurs, tels que le formate et H_2S, ou CH_3SH ». Wächtershäuser, par contre, a considéré deux possibilités. Dans ses premiers travaux, il a identifié comme processus donneur d'électrons la transformation de sulfure en disulfure :

$$2S^{2-} \rightarrow S_2^{2-} + 2(-) \qquad (2)$$

Cette réaction, qui, en elle-même, n'est pas très favorable thermodynamiquement, serait entraînée par la présence d'ions ferreux (Fe^{++}) qui piègent le disulfure produit sous la forme de disulfure ferreux très insoluble, FeS_2, le constituant de la pyrite. Ce minerai doré, appelé parfois « l'or du fou » (*fool's gold*), est supposé catalyser la réaction. L'expérience a montré que ce processus peut effectivement fonctionner de la manière proposée.

Le second processus envisagé par Wächtershäuser fait intervenir le monoxyde de carbone comme donneur d'électrons avec formation de dioxyde de carbone. L'intérêt de cette réaction, qui, elle aussi, a été reproduite expérimentalement, est qu'elle peut servir en même temps de mécanisme de condensation :

$$CO + X\text{-}OH + Y\text{-}H \rightarrow CO_2 + X\text{-}Y + 2(-) + 2H^+ \qquad (3)$$

Le catalyseur, dans ce cas, consiste en un mélange de sulfure ferreux et de sulfure de nickel, FeS/NiS. Ces réactions sont au cœur du « monde fer-soufre » de Wächtershäuser, un ensemble de processus de complexité croissante, supposés avoir lieu dans un site volcanique, sur la surface de cristaux de pyrite.

Plusieurs chercheurs ont soulevé la possibilité que la lumière ait pu, d'une façon ou d'une autre, servir de source d'énergie pour un début autotrophique de la vie. Généralement pauvres en détail concernant les mécanismes impliqués dans l'utilisation d'énergie lumineuse et dans le développement des premières réactions métaboliques, ces propositions souffrent, en outre, du défaut fondamental de faire appel à une source d'énergie intermittente. Rien n'est dit de la manière dont les processus résistent à des périodes régulières d'obscurité.

Les recherches futures viendront peut-être clarifier ces problèmes fascinants. À présent, la principale faiblesse de la théorie autotrophique semble être de ne pas tenir compte des contributions possibles de la chimie cosmique (et de la chimie prébiotique terrestre). Comme on l'a fait valoir au chapitre I, il est difficilement admissible que la génération spontanée de tant de briques essentielles de la vie ne soit rien d'autre qu'une coïncidence sans signification. En particulier, il ne paraît pas logiquement justifié d'ignorer un apport cosmique (et prébiotique) possible des premiers acides aminés et d'attribuer plutôt la formation de ceux-ci à des réactions d'amination greffées sur un cycle de Krebs primordial.

Il n'en reste pas moins vrai que l'autotrophie a dû se développer au plus tard lorsque l'apport de composés organiques a été épuisé. Il a donc fallu que soient mis en place avant cette date des systèmes de transfert d'électrons permettant non seulement une production d'énergie, mais aussi son utilisation pour les réductions nécessaires du dioxyde de carbone et des autres précurseurs minéraux des molécules biologiques. Comme je le défends depuis plus de quinze ans, une réponse possible à l'une et l'autre de ces questions réside dans un seul mot : thioesters. Ce point est suffisamment important pour mériter un chapitre distinct.

CHAPITRE VI

Thioesters

Les thioesters sont les produits de la condensation déshydratante d'un acide carboxylique (R-COOH) et d'un thiol (R'-SH) :

$$R\text{-}\underset{\underset{O}{\|}}{C}\text{-}OH + R'\text{-}SH \longrightarrow R\text{-}\underset{\underset{O}{\|}}{C}\text{-}S\text{-}R' + H_2O \qquad (1)$$

La liaison thioester, CO-S, a la même valeur énergétique que la liaison pyrophosphate. Cela signifie (voir p. 41) que la réaction (1), au même titre que l'assemblage d'ATP à partir d'ADP et de P_i, exige pour se produire dans des cellules vivantes environ 14 kcal, ou 59 kJ, par molécule-gramme. Son inversion par hydrolyse dégage la même quantité d'énergie.

Les thioesters occupent une situation exceptionnelle dans le métabolisme en tant que passerelles réversibles entre transferts d'électrons (chapitre V) et transferts de groupes (chapitre IV). Véritablement uniques à cet égard, ils offrent une des plus remarquables singularités présentées par la vie. Ce chapitre sera consacré à un bref résumé de leurs propriétés essentielles. Pour plus de renseignements, les lecteurs sont renvoyés à mes publications antérieures sur la question (de Duve, 1990, 1998, 2001).

Thioesters et transferts d'électrons

Le groupement thiol joue un rôle central dans l'oxydation biologique du groupement carbonyle ($=C=O$) en groupement carboxyle ($-COOH$). On connaît deux réactions de ce type. La première consiste dans l'oxydation d'un aldéhyde en acide correspondant :

$$\underset{R-C-H}{\overset{O}{\parallel}} + H_2O \longrightarrow \underset{R-C-OH}{\overset{O}{\parallel}} + 2(-) + 2H^+ \qquad (2)$$

Le second type de réaction est la décarboxylation oxydative d'un acide α-cétonique :

$$\underset{R-C-C-OH}{\overset{O\;O}{\parallel\;\parallel}} + H_2O \longrightarrow \underset{R-C-OH}{\overset{O}{\parallel}} + CO_2 + 2(-) + 2H^+ \qquad (3)$$

Dans les versions biologiques de ces réactions, les électrons libérés sont cédés au coenzyme NAD, qui accepte les électrons à environ 300 mV au-dessus du potentiel (soit en dessous du niveau d'énergie) auquel ils sont cédés par les donneurs carbonyliques. Il s'ensuit (voir p. 58) qu'avec le NAD comme accepteur d'électrons les réactions (*2*) et (*3*) dégagent une quantité d'énergie de l'ordre de l'unité bioénergétique de 14 kcal, ou 59 kJ, par molécule-gramme (un peu plus pour la réaction (*3*) que pour la réaction (*2*)).

Un trait clé de ces transferts d'électrons, lorsqu'ils ont lieu dans des cellules vivantes, est que l'eau y est remplacée par un thiol (R'-SH) appartenant à la machinerie catalytique de la cellule, avec comme résultat qu'un thioester est formé au lieu de l'acide libre :

$$\underset{R-C-H}{\overset{O}{\parallel}} + R'-SH \longrightarrow \underset{R-C-S-R'}{\overset{O}{\parallel}} + 2(-) + 2H^+ \qquad (4)$$

$$\underset{R-C-C-OH}{\overset{O\;O}{\parallel\;\parallel}} + R'-SH \longrightarrow \underset{R-C-S-R'}{\overset{O}{\parallel}} + CO_2 + 2(-) + 2H^+ \qquad (5)$$

Une comptabilité élémentaire montre que la réaction (*4*) équivaut à la somme des réactions (*2*) et (*1*). De même, la réaction (*5*) équivaut à la somme des réactions (*3*) et (*1*). En d'autres termes, l'énergie dégagée par les transferts d'électrons (réactions (*2*) et (*3*) avec le NAD comme accepteur d'électrons) sert à créer une liaison thioester entre l'acide produit par la réaction et le thiol participant (réaction (*1*)).

On ne pourrait surestimer l'importance de ces processus. Ils permettent la formation directe d'une liaison chimique à l'aide d'énergie libérée par un transfert d'électrons. Cette singularité gagne énormément en signification du fait que les thioesters peuvent soutenir l'assemblage réversible d'ATP par transfert de groupe séquentiel (par l'inversion du processus illustré par la Figure 4-1, le réactif X-OH étant un acide carboxylique). Sous forme résumée :

$$\begin{array}{rl} \text{R-CO-S-R}' + \text{P}_i \longrightarrow \text{R-CO-P} + \text{R}'\text{-SH} & (6) \\ \underline{\text{R-CO-P} + \text{ADP} \longrightarrow \text{R-COOH} + \text{ATP}} & (7) \\ \text{R-CO-S-R}' + \text{P}_i + \text{ADP} \longrightarrow \text{R-COOH} + \text{R}'\text{-SH} + \text{ATP} & (8) \end{array}$$

Le schéma de la Figure 6-1, où la réaction (4) est associée aux réactions (6) et (7), et celui de la Figure 6-2, où il en est de même de la réaction (5), montrent explicitement comment le mécanisme par thioester permet de coupler des transferts d'électrons producteurs d'énergie à l'assemblage d'ATP, et ce par des réactions de nature strictement *chimique*, catalysées par des enzymes *solubles*, sans la participation de systèmes complexes insérés dans une membrane dépendants de force protonmotrice (voir chapitre XI). Ces processus sont connus sous le nom de *phosphorylations au niveau de substrats*, par opposition aux *phosphorylations au niveau de transporteurs* faisant intervenir la force protonmotrice. Ces appellations sont compréhensibles, car les substrats des réactions sont directement impliqués dans les mécanismes par thioesters, tandis que la force protonmotrice est générée par un transfert d'électrons entre transporteurs.

Comparés aux mécanismes qui dépendent de force protonmotrice, les couplages par thioesters ne rendent comptent que d'une fraction minime de la génération totale d'ATP dans la vie d'aujourd'hui. Mais ils sont directement associés au cœur même du métabolisme, notamment la chaîne glycolytique et le cycle de Krebs, qui comptent très probablement parmi les plus anciennes réactions ayant supporté la vie naissante. C'est ce qu'illustre schématiquement le diagramme de la Figure 6-3 (p. 77).

Comme le montre cette figure, trois systèmes à thioesters sont associés directement aux processus métaboliques. Dans le premier, il y a oxydation de phosphoglycéraldéhyde en phosphoglycérate, avec le NAD comme accepteur d'électrons et assemblage couplé d'ATP. Cette réaction a lieu par le mécanisme de la Figure 6-1, le thiol R'-SH étant fourni par un résidu cystéine de

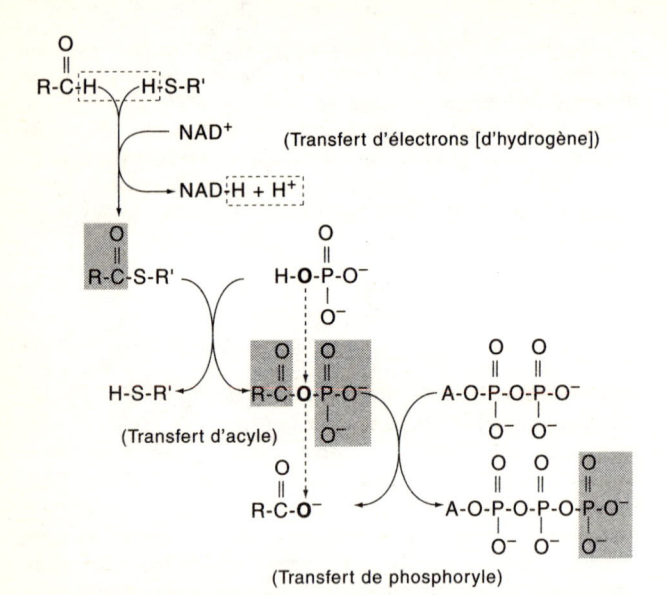

Figure 6-1 : **Couplage par thioester entre l'oxydation d'un aldéhyde et l'assemblage d'ATP.** Dans la première étape, l'aldéhyde et le thiol cèdent *conjointement* une paire d'atomes d'hydrogène (2 électrons + 2 ions hydrogène) à la forme oxydée du coenzyme NAD, avec formation d'un thioester et de la forme réduite du NAD. Cette réaction correspond à la réaction (4) du texte. Son rôle crucial est de créer une liaison riche en énergie (la liaison thioester) à l'aide d'un transfert d'électrons. Elle permet de conserver dans cette liaison l'énergie dégagée par le transfert d'électrons, qui a lieu le long d'une différence de potentiel redox de l'ordre de 300 mV. Les deux autres réactions montrent l'assemblage d'ATP à partir d'ADP et de phosphate inorganique aux dépens de la scission de la liaison thioester, par transfert de groupe séquentiel. Elles correspondent à l'inverse du schéma illustré par la Figure 4-1, avec un acide carboxylique comme X-OH et un acyl-phosphate comme intermédiaire bicéphale. On notera le trajet de l'atome d'oxygène du phosphate inorganique au groupement carboxyle de l'acide.

la protéine enzymatique. On notera que cette réaction représente le seul bénéfice énergétique que les cellules tirent de la fermentation anaérobie du glucose. Dans ce processus, le pyruvate sert d'accepteur d'électrons pour la réoxydation du NADH, avec formation soit de lactate, soit d'éthanol et de CO_2, qui sont excrétés comme produits finaux de la fermentation.

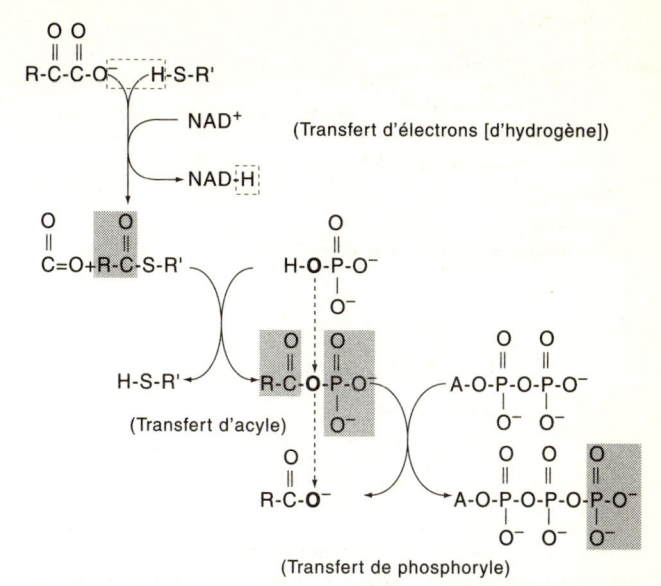

Figure 6-2 : **Couplage par thioester entre l'oxydation d'un acide α-cétonique et l'assemblage d'ATP.** Le processus a lieu comme dans le cas d'un aldéhyde (Figure 6-1), sauf que la première étape correspond à la réaction (5). Les autres étapes sont identiques.

Les deux autres systèmes, associés avec la décarboxylation oxydative du pyruvate et de l'α-cétoglutarate, respectivement, suivent le mécanisme esquissé à la Figure 6-2, avec comme thiol une substance connue sous le nom de coenzyme A. On verra plus loin la structure de cette molécule, qu'on représentera provisoirement par CoA-SH. La figure ne signale pas l'intervention d'une substance supplémentaire, appelée « acide lipoïque » ou « thioctique », un acide carboxylique à huit atomes de carbone porteur de deux groupements thiols susceptibles d'être oxydés en disulfure correspondant (S-S) :

$$CH_2\text{-}CH_2\text{-}CH\text{-}CH_2\text{-}CH_2\text{-}CH_2\text{-}CH_2\text{-}COOH$$
$$\underset{SH}{|} \quad \underset{SH}{|}$$

$$\downarrow \qquad\qquad\qquad\qquad (9)$$

$$CH_2\text{-}CH_2\text{-}CH\text{-}CH_2\text{-}CH_2\text{-}CH_2\text{-}CH_2\text{-}COOH + 2(-) + 2H^+$$
$$\underset{S\text{———}S}{|\qquad\quad|}$$

En notation plus simple :

$$\underset{SH\ SH}{\sqcap\!\sqcap}\!\!-\!COOH \rightarrow \underset{S\!-\!S}{\sqcap\!\sqcap}\!\!-\!COOH + 2(-) + 2H^+$$

Dans la décarboxylation oxydative des acides α-cétoniques (qui exige également un autre coenzyme, le thiamine-pyrophosphate, ou TPP, un dérivé de la vitamine B_1), la forme oxydée de l'acide lipoïque sert d'accepteur d'électrons et, *en même temps*, d'accepteur du groupement acyle résultant :

$$R\text{-}CO\text{-}COOH + \underset{S\!-\!S}{\sqcap\!\sqcap}\!\!-\!COOH \rightarrow \underset{SH\ S\text{-}CO\text{-}R}{\sqcap\!\sqcap}\!\!-\!COOH + CO_2 \qquad (10)$$

Au cours de l'étape suivante, le groupement acyle est transféré au groupement thiol du coenzyme A :

$$\underset{SH\ S\text{-}CO\text{-}R}{\sqcap\!\sqcap}\!\!-\!COOH + CoA\text{-}SH \rightarrow \underset{SH\ SH}{\sqcap\!\sqcap}\!\!-\!COOH + CoA\text{-}S\text{-}CO\text{-}R \qquad (11)$$

En additionnant les réactions *10* et *11*, on trouve que l'acide lipoïque a passé de sa forme oxydée à sa forme réduite et que le coenzyme A est devenu le transporteur du groupement acyle produit par la réaction. Quant à l'acide lipoïque, il est réoxydé, prêt à participer à un nouveau cycle, par transfert des électrons au NAD :

$$\underset{SH\ SH}{\sqcap\!\sqcap}\!\!-\!COOH + NAD^+ \rightarrow \underset{S\!-\!S}{\sqcap\!\sqcap}\!\!-\!COOH + NADH + H^+ \qquad (12)$$

Ainsi, le NAD finit par accepter les électrons libérés, comme l'indique le schéma de la Figure 6-3.

Le rôle unique de l'acide lipoïque mérite d'être souligné. Joignant en *une seule* molécule de structure simple les *deux* principaux processus impliqués dans les échanges biologiques d'énergie – transferts d'électrons et transferts de groupes – l'acide lipoïque incarne véritablement la quintessence de la chimie des thioesters. À ma connaissance, il n'existe aucune autre substance comparable.

Les thioesters formés par la décarboxylation oxydative du pyruvate (acétyl-CoA) ou de l'α-cétoglutarate (succinyl-CoA) peuvent supporter l'assemblage d'ATP (ou de GTP, lorsque l'α-cétoglutarate est le substrat), comme le représente la Figure 6-3. Mais ils peuvent également participer à d'autres transferts

1/2 GLUCOSE

↓
↓

PHOSPHOGLYCÉRALDÉHYDE

NAD⁺ → ▨ → ADP + P$_i$
NADH + H⁺ ← ▨ ← ATP

PHOSPHOGLYCÉRATE

↓

PYRUVATE

NAD⁺ → ▨ → ADP + P$_i$ → ACÉTATE + CO_2
NADH + H⁺ ← ▨ ← ATP

↓ CO_2

CITRATE — OXALOACÉTATE

CO_2 ←
α-CÉTOGLUTARATE — SUCCINATE

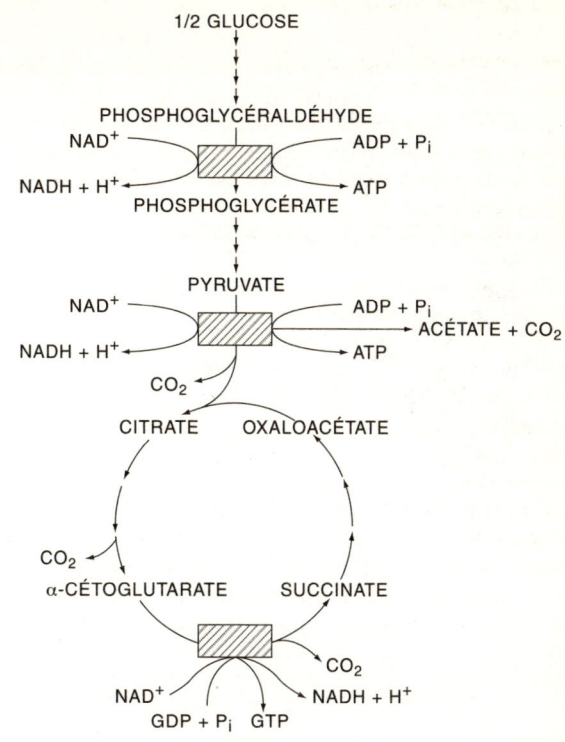

▨ → CO_2
NAD⁺ → → NADH + H⁺
GDP + P$_i$ — GTP

Figure 6-3 : **Le cœur du métabolisme.** Le diagramme illustre sous forme abrégée les deux processus métaboliques centraux qui se produisent dans la grande majorité des organismes vivants : d'abord, en haut, du glucose au pyruvate, la chaîne glycolytique, suivie, en dessous, du cycle de Krebs. Les trois encadrés ombrés représentent trois mécanismes de couplage dépendants de thioesters. Le premier fonctionne selon le schéma de la Figure 6-1, les deux autres selon celui de la Figure 6-2 (G remplaçant A dans le troisième). On note que deux issues sont offertes au système à thioester du milieu. Ou bien il y a formation d'acétate et de CO_2, avec assemblage couplé d'ATP, ou le groupement acétyle est combiné à l'oxaloacétate pour former le citrate, déclenchant ainsi le cycle de Krebs. Pour plus de détails, voir le texte.

d'acyle. On verra plus loin que le coenzyme A est un transporteur de groupes d'importance majeure, impliqué dans de nombreux processus biosynthétiques. En particulier, l'acétyl-CoA, le produit de la décarboxylation oxydative du pyruvate, ne sert à supporter l'assemblage d'ATP que chez certains microbes. Sa fonction métabolique principale (indiquée également dans la Figure 6-3) est de réagir avec l'oxaloacétate pour former le citrate, connectant ainsi la glycolyse au cycle de Krebs. De ce fait, lorsque la glycolyse mène au cycle de Krebs, deux seulement des trois mécanismes à thioesters servent à l'assemblage d'ATP (ou de GTP). Le troisième (au centre de la Figure 6-3) fournit l'énergie requise pour la formation de citrate.

On doit remarquer que ce gain représente à peine plus d'un vingtième du bénéfice que les organismes aérobies tirent de ces systèmes aujourd'hui. Lorsque le glucose est oxydé avec l'oxygène comme accepteur final d'électrons, un total de 34 molécules d'ATP est assemblé par molécule de glucose oxydée, deux seulement l'étant par des mécanismes dépendants de thioesters[1]. Mais les 32 autres molécules d'ATP sont assemblées à l'aide de force protonmotrice. Si l'on admet comme vraisemblable que cette force est, avec les systèmes complexes insérés dans une membrane dont elle dépend, le fruit d'un développement relativement tardif, alors les mécanismes à thioesters sont les seuls pami ceux qui fonctionnent aujourd'hui à avoir pu supporter les premiers couplages entre transferts d'électrons et assemblage d'ATP.

Ces mécanismes jouent aussi un rôle crucial dans les réductions biosynthétiques. On voit facilement sur le schéma de la Figure 6-3 que si l'on change la direction des flèches, on observe la transformation de trois molécules de CO_2 en une demi-molécule de glucose. Les défenseurs d'une origine autotrophique de la vie attachent une signification considérable au fait que certaines bactéries chimiotrophes utilisent un cycle de Krebs inversé pour leurs réductions biosynthétiques. Mais ces cas sont exceptionnels. L'inversion de la glycolyse est d'importance beaucoup plus générale à cet égard, étant donné qu'elle joue un rôle clé dans la plupart des formes d'autotrophie. On a mentionné au chapitre précédent que les réductions biosynthétiques comprennent une étape qui requiert un supplément d'énergie couvert par l'ATP. Cette étape est la réduction du phosphoglycérate en phosphoglycéraldéhyde, telle qu'elle a lieu au cours de la glycolyse inversée (voir Figure 6-3). On vient de voir que cette étape fait intervenir un thioester. Ainsi, il ne pourrait y avoir d'autotrophie sans thioesters.

---

1. En réalité, les chiffres bruts sont 36 dans le premier cas et 4 dans le second. Mais on doit en déduire les deux molécules d'ATP investies dans les réactions de phosphorylation qui mettent en route la glycolyse.

Thioesters et transferts de groupes

On a mentionné au chapitre IV que les assemblages biosynthétiques exigent invariablement l'activation d'un des réactifs afin de surmonter la barrière d'énergie qui s'oppose à la réaction. Pour un grand nombre de processus faisant intervenir des acides carboxyliques, ces molécules sont activées sous la forme de thioesters. C'est ce qui a lieu, notamment dans la synthèse des acides gras, des esters lipidiques, du citrate (dans le cycle de Krebs), du malate (dans le cycle du glyoxylate), des porphyrines, des terpènes, y compris les stérols, ainsi que de nombreux peptides non protéiniques et des polyketides (voir p. 34).

Le principal transporteur impliqué dans ces processus est un composé connu sous le nom de « pantéthéine-phosphate ». Celui-ci intervient soit en combinaison avec une protéine, soit comme partie du coenzyme A, dans lequel il est lié au 3'-phospho-AMP. La structure de la pantéthéine est donnée ci-dessous :

$$HO-CH_2-CH-CH-C(=O)-NH-CH_2-CH_2-C(=O)-NH-CH_2-CH_2-SH$$
$$\overset{|}{CH_3}\;\overset{|}{CH_3}$$

Elle est constituée de trois molécules simples unies par deux liaisons CO-NH : l'acide hydroxy-diméthyl-butyrique, la β-alanine, qui est un acide aminé (non engagé dans la synthèse protéique), et la cystéamine, qui est le produit de la décarboxylation d'un autre acide aminé, la cystéine. Le groupement phosphate du pantéthéine-phosphate y est attaché au groupement OH terminal de la molécule. Dans le coenzyme A, ce phosphate est lié au phosphate de l'AMP, qui, en outre, est porteur d'un groupement phosphate supplémentaire en position 3' du ribose.

Lorsqu'elle ne résulte pas d'un transfert d'électrons, la liaison des acides au groupement thiol de leur transporteur est supportée par l'ATP, par transfert de groupe séquentiel. Dans un petit nombre de cas, c'est la liaison pyrophosphate terminale de l'ATP qui fournit l'énergie (réaction (8) inversée). Le plus souvent, l'énergie provient, par transfert de nucléotidyle, de la scission de la liaison pyrophosphate interne de l'ATP (voir Figure 4-3). On a vu que cette liaison est fréquemment utilisée dans des processus biosynthétiques particulièrement importants et coûteux en énergie :

$$\text{ATP} + \text{R-COOH} \rightarrow \text{PP}_i + \text{R-CO-AMP} \qquad (13)$$
$$\text{R-CO-AMP} + \text{CoA-SH} \rightarrow \text{CoA-S-CO-R} + \text{AMP} \qquad (14)$$
$$\text{ATP} + \text{R-COOH} + \text{CoA-SH} \rightarrow \text{CoA-S-CO-R} + \text{AMP} + \text{PP}_i \qquad (15)$$

Pourquoi le soufre ?

Ou, plutôt, pourquoi l'hydrogène sulfuré ? Le sulfate, qui constitue la principale forme de soufre sur Terre aujourd'hui, est d'utilité limitée pour la vie. Il sert d'accepteur d'électrons pour certaines bactéries et garnit certaines macromolécules, principalement des polysaccharides, de groupements latéraux acides. Les thiols sont des dérivés de l'hydrogène sulfuré (H_2S), un gaz avec une odeur caractéristique d'œuf pourri, connu de générations de chimistes pour son utilisation dans la précipitation sélective des métaux lourds, et d'une foule de touristes comme une émanation distinctive de terrains volcaniques. Sans doute imprégnait-il aussi le berceau de la vie.

On a de nombreuses raisons de croire à une intervention précoce de thiols et de thioesters dans le développement de la vie. Certaines des molécules clés impliquées ont des structures relativement simples, à la portée, peut-être, de la chimie prébiotique primitive. De fait, on a trouvé, dans le laboratoire de Miller, que les trois constituants de la pantéthéine peuvent être obtenus dans des conditions prébiotiques plausibles et qu'ils s'unissent correctement sur simple concentration par évaporation (Keefe *et al.*, 1995). En outre, les processus métaboliques où interviennent des dérivés thiolés sont catalysés par des enzymes solubles et ont lieu par des réactions chimiques simples, sans les complications qui entourent la génération et l'exploitation de potentiels de protons. Malgré ces simplicités (relatives), des thioesters participent à des processus véritablement cruciaux, impliquant des transferts de groupes, des transferts d'électrons et le couplage entre les deux. Autre fait impressionnant, certains de ces processus appartiennent à des voies métaboliques de signification universelle, comptant parmi les plus fondamentales et, sans doute, les plus anciennes, telles que la glycolyse et le cycle de Krebs. Enfin, il convient de rappeler que de nombreux peptides bactériens sont synthétisés aux dépens des thioesters de leurs acides aminés constitutifs. Il pourrait en être de même pour mes multimères hypothétiques.

Tous ces faits plaident en faveur d'un berceau volcanique de la vie. Déjà plus haut, on a évoqué un tel site comme possible source de pyrophosphate et de polyphosphates inorganiques. J'y reviendrai dans un chapitre ultérieur. Pour l'instant, il est intéressant de spéculer sur la manière dont les deux chimies fondamentales de la vie, du phosphate et du soufre, ont pu se joindre. Sur la base de ce que l'on sait, le mécanisme le plus simple qui vient à l'esprit est une interaction réversible entre un thioester et du phosphate inorganique, menant à la formation de pyrophosphate inorganique :

$$\begin{array}{lr} R\text{-}CO\text{-}S\text{-}R' + P_i \rightarrow R\text{-}CO\text{-}P + R'\text{-}SH & (16) \\ R\text{-}CO\text{-}P + P_i \rightarrow R\text{-}COOH + PP_i & (17) \\ \hline R\text{-}CO\text{-}S\text{-}R' + 2\ P_i \rightarrow R\text{-}COOH + R'\text{-}SH + PP_i & (18) \end{array}$$

Tel que ce mécanisme est dépeint, un thioester sert dans l'assemblage de pyrophosphate. On notera que l'ATP sera assemblé au lieu de pyrophosphate si l'on remplace P_i par ADP dans la réaction (17), ou encore par AMP dans la réaction (16) et par PP_i dans la réaction (17). On entrevoit ainsi des ponts possibles entre pyrophosphate et ATP comme monnaie énergétique centrale. Par ailleurs, les réactions illustrées étant toutes réversibles, si l'on inverse leur direction, on assiste à la synthèse d'un thioester à l'aide de pyrophosphate (ou d'ATP).

Un mot à propos du fer

Mention du soufre fait songer au fer. Ce métal est associé à des dérivés sulfurés dans les protéines fer-soufre qui, en raison de leur structure simple, pourraient bien avoir compté parmi les catalyseurs les plus primitifs de transferts d'électrons, précédés peut-être par des complexes fer-soufre minéraux (Cammack, 1983). On peut imaginer que le fer a été introduit dans le protométabolisme par des composés sulfurés, pour devenir finalement l'élément central des transferts biologiques d'électrons. Aujourd'hui, ce métal forme, en combinaison avec une porphyrine, le groupement hémique caractéristique des cytochromes et autres hémoprotéines, où l'oscillation de l'atome central de fer entre les formes ferreuse et ferrique détermine la donation et l'acceptation des électrons.

Comme on l'a mentionné au chapitre V, fer et soufre sont intimement impliqués dans le modèle de l'origine de la vie proposé par Wächtershäuser (1998).

CHAPITRE VII

ARN

On admet généralement que l'ARN est venu avant l'ADN dans l'origine de la vie. Ce que nous savons de la vie aujourd'hui étaye solidement cette opinion. La seule fonction de l'ADN, dans tous les organismes vivants, est de servir de réservoir réplicable des instructions génétiques. Pour ce qui est de l'exécution de ces instructions, l'ARN est l'intermédiaire indispensable, occasionnellement au titre de catalyseur (ribozyme), le plus souvent à celui de messager (ARNm) pour la synthèse d'une protéine qui est le véritable agent. En d'autres termes, l'ADN ne peut rien sans l'ARN. En fait, il ne peut même pas se répliquer sans la formation préalable d'une amorce d'ARN[1]. Par contre, l'ARN, tout en étant l'instrument obligatoire de toutes les formes d'expression génétique, partage en plus avec l'ADN la propriété de réplicabilité. Cette propriété ne se manifeste pas dans des cellules normales, mais elle se réalise dans des cellules infectées par certains virus, tel le virus de la poliomyélite. On aboutit ainsi à la conclusion presque inévitable que l'ARN est arrivé le premier et qu'il a assuré le stockage et la réplication des premières informations génétiques, en plus de leur expression, jusqu'au moment où l'ADN apparut pour prendre à son compte les premières fonctions.

On a de bonnes raisons de croire que l'ARN a également précédé les protéines. Ici encore, c'est sur ce que l'on sait de la vie

---

1. Cette règle n'est pas absolue. Les *Archaea* répliquent leur ADN sans amorce de nature ARN. Je dois à Günter Wächtershäuser d'avoir attiré mon attention sur ce fait.

aujourd'hui que repose cette opinion. En effet, la vie dépend universellement de molécules d'ARN – ARNt, ARNm et ARNr – pour la synthèse de protéines. Il est vrai qu'elle utilise aussi des protéines pour la synthèse d'ARN – et pour celle de protéines – offrant un problème typique du genre œuf-poule. Il n'empêche que le rôle de l'ARN dans la synthèse protéique est tellement important et spécifique, tant sur le plan de la catalyse que sur celui de l'information, que l'hypothèse que les protéines seraient apparues en premier lieu par un mécanisme différent et auraient servi à faire l'ARN, qui en aurait ensuite repris la synthèse, paraît fort peu vraisemblable. Mais on doit faire attention. On doit se rappeler que le mot « protéines » s'applique strictement à des polypeptides construits avec vingt types spécifiques d'acides aminés qui, à part la glycine, sont tous des molécules chirales de variété L. Il est fort possible – je dirais même probable – que d'autres peptides aient été formés prébiotiquement par des mécanismes qui ne faisaient pas intervenir l'ARN. Mes multimères hypothétiques en sont un exemple (voir chapitre III).

Si les propositions ci-dessus recueillent l'adhésion de la grande majorité des scientifiques qui ont réfléchi au problème, les mécanismes par lesquels les premières molécules d'ARN ont fait leur apparition demeurent inconnus et continuent à susciter bien des débats. Avant d'examiner la question des origines, considérons d'abord ce qui en est résulté.

L'ARN aujourd'hui

Les ARN, ou acides ribonucléques, sont de longues molécules linéaires, connues sous le nom de « polynucléotides », assemblées à partir de quatre types d'unités appelées « mononucléotides », ou « nucléosides-monophosphates ». Ces briques sont l'AMP (adénosine-monophosphate), dont il a déjà été abondamment question (voir chapitre IV), et, brièvement rencontrés également, les GMP, CMP et UMP. Ces sigles veulent dire guanosine-monophosphate, cytidine-monophosphate et uridine-monophosphate, respectivement. Comme l'adénosine (A), les guanosine (G), cytidine (C) et uridine (U) sont des combinaisons de bases azotées – l'adénine, la guanine, la cytosine et l'uracile – avec le D-ribose. On donne à ces combinaisons le nom de « nucléosides » et à leurs monophosphates celui de « mononucléotides », « nucléotides » pour simplifier[2]. Les structures des quatre NMP sont illustrées sur la Figure 7-1.

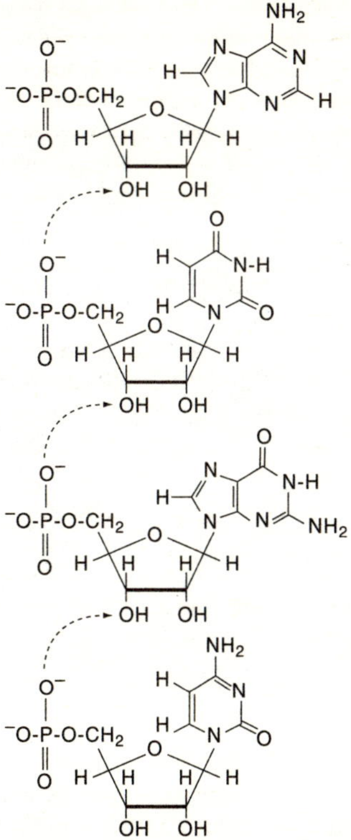

Figure 7-1 : **Structures chimiques des quatre nucléotides utilisés pour la synthèse d'ARN.** Les flèches arrondies montrent où s'opère, dans l'assemblage de molécules d'ARN, la jonction entre le groupement phosphate terminal d'un nucléotide et le groupement hydroxyle 3' du ribose d'un nucléotide adjacent (avec libération de OH⁻).

---

[2]. Dans la nomenclature chimique, les initiales A, G, C et U (et T) représentent strictement les nucléosides. On les utilise souvent en biologie moléculaire pour désigner simplement les bases, qui sont les porteurs de l'information biologique. Ce flou est rarement cause de confusion.

Dans la synthèse biologique de l'ARN (voir Figure 7-2), les nucléotides sont offerts à la machinerie catalytique d'assemblage sous la forme activée de leurs dérivés pyrophosphatés, les nucléosides-triphosphates ATP, GTP, CTP et UTP. Dans ce processus, les parties nucléosides-monophosphates des triphosphates sont attachées une à une par leur extrémité phosphate au ribose du nucléotide terminal de la chaîne polynucléotidique en croissance, tandis que les deux phosphates terminaux des triphosphates sont libérés sous la forme de pyrophosphate inorganique, qui est le plus souvent scindé en deux molécules de phosphate :

$$ARN + NTP \rightarrow ARN\text{-}NMP + PP_i \qquad (1)$$
$$PP_i + H_2O \rightarrow 2\,P_i \qquad (2)$$

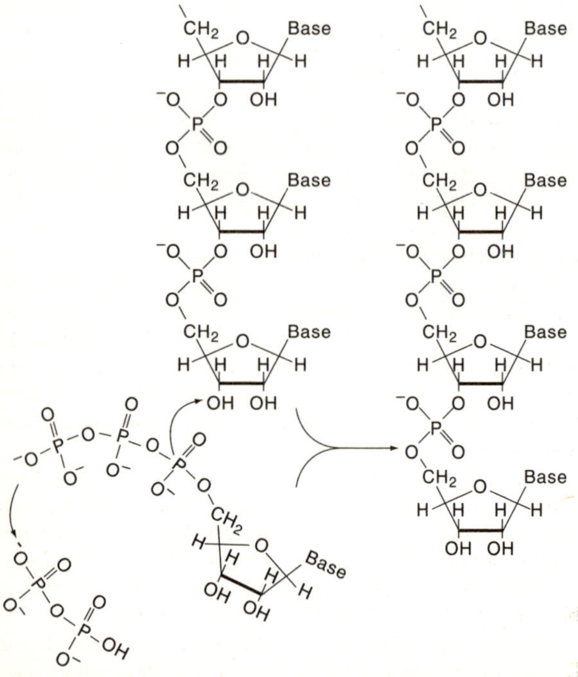

Figure 7-2 : **Mécanisme de l'allongement de chaîne dans l'assemblage de l'ARN.** Le schéma montre comment un NTP transfère une unité NMP à l'extrémité d'une chaîne d'ARN en croissance, avec libération de pyrophosphate inorganique.

Comme on l'a mentionné au chapitre IV, la réaction (*1*) est semblable à la première étape du transfert de groupe séquentiel dépendant d'un transfert de nucléotidyle (voir Figure 4-3), avec cette différence que le transfert de nucléotidyle complète la synthèse. Celle-ci est soutenue énergétiquement par la scission des liaisons pyrophosphates des NTP donneurs. La réaction (*2*) a déjà été rencontrée (réaction (*13*), p. 47).

Un aspect crucial de ce processus est que les unités nucléotidiques ne sont pas simplement accrochées au hasard des rencontres moléculaires. Elles sont sélectionnées par un brin polynucléotidique préexistant qui sert de modèle, ou *patron*. Dans les organismes vivants d'aujourd'hui, ce patron est constitué d'ADN, qui est ainsi transcrit. Avant l'apparition de l'ADN, il était très probablement fait d'ARN, qui se trouvait être ainsi répliqué, comme cela a lieu aujourd'hui dans des cellules infectées par certains virus.

Au cours de la réplication de l'ARN, le patron d'ARN traverse le système d'assemblage d'une manière telle que chacune de ses unités nucléotidiques interagit à son tour avec un site stratégique du système pour créer une niche où seule une molécule de NTP de structure complémentaire peut se loger et céder sa partie NMP à la chaîne en croissance (voir Figure 7-3). La règle qui gouverne ce processus est que A et U, d'une part, et G et C, de l'autre, s'appellent réciproquement. De ce fait la molécule d'ARN nouvellement assemblée a une structure complémentaire de celle du patron, tous les A du patron étant remplacés par U, les U par A, les G par C et les C par G. Il est évident que le patron peut lui-même être régénéré par le même processus, le produit de la première réaction servant maintenant de patron. La relation entre les deux formes est la même que celle qui existe entre le positif et le négatif d'une photographie.

Le mécanisme par lequel A se joint à U et G à C est appelé *appariement de bases*. Il dépend de complémentarités structurales telles que les deux molécules s'imbriquent l'une dans l'autre un peu comme des pièces de puzzle – elles sont effectivement plates – et « collent » ensemble grâce à des attractions électrochimiques faibles dénommées « liaisons hydrogène » (voir Figure 7-4).

En plus de son rôle dans la réplication de l'ARN (par des virus), l'appariement de bases contrôle la façon dont de courtes séquences complémentaires d'ARN s'associent l'une avec l'autre. Lorsque ces séquences appartiennent à une même molécule, la chaîne se tord en des configurations tridimensionnelles qui peuvent être fort

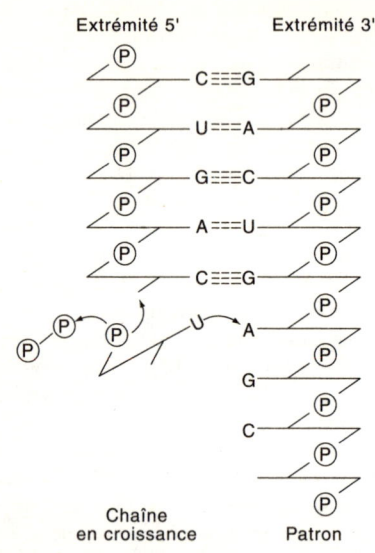

Figure 7-3 : **Représentation schématique de l'assemblage d'ARN dirigé par un patron.** À l'étape d'allongement illustrée à la Figure 7-2 a été ajoutée l'intervention d'un patron qui commande, par appariement de bases, le choix de l'unité NMP qui sera accrochée à la chaîne en croissance.

complexes. La cas le plus important de jonction entre deux molécules d'ARN distinctes a lieu au cours de la synthèse protéique, avec les interactions entre codons d'ARNm et anticodons d'ARNt par lesquelles la traduction des informations génétiques en protéines correspondantes est accomplie (voir chapitre VIII).

On verra au chapitre IX que l'appariement de bases règle également la structure de l'ADN – la célèbre « double hélice », par laquelle le phénomène a été découvert – ainsi que sa réplication, avec comme différence principale le remplacement de U par T (thymine), qui a la même configuration dans la partie de la molécule qui s'apparie avec A (voir Figure 7-4). Les mêmes relations jouent, avec U et T intervertis d'une manière appropriée, lorsque l'ARN est assemblé sur un patron d'ADN (transcription) et lorsque l'ADN l'est sur un patron d'ARN (transcription réverse).

En résumé, l'appariement de bases détermine les formes de tous les ADN et ARN dans le monde vivant et, en outre, gouverne tous les transferts d'information biologique faisant intervenir ces

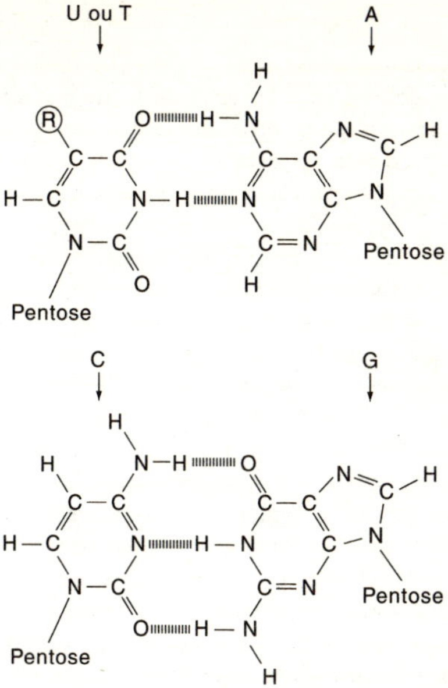

Figure 7-4 : **L'appariement de bases, mécanisme universel du transfert biologique d'information.** En haut est représenté l'appariement entre l'adénine et l'uracile (R = H) ou la thymine (R = CH$_3$). L'appariement entre la guanine et la cytosine est illustré en bas. Chaque paire de bases constitue une plaque de forme approximativement elliptique, avec des axes de 1,1 et 0,6 nm et une épaisseur de 0,34 nm. Les barres hachurées sont des liaisons hydrogène. On notera que l'uracile, la thymine et la cytosine sont des dérivés du noyau pyrimidine, qui comporte un seul cycle. L'adénine et la guanine sont dérivées du noyau purine, dans lequel un noyau pyrimidine est fusionné avec un noyau imidazole. Le pentose est le ribose dans les dérivés ARN et le désoxyribose dans les dérivés ADN.

molécules, qu'il s'agisse de réplication, de transcription ou de traduction. L'appariement de bases accomplit ces fonctions fondamentales selon deux règles qui sont en même temps universelles et d'une simplicité presque risible – à savoir : A = U ou T ; G = C – les règles étant elles-mêmes fondées sur des attractions électrostatiques relativement faibles entre deux structures chimiquement complémentaires. Ce phénomène représente véritablement une des plus étonnantes singularités offertes par la vie aujourd'hui. En toute vraisemblance, il est apparu lorsque la vie a « inventé » l'ARN.

Origine de l'ARN

Aucun problème lié à l'origine de la vie n'a stimulé plus de recherches, alimenté plus de discussions ni évoqué plus de passion que la première apparition de l'ARN, considérée à juste titre comme un tournant majeur, plus que probablement l'événement clé par lequel l'information est entrée dans la vie émergente. Malgré tous ces efforts, les tentatives de reproduire la synthèse de l'ARN dans des conditions prébiotiques n'ont rencontré que des succès limités. Tout ce que l'on a pu obtenir jusqu'à présent a été l'assemblage de courtes chaînes de type ARN à l'aide de catalyseurs minéraux, des argiles le plus souvent, avec des nucléotides activés artificiellement comme précurseurs et quelques patrons selectionnés. Les précurseurs naturels se sont cependant montrés moins efficaces, et leur synthèse dans des conditions plausibles continue à défier l'ingéniosité des chercheurs. Un nombre croissant parmi ceux-ci tend à penser que l'ARN est trop complexe pour avoir pu naître *de novo* dans des conditions prébiotiques et qu'il pourrait avoir été précédé par des molécules plus simples en tant que premier dépositaire de l'information génétique (Joyce, 2002). Un examen plus approfondi de cette approche sortirait des limites du présent ouvrage. Qu'il suffise simplement de faire remarquer que la vie d'aujourd'hui – notre guide principal selon la notion de congruence (voir chapitre III) – ne recèle aucun indice de la participation de « pré-ARN » plus simples.

La synthèse d'ARN a été un terrain particulièrement favorable pour invoquer l'hypothèse du « coup de chance extraordinaire » (mécanisme 6), l'argument étant que tout ce qu'il a fallu a été l'apparition, par ce qui aurait pu être un événement fortuit très improbable, de quelques molécules d'ARN, celles-ci s'étant perpétuées ensuite par « autoréplication ». Il s'agirait ici d'un exemple typique d'une transition, souvent évoquée par les théoriciens, où l'ordre naît du chaos par le hasard d'une fluctuation.

La notion d'autoréplication est cependant trompeuse. Dans la nature, l'ARN – ni d'ailleurs l'ADN – ne s'autoréplique pas véritablement. Il sert simplement de patron passif pour une machinerie catalytique chimique complexe qui assemble une molécule complémentaire à partir de précurseurs qui sont eux-mêmes des produits de processus chimiques complexes. Ce qu'implique donc l'hypothèse, c'est que le coup de chance extraordinaire n'aurait pas simplement produit une molécule d'ARN quelconque, mais bien une molécule capable de catalyser sa propre réplication. Cela revient à la combinaison de deux coups de hasard heureux hautement improbables, mettant la plausibilité à rude épreuve. Il faut non seulement une molécule chimiquement improbable, mais il faut encore que cette molécule ait une structure qui la rende capable de catalyser son propre assemblage. Invraisemblable ? Certes, mais peut-être pas impossible, vu qu'on a déjà réussi à créer, par de puissantes techniques de sélection *in vitro*, un ARN catalytique capable de répliquer un patron avec une précision de près de 99 % à partir des NTP naturels comme précurseurs (Johnston *et al.*, 2001). La performance est remarquable ; mais on est encore loin du compte. La longueur de l'ARN synthétisé était au maximum de 14 nucléotides, ce qui n'est pas grand-chose à côté des milliers de nucléotides qui peuvent être correctement assemblés aujourd'hui. De plus, comme les auteurs sont les premiers à le reconnaître, tout ce qui a été démontré, c'est qu'un ARN capable de répliquer l'ARN (mais non encore de se répliquer soi-même) peut être créé artificiellement par des manipulations compliquées conçues en fonction d'un but précis. Rien ne prouve qu'une telle molécule soit jamais née spontanément par des processus naturels[3]. En outre, résoudre la réplication n'éluciderait pas pour cela le mécanisme de la synthèse elle-même. Resterait encore le problème des précurseurs prébiotiques, de leur nature et de leur mode de formation.

Tout bien considéré, la possibilité que l'ARN ait pu être le produit autoperpétué d'un accident heureux peut être exclue. Elle impose au hasard des exigences excessives et, de plus, elle étouffe la recherche. À moins d'invoquer l'hypothèse semblablement étouffante du « dessein intelligent », on doit se rabattre sur l'idée que les conditions prébiotiques étaient propices à la synthèse et à la réplication de molécules d'ARN par de simples processus chimiques. À première vue, cependant, cette hypothèse semble, elle aussi, forcer les limites de la vraisemblance.

Mais cela pourrait être dû simplement au fait que l'on aborde le problème du mauvais côté. L'erreur est de se fixer sur l'ARN. S'il est vrai que l'avènement de cette substance nous appa-

---

3. On notera que la participation autocatalytique de molécules d'ARN dans leur propre allongement, qui pourrait s'être produite dans la phase initiale du développement de l'ARN (voir p. 103), reste une possibilité.

raît rétrospectivement comme un tournant majeur, un observateur présent à l'époque n'aurait probablement pas vu les choses ainsi. Il aurait accepté l'événement sans surprise, comme étant une simple *manifestation de la chimie existante*. La chimie est dénuée de prescience. Elle ne peut avoir produit les NTP, ou toute autre molécule qui aurait pu servir à faire l'ARN, « dans l'intention » de les utiliser pour synthétiser l'ARN, « destiné » lui-même à être le premier porteur d'information dans la vie naissante. Si l'on exclut le « dessein intelligent », il est évident que les précurseurs de l'ARN ont dû naître spontanément des conditions existantes. Le « secret » de l'ARN est caché dans le protométabolisme. Cette hypothèse me paraît à tout le moins beaucoup plus probable et fructueuse que celle selon laquelle l'ARN serait apparu d'abord suite à une combinaison improbable de circonstances et aurait donné naissance ensuite à ce que sont maintenant ses précurseurs.

Le berceau protométabolique de l'ARN

Quelles furent les conditions dans lesquelles les premières molécules d'ARN ont fait leur apparition sur Terre ? Bien que nous ignorions la réponse à cette question, nous pouvons déduire un certain nombre de conditions du fait connu que l'ARN *est* effectivement apparu. Ce faisant, j'adopterai comme hypothèse de travail que le produit a bien été de l'ARN authentique, et non un quelconque pré-ARN hypothétique, et que les précurseurs des molécules furent les mêmes qu'aujourd'hui, soit l'ATP, le GTP, le CTP et l'UTP. Cette hypothèse est en accord avec la notion de congruence (voir p. 29) et, d'une manière plus générale, satisfait au « rasoir d'Ockham ». Sans raison valable de le faire, pourquoi chercher plus loin quand ce qu'il vous faut se trouve sous vos yeux ?

Une condition évidente de tout site protométabolique susceptible de mener à la formation de molécules d'ARN est l'accès aux constituants fondamentaux de celles-ci : le D-ribose, le phosphate et les quatre bases, adénine, guanine, cytosine et uracile. On a déjà examiné les questions relatives au D-ribose et au phosphate (voir chapitre IV). Restent les bases, qui appartiennent au domaine de la chimie de l'azote. Il existe de nombreux indices de sources variées montrant que des petits radicaux et molécules azotés, en particulier l'ammoniac (NH_3), l'acide cyanhydrique

(HCN) et certains de leurs dérivés, sont abondamment produits par la chimie cosmique (Ehrenfreund *et al.*, 2002). Il est aussi bien établi que de telles substances peuvent réagir assez facilement pour former des molécules plus grosses, dont certaines ont été effectivement décelées dans des comètes et des météorites ou reproduites en laboratoire dans des conditions prébiotiques plausibles. Les acides aminés, mentionnés précédemment, en sont un exemple. Des bases azotées, dont des purines et des pyrimidines, en sont un autre. Il existe une abondante littérature sur le sujet (Schwartz, 1998).

À première vue, par conséquent, il ne semble pas y avoir un problème d'approvisionnement en matériaux de départ. Le problème pourrait être plutôt un certain embarras de richesse. On imagine difficilement une chimie qui aurait produit tout juste deux paires de bases complémentaires susceptibles de s'apparier pour permettre la réplication. Une coïncidence aussi heureuse entre chimie aveugle et innovation d'immense portée fleure trop le « dessein intelligent » pour être scientifiquement acceptable. Comme pour le ribose (voir p. 53), l'hypothèse la plus vraisemblable est celle du « brouet sale ». Si les conditions chimiques étaient favorables à la synthèse d'adénine, de guanine, de cytosine et d'uracile, elles devaient plus que probablement l'être aussi à celle d'autres purines et pyrimidines, en même temps que d'autres membres de la grande famille hétérocyclique à laquelle ces bases appartiennent. Cette famille est représentée dans les cellules vivantes aujourd'hui par nombre de substances autres que les bases canoniques. Souvent associées à d'importants coenzymes d'origine sans doute très ancienne, ces substances comprennent, notamment, la nicotinamide, la thiamine, le pyridoxal, les flavines et les ptérines, pour n'en citer que quelques-unes. Certaines d'entre elles sont même engagées dans des combinaisons de type nucléotide.

Notre premier mot clé, par conséquent, dans notre tentative de définir le berceau de l'ARN, est *mixture*. Ne possédant pas les exquises spécificités des réactions métaboliques, la chimie primitive était forcément « sale ». Elle a dû élaborer au départ une beaucoup plus grande variété de substances que le lot qui a fini par être retenu.

Un autre mot clé est *énergie*. Par définition, le berceau de l'ARN devait être traversé par un flux continu d'énergie susceptible de supporter la création des liaisons entre sucres et bases, avec formation de nucléosides, entre ceux-ci et le phosphate, avec formation de nucléotides, et entre phosphates, avec formation des extrémités pyrophosphates des NTP. La « marmite » devait cuire sans arrêt pour fournir sans interruption de l'ATP, du GTP, du CTP et de l'UTP, en plus des nombreux autres composants de la « mixture sale ».

D'après nos discussions précédentes, on peut envisager, dans le contexte de la notion de congruence, trois sources d'énergie interconnectées possibles. La plus immédiate, presque irremplaçable à première vue, est représentée par le pyrophosphate inorganique (ou ses polymères polyphosphates) dont on s'attendrait qu'il fût obligatoirement requis par les nombreuses réactions de phosphorylation qui domineraient la chimie en cause. On sait que de telles substances peuvent être produites dans des sites volcaniques (Yamagata *et al.*, 1991). Notons que l'on ne peut pas exclure la possibilité que le phosphate soit entré dans le système d'une manière différente (Arrhenius *et al.*, 1993 ; Pitsch *et al.*, 1995). Mais un passage par le pyrophosphate doit avoir été nécessaire à un certain stade.

À défaut d'un apport direct de composés phosphorés riches en énergie, la source la plus proche pourrait être des thioesters, dont nous avons vu qu'ils peuvent supporter la formation de liaisons pyrophosphates. On connaît des mécanismes par lesquels des thioesters pourraient effectivement naître spontanément, à nouveau dans un cadre volcanique.

Il y a enfin la possibilité, plus éloignée, que des transferts d'électrons aient pu jouer un rôle en servant à générer des liaisons pyrophosphates, du moins par la voie des thioesters. Un couplage par force protonmotrice paraît improbable en raison de la complexité de ses exigences. Des donneurs d'électrons potentiels étant abondamment présents parmi les matériaux de la synthèse, la seule exigence – sans compter les mécanismes eux-mêmes – eût été la présence d'un accepteur d'électrons approprié, ce qui, dans un milieu volcanique ou même dans un autre, ne devrait pas avoir posé grand problème.

Toutes ces conditions n'auraient bien entendu pas pu créer un foyer d'assemblage d'ARN sans un minimum d'assistance *catalytique*. Comme on l'a vu, des ions métalliques, des argiles et d'autres surfaces minérales, des complexes fer-soufre et mes « multimères » hypothétiques pourraient tous avoir joué un rôle. C'est encore le cas d'autres facteurs, tels que des boucles autocatalytiques. On ne peut rien dire de plus sur ce sujet important dans l'état actuel de nos connaissances, si ce n'est que les réactions en cause ont peu de chances d'avoir été suffisamment spécifiques pour ne produire que les assemblages qui ont été ultérieurement retenus par la vie. Il paraît plus probable que des catégories de réactions ont eu lieu. Des sucres, pas seulement le D-ribose, pourraient avoir interagi avec des bases azotées pour produire un assortiment de composés ayant la structure générale de nucléosides, dont certains pourraient, à leur tour, avoir acquis du phosphate, se transformant ainsi en composés de type nucléotides. Inversant l'ordre, les sucres auraient pu réagir d'abord avec des donneurs minéraux de phosphate pour former un certain nombre d'esters phosphorés différents, certains de ceux-ci se combinant ensuite avec des bases azotées. Enfin, certains parmi les composés nucléotidiques ainsi formés pourraient avoir réagi eux-mêmes avec des donneurs de phosphate pour faire des dérivés di- et triphosphatés, comprenant notamment les NDP et les NTP canoniques, mais sans que d'autres soient exclus. Tel paraît être, avec notre pauvre vision du passé, ce que Gerald Joyce, un des meilleurs spécialistes de la question, a appelé « la route encombrée vers l'ARN » (Joyce, 2002).

La naissance de l'ARN

La chimie ne peut expliquer par elle-même comment l'ARN pourrait jamais être sorti d'un tel encombrement sans « guide ». Un tel événement ne peut s'expliquer que par la *sélection*, processus qui présuppose la *réplication*. Que l'on imagine, comme on est presque obligé de le faire, que les NTP et les autres triphosphates présents dans la « mixture » se soient unis pour former des associations internucléotidiques, mais que celles-ci étaient beaucoup plus hétérogènes que les ARN, comprenant des sucres autres que le ribose, des bases autres que les quatre bases cardinales, et des liaisons autres que les liasons 3',5'-phosphodiesters qu'on trouve dans les ARN. Dans ce cas, tout ce que l'on doit supposer, c'est que la mixture contenait quelques molécules d'ARN authentique et que celles-ci avaient, d'une manière ou d'une autre, la possibilité d'interagir à la façon d'un patron avec le mécanisme responsable de leur synthèse. Ces deux conditions étant remplies, les molécules d'ARN auraient progressivement été répliquées et amplifiées sélectivement, jusqu'à devenir le composant dominant du mélange. De cette façon, l'ARN serait né *en même temps que la réplication* et, par son truchement, le fruit du premier vrai mécanisme de sélection à s'être produit au cours du développement de la vie.

S'il en fut ainsi, quel aurait pu être le critère de la sélection de l'ARN ? Le facteur décisif doit évidemment avoir été l'appariement de bases ; mais cela n'impose pas nécessairement A et U, ni G et C. On peut concevoir que la mixture contenait d'autres bases possédant des structures complémentaires appropriées. Dans ce cas, est-ce le hasard ou quelque autre facteur qui fut responsable du rejet de ces autres bases ? Selon une étude théorique récente, le choix des bases pourrait ne pas avoir été purement accidentel, mais bien la conséquence d'un processus sélectif minimisant les erreurs d'appariement (Mac Donaill, 2003).

Le choix du ribose soulève une question similaire. La sélection de ce sucre par rapport à d'autres fut-elle fortuite ou causée par l'une ou l'autre propriété moléculaire qui avantageait les molécules contenant du ribose par rapport à d'autres ? Cette question intéresse la possibilité que l'ARN pourrait avoir été précédé par une substance analogue de structure plus simple (Joyce, 2002). La chiralité est un autre facteur. On conçoit aisément que toute molécule hétérochirale aurait été exclue automatiquement parce qu'elle ne pouvait pas être répliquée, comme cela a été effectivement observé expérimentalement (Schmidt *et al.*, 1997). L'homochiralité apparaît donc comme obligatoire. Mais le choix de la chiralité pourrait, comme on l'a vu, avoir été le résultat d'un « accident gelé » ou, deuxième alternative, d'un déséquilibre physique (voir p. 24). Reste à savoir si la décision s'est faite au niveau des précurseurs ou des polynucléotides. On ne peut donc exclure la possibilité que de l'ARN de chiralité L ait existé à côté de D-ARN et ait été subséquemment éliminé par sélection.

Le scénario hypothétique qui vient d'être esquissé étant admis, comment les NTP ont-ils interagi pour produire les premiers assemblages de type ARN ? Guidées par la seule chimie, les premières associations devaient forcément se sceller au hasard ou, dit plus correctement, suivant les facteurs intrinsèques d'ordre cinétique, stérique et énergétique qui gouvernaient les réactions et qui ont très bien pu favoriser certaines associations et en exclure d'autres. Dans un tel système, les dinucléotides devraient largement dominer, suivis, en quantités rapidement décroissantes, par des trinucléotides, des tétranucléotides et des oligonucléotides d'ordre supérieur. Des chaînes de quelque 35 nucléotides, ce qui représente, comme on le verra, une longueur plausible pour les premiers vrais ARN, n'auraient pu être présentes dans le mélange qu'en quantité infime, à moins d'avoir été spécialement avantagées.

On ne voit pas d'emblée ce qui pourrait avoir procuré un tel avantage. On peut songer à une stabilisation des molécules par fixation à une surface ou par l'adoption de conformations résistantes à la dégradation, mais il est peu probable que de tels mécanismes purement passifs suffisent, par eux-mêmes, à assurer une sélection préférentielle de chaînes plus longues. On est presque inéluctablement obligé d'envisager un processus autocatalytique tel que chaque allongement d'une chaîne favorise son allongement subséquent. Seul un tel mécanisme pourrait surmonter l'énorme obstacle cinétique qui s'oppose à l'allongement des chaînes.

Une telle situation pourrait se réaliser, peut-être avec l'aide de « multimères », par immobilisation de la chaîne en croissance sur une surface catalytique par des forces qui augmentent avec la longueur de la chaîne. Un minerai positivement chargé, tel qu'un complexe argile-métal ou la pyrite, pourrait fixer de cette manière les chaînes nucléotidiques, qui sont chargées négativement. Comme on l'a mentionné, on a enregistré quelques succès en laboratoire avec des systèmes de ce genre. Une autre possibilité est l'autocatalyse. Supposons qu'une extrémité des molécules (l'extrémité 5′) possède une configuration qui favorise l'addition d'unités nucléotidiques à l'autre extrémité (l'extrémité 3′). Supposons, en outre, que ce pouvoir augmente avec la longueur de chaîne. Dans ces conditions, l'allongement de la chaîne sera effectivement favorisé. Si une telle configuration devait se trouver, à un certain stade, être active également sur d'autres molécules, l'allongement de ces dernières pourrait être semblablement favorisé. D'où l'intérêt des chercheurs pour des ribozymes qui seraient capables d'assembler de l'ARN (Johnston *et al.*, 2001).

On doit garder à l'esprit que tout mécanisme catalytique que l'on pourrait invoquer doit se prêter à la participation d'un patron, car il ne peut y avoir eu d'émergence de véritables molécules d'ARN sans réplication. De plus, comme cela deviendra encore plus clair lorsque nous considérerons la synthèse protéique, la machinerie de réplication doit avoir été d'une grande robustesse, capable de fonctionner pendant des temps très longs.

L'ancêtre de tous les ARN

Les recherches à venir permettront peut-être un jour de résoudre le problème ardu du mécanisme de cette première étape dans l'histoire de l'ARN. En attendant, on peut se demander quel en a été le produit final. Cette question a été examinée par le chimiste allemand Manfred Eigen et ses collaborateurs, qui ont consacré des efforts considérables à tenter de caractériser le premier gène d'ARN, l'« *Ur-Gen* ». Dans une étude, fondée en même temps sur des considérations théoriques et sur des observations expérimentales, Eigen et Ruthild Winkler-Oswatitsch (1981) sont arrivés à la conclusion que l'ARN ancestral était une molécule riche en GC, longue de 50 à 100 nucléotides et plus que probablement liée par filiation directe aux ARN de transfert actuels, dont on se rappellera qu'ils sont longs d'environ 75 nucléotides, en moyenne. Les chercheurs ont trouvé, en outre, en comparant les séquences connues d'ARN de transfert, des indications que l'ancêtre commun de ces molécules pourrait avoir été constitué de deux chaînes complémentaires liées par une « charnière » leur permettant de se replier l'une vers l'autre et de s'unir en une structure en double hélice. Ces données sont intéressantes pour ce qu'on appelle le « problème des séquences ».

Les faits sont bien connus. Avec quatre variétés de nucléotides comme matériaux de base, le nombre de chaînes distinctes possibles de n nucléotides est 4^n. Connu sous le nom d'« espace des séquences », ce chiffre est petit pour des chaînes courtes mais, à cause du facteur exponentiel, grandit rapidement avec la longueur de chaîne, pour atteindre bientôt des valeurs totalement irréalistes (voir Tableau 7-1). C'est ainsi que la plupart des ARN actuels occupent une surface infinitésimale dans un espace de séquences d'immensité inimaginable. Ce fait, comme on le verra en plus grand détail au chapitre suivant, est avancé comme argument par les défenseurs du « dessein intelligent ».

Laissant cette question de côté pour l'instant, on peut se demander dans quelle mesure la vie émergeante a pu explorer l'espace des séquences de l'ARN quand des molécules de longueur croissante commencèrent à apparaître. Cette exploration fut-elle suffisamment étendue pour permettre une *optimisation* sélective ? Ou bien le résultat final fut-il déterminé, parmi un grand nombre de résultats possibles, par des facteurs aléatoires n'ayant aucune chance de se reproduire.

Comme le montre le Tableau 7-1, l'exploration de l'espace des séquences pourrait avoir été exhaustive jusqu'à une longueur de chaîne de l'ordre de 35 à 40 nucléotides. Avec 35 nucléotides, un ensemble contenant un échantillon unique de chaque séquence possible aurait une masse d'à peine 22 grammes. Pour une longueur de 40 nucléotides, la masse d'un tel ensemble serait de 26 kilogrammes, ce qui reste une quantité acceptable. Mais, au-delà de cette longueur, les choses sortent rapidement du domaine du possible. Avec 50 nucléotides, la masse d'un ensemble complet se monte à 34 000 tonnes. Elle atteint un centième de la masse de notre planète pour 75 nucléotides. Ces calculs sont d'une importance critique. Ils montrent qu'une molécule ancestrale d'ARN longue de 75 nucléotides n'aurait pas pu être le fruit d'une exploration exhaustive de l'espace des séquences de l'ARN, alors que cela aurait été possible pour une molécule ayant la moitié de cette longueur. En d'autres termes, si, comme le croit l'école d'Eigen, l'« *Ur-Gen* » était fait de deux unités complémentaires d'environ 35 nucléotides, il pourrait avoir été le produit reproductible d'une optimisation sélective, suivie de duplication.

Longueur (nucléotides) n	Nombre de séquences N	Masse totale (g) M
5	$1,02 \times 10^3$	$2,73 \times 10^{-18}$
10	$1,05 \times 10^6$	$5,59 \times 10^{-15}$
20	$1,10 \times 10^{12}$	$1,17 \times 10^{-8}$
30	$1,15 \times 10^{18}$	$1,84 \times 10^{-2}$
35	$1,18 \times 10^{21}$	$2,20 \times 10$
40	$1,20 \times 10^{24}$	$2,58 \times 10^4$
50	$1,27 \times 10^{30}$	$3,38 \times 10^{10}$
60	$1,33 \times 10^{36}$	$4,25 \times 10^{16}$
75	$1,43 \times 10^{45}$	$5,71 \times 10^{25}$
100	$1,60 \times 10^{60}$	$8,56 \times 10^{40}$
200	$2,57 \times 10^{120}$	$2,74 \times 10^{123}$

Tableau 7-1 : **L'espace des séquences de l'ARN.** Le tableau montre les nombres N des différentes séquences nucléotidiques de longueur n et la masse totale M d'un lot contenant une seule molécule de chaque espèce. À comparer avec le Tableau 8-1. Les formules utilisées pour les calculs sont :

$$N = 4^n \qquad M = \frac{N \times n \times 321}{6,02252 \times 10^{23}}$$

Un autre argument intéressant, issu également des travaux de l'école d'Eigen, indique que la longueur de chaînes d'ARN sujettes à réplication est soumise à une limite naturelle. Il vient d'un théorème simple montrant que la longueur d'un polymère réplicable ne peut pas, en première approximation, dépasser l'inverse du taux d'erreur de la réplication (Eigen et Schuster, 1977). Une molécule plus longue dégénère inévitablement au fil des réplications. Une longueur maximale de 75 nucléotides correspond à un taux d'erreur de réplication de 1,3 %, une valeur plausible pour un mécanisme primitif.

Peut-on dire plus de l'ARN ancestral ? La réponse à cette question vient d'expériences effectuées pour la première fois par le biologiste moléculaire américain feu Sol Spiegelman (1967) et répétées depuis par de nombreux autres chercheurs. Ce que l'expérience a montré, c'est que, lorsqu'une molécule d'ARN est soumise à de nombreux cycles de réplication, inévitablement grevés à répétition d'erreurs de réplication et d'autres accidents, la molécule évolue automatiquement vers un état reproductible caractérisé par une combinaison optimale de stabilité et de réplicabilité. C'est le processus de sélection moléculaire directe déjà mentionné au chapitre III (voir p. 30). Ces observations expérimentales permettent de supposer que l'ARN ancestral a évolué progressivement vers une forme stable ou, plus précisément, vers ce qu'Eigen a appelé une « quasi-espèce », constituée du produit optimisé, ou « séquence maîtresse », accompagné d'une cohorte continuellement changeante de molécules mutantes produites par des réplications fautives et triées par la sélection naturelle en fonction des conditions environnementales.

Il ressort de ces considérations manifestement fort spéculatives : 1°) que la route vers l'ARN pourrait avoir mené d'une manière reproductible à une molécule optimisée de 35 à 40 nucléotides ou, au maximum, ayant le double de cette longueur mais contenant deux versions complémentaires de la même information ; 2°) que l'évolution ultérieure de cette molécule pourrait avoir été déterminée initialement par les influences de l'environnement sur sa stabilité et sa réplicabilité ; et 3°) que ce processus était limité par la fidélité du mécanisme de réplication. Ces conclusions sont d'une importance cruciale pour un modèle hypothétique qui a acquis une signification presque mystique : le modèle du « monde de l'ARN ».

Le monde de l'ARN

Il existe deux faces au modèle du monde de l'ARN. La première, conjecturée dès 1968 par Francis Crick, est universellement acceptée. Elle a été résumée en deux phrases au début de ce chapitre : l'ARN a précédé l'ADN ; l'ARN a précédé les protéines. Rares sont ceux qui n'acceptent pas ces hypothèses, qui reposent sur de solides preuves indirectes, inscrites dans le tissu de la vie d'aujourd'hui.

La seconde face du modèle du « monde de l'ARN » est issue de la découverte surprenante, faite, au début des années 1980, indépendamment par les chercheurs américains Thomas Cech et Sidney Altman, que des molécules d'ARN peuvent exercer une activité catalytique. Cech a inventé le mot de « ribozyme » pour désigner les ARN catalytiques et il s'est fait le défenseur énergique de la notion de « l'ARN en tant qu'enzyme » (Cech, 1986). Un autre Américain, Walter Gilbert, réputé pour sa méthode de séquençage de l'ADN, a adopté cette notion et l'a incorporée dans sa célèbre définition d'un « monde de l'ARN » – terme créé pour l'occasion – qu'il décrit comme un stade de l'origine de la vie où « des molécules et cofacteurs d'ARN (formaient) un ensemble suffisant d'enzymes pour effectuer toutes les réactions chimiques nécessaires aux premières structures cellulaires » (Gilbert, 1986). Un seul petit mot – *toutes* – venait transformer une découverte d'importance majeure en une puissante hypothèse qui a allumé les imaginations, galvanisé les efforts de recherche et enflammé les passions d'une manière étonnante, donnant aux futurs historiens et sociologues de la science matière à d'abondantes réflexions.

Aujourd'hui, le modèle du monde de l'ARN a été popularisé au point que l'on en oublie presque le caractère spéculatif. En témoigne la citation suivante qui n'en est qu'une parmi un grand nombre de déclarations similaires : « Avant que n'émerge le codage biologique, l'hypothétique monde de l'ARN, où un seul biopolymère intervenait en même temps dans l'information biologique et comme phénotype métaboliquement fonctionnel, constitue une des modèles les mieux étayés de l'évolution précoce de la vie » (Freeland *et al.*, 2003).

Notre tentative de reconstruire l'histoire de l'ARN nous ayant amenés au stade où aurait été inauguré le présumé « monde de l'ARN », il convient de jeter un regard objectif sur le modèle. Notons que l'existence d'*un* monde de l'ARN n'est pas mise en question. Le point que l'on discute est de savoir si des ribozymes ont jamais catalysé « toutes les réactions chimiques nécessaires pour les premières structures cellulaires ». Ou alors, s'il n'en fut jamais ainsi, dans quelle mesure des ribozymes ont-ils été impliqués dans le protométabolisme avant que des enzymes protéiques ne prennent le relais ?

On doit se demander d'abord si la « marmite sale » protométabolique d'où est sorti l'ARN aurait pu continuer à assurer cette production jusqu'à l'avènement des enzymes protéiques. Ou bien des ribozymes se sont-ils déjà immiscés dans le protométabolisme au stade du monde de l'ARN, pour être suivis plus tard par des enzymes protéiques ? Sans preuve nette de la participation de ribozymes, leur implication apparaît comme une hypothèse superflue. Le protométabolisme fonctionnait avant ; pourquoi n'aurait-il pas pu continuer sur sa lancée ? Un protométabolisme qui dépendrait de circonstances extraordinaires, n'ayant aucune chance de se répéter ou de se maintenir durant un temps quelque peu prolongé, pourrait exiger une telle rescousse. Mais on n'a aucune raison de croire qu'il en fut ainsi. Le protométabolisme, tel que nous l'avons reconstitué, devait être solidement ancré dans un ensemble robuste de conditions locales (encore qu'il faille admettre que sa reconstitution en laboratoire serait le seul argument convaincant à l'appui de cette affirmation).

Même si elle n'était pas indispensable, l'aide de ribozymes eût évidemment été très utile. Cela étant, que disent les indices ? À ce propos, un fait généralement considéré comme particulièrement révélateur est l'existence d'un certain nombre de coenzymes de structure nucléotidique – les NAD, NADP, FMN et FAD en sont les exemples les plus marquants – qui seraient des « fossiles » moléculaires de ribozymes correspondants. L'argument est impressionnant, mais non décisif. Comme on l'a vu, les coenzymes pourraient être nés comme composants de la « mixture » initiale, au même titre que l'ATP et les autres NTP, que l'on peut difficilement qualifier de « fossiles » de ribozymes, à moins d'admettre que l'ARN est né d'une manière qui n'a rien à voir avec son mode de synthèse actuel.

On doit noter que les coenzymes ne sont pas des catalyseurs dans le véritable sens du terme ; ce sont des cofacteurs. On ne trouve aucune indication parmi les ribozymes d'aujourd'hui de l'existence présente, ou même passée, de catalyseurs de réactions de transfert de groupes ou de transfert d'électrons qui auraient pu être impliqués dans le protométabolisme (la peptidyle-transférase mentionnée dans le chapitre suivant est une exception). Il y a, par contre, de nombreuses preuves que des molécules d'ARN produites par ingénierie appropriée *peuvent* catalyser certaines réactions de ce genre (Joyce, 2002). La question clé est évidemment de savoir si la nature a jamais réalisé dans le passé ce que d'habiles ingénieurs réussissent à faire aujourd'hui. La question n'aurait sans doute jamais été soulevée en l'absence d'indices tangibles si les produits de l'ingénierie n'avaient pas eu le caractère emblématique de l'ARN et si la technologie utilisée n'avait pas été empruntée à la nature elle-même.

Un phénomène où l'intervention d'un ribozyme aurait pu être d'importance critique est la réplication de l'ARN. On a vu plus haut que la catalyse de ce processus pose un sérieux problème. Il est tentant, pour rencontrer celui-ci, de faire appel à une ARN-réplicase de nature ARN, agissant autocatalytiquement ou autrement. Ce point est d'une grande importance et justifie la recherche, déjà partiellement couronnée de succès (Johnston *et al.*, 2001), de ribozymes capables de répliquer l'ARN. L'existence passée de tels catalyseurs est rendue pour le moins plausible par le fait qu'une des deux fonctions principales de ribozymes aujourd'hui porte sur le remaniement d'ARN. On ne doit cependant pas oublier que la réplicase en question ne peut être née qu'*après* l'ARN lui-même, dont l'origine reste toujours inexpliquée (Joyce et Orgel, 1993).

Une question soulevée par le problème des ribozymes et directement liée à notre sujet concerne le mécanisme par lequel des ARN catalytiques pourraient avoir été sélectionnés si le hasard avait produit la bonne mutation. On a déjà abordé cette question au chapitre III. On y a vu qu'un processus de sélection moléculaire, du genre considéré plus haut, peut difficilement se concevoir pour un catalyseur à moins que l'activité catalytique ne favorise directement la sélection de son propre support moléculaire (comme ce serait le cas, par exemple, si l'ARN se répliquait autocatalytiquement). Sur un plan plus général, on doit s'attendre à ce que la sélection d'un ribozyme soit indirecte, comme celle d'une enzyme protéique, et dépende semblablement de l'existence de protocellules concurrentes (voir chapitre III). Il s'ensuit que, si des ribozymes avaient pris en charge le protométabolisme, comme le suppose le modèle du monde de l'ARN, le système devrait déjà avoir été cellularisé. Ce n'est pas là une objection, car la cellularisation apparaît de toute façon comme une condition de l'apparition des premières enzymes protéiques. Mais nous devrons tenir compte de la question lorsque nous discuterons l'apparition des cellules (voir chapitre X).

Une dernière question intéressante à propos du modèle du monde de l'ARN concerne la longueur des molécules d'ARN qui auraient pu peupler celui-ci. On a vu que la longueur supposée de l'ARN ancestral – environ 75 nucléotides – pourrait bien correspondre à la limite supérieure imposée par le taux d'erreur de la réplication primitive, en ce sens que des molécules plus longues auraient inévitablement succombé à des réplications répétées. Cette hypothèse implique comme corollaire important que tout allongement ultérieur de l'ARN était conditionné par un accroissement de la fidélité de sa réplication. Dans ce cas, on peut se demander si ce développement a dû attendre l'apparition de réplicases protéiques ou s'il a pu se produire plus tôt grâce à la participation de réplicases plus performantes de nature ARN[4].

Cette question nous ramène au problème, déjà discuté, de l'intervention possible d'un ribozyme dans la réplication primitive de l'ARN. Tout ce que l'on peut dire, c'est qu'aucun indice n'existe qui oblige à croire que des molécules d'ARN de la longueur supposée – environ 75 nucléotides – n'auraient pas pu accomplir correctement leurs fonctions jusqu'à l'avènement des premières ARN-réplicases de nature protéique. Comme on le verra au chapitre suivant, un développement crucial catalysé par des molécules d'ARN – l'intervention de celles-ci étant cette fois peu douteuse – est représenté par la synthèse protéique. Les principaux acteurs de ce développement furent vraisemblablement les ancêtres des ARN de transfert, soit des molécules d'environ 75 nucleotides. Les autres ARN impliqués, précurseurs des ARN ribosomiaux et messagers, peuvent fort bien ne pas avoir été plus longs, pour autant que l'on puisse voir. La vie pourrait donc avoir effectué la transition fatidique du stade ARN au stade ARN-protéines avec un lot de molécules d'ARN de longueur ne dépassant pas environ 75 nucléotides.

En conclusion, si l'on excepte l'intervention possible (mais en aucune façon démontrée) d'une ARN-réplicase de nature ARN et, bien entendu, celle (fort probable) de molécules d'ARN dans

---

4. La participation de ribozymes de précision croissante dans la réplication de l'ARN est une pierre angulaire de la théorie proposée par Poole *et al.* (1999) (voir note 2, au chapitre suivant).

le développement de la synthèse protéique, il ne semble y avoir jusqu'à présent que peu d'indications que des ribozymes aient jamais accompli les nombreuses fonctions catalytiques qui leur sont attribuées dans la définition originale du modèle du monde de l'ARN. Cela n'invalide en rien le modèle en tant qu'hypothèse imaginative sujette à vérification (ou à falsification). Qu'elle s'avère finalement vraie ou fausse, sa plus grande valeur, comme pour beaucoup d'hypothèses brillantes mais non nécessairement correctes du passé, réside dans les expériences qu'elle a inspirées et dans les découvertes et réalisations que ces dernières ont générées. Le modèle a été remarquablement fécond à cet égard.

Indépendamment de cette question, on ne peut nier que l'avènement de l'ARN a été un véritable tournant dans le développement de la vie. Il a introduit la réplication, fondement de la *continuité* génétique, et, avec elle, la variation, la compétition et la sélection, bases de l'*évolution*. Cela, nous le discernons rétrospectivement. Un observateur ne l'aurait sans doute pas vu ainsi à l'époque. À part la lente introduction de molécules d'ARN, le protométabolisme peut avoir longtemps persisté en grande partie inchangé, continuant à produire la même collection variée de molécules par les mêmes réactions chimiques. Seule l'apparition de ribozymes qui auraient modifié la chimie existante aurait pu apporter un changement significatif. Ce point, on vient de le voir, est une inconnue majeure. La vraie révolution inaugurée par l'ARN fut le développement de la synthèse protéique, sans laquelle le monde de l'ARN, quelle que soit la définition que l'on en donne, serait resté en grande partie stérile. Ce sera le sujet du chapitre suivant.

CHAPITRE VIII

Protéines

Les protéines sont des polypeptides, nom donné à de longues chaînes composées d'un grand nombre d'acides aminés. Il existe une grande variété de peptides dans la nature. Ceux qui constituent les protéines sont faits exclusivement avec vingt sortes spécifiques d'acides aminés appartenant tous au groupe des acides α-aminés (les groupements carboxyle et amine sont attachés au même atome de carbone, α) et, à l'exception de la glycine, qui n'est pas asymétrique, de type chiral L (voir p. 22) :

$$\begin{array}{c} COOH \\ | \\ H_2N-C-H \\ | \\ R \end{array}$$

Dans les protéines, comme dans les autres peptides, les acides aminés sont reliés entre eux par des liaisons peptidiques, résultat de la condensation déshydratante du groupement carboxyle (COOH) d'un acide aminé avec le groupement amine (NH$_2$) d'un autre :

$$H_2N-\underset{R_1}{CH}-COOH + H_2N-\underset{R_2}{CH}-COOH$$
$$\downarrow$$
$$H_2N-\underset{R_1}{CH}-CO-NH-\underset{R_2}{CH}-COOH + H_2O \tag{1}$$

On voit aisément que des acides aminés supplémentaires peuvent indéfiniment s'attacher d'une manière similaire au dipeptide ci-dessus, pour mener à une molécule de polypeptide de longueur croissante, ayant toujours un groupement amine libre (NH_2) à un bout (extrémité N-terminale, ou queue) et un groupement carboxyle libre (COOH) à l'autre (extrémité C-terminale, ou tête). La longueur des molécules protéiques est habituellement de l'ordre de plusieurs centaines d'acides aminés, mais avec une marge de variation considérable. Ce qui confère à chaque chaîne son individualité unique, c'est le nombre d'acides aminés dont elle est composée et, surtout, leur *séquence*, c'est-à-dire l'ordre selon lequel ils se suivent le long de la chaîne. Cela se réduit à la séquence des groupements R, car toutes les chaînes ont la même épine dorsale, répétition du motif -NH-CH-CO-.

Les groupements R des acides aminés se distinguent par une remarquable diversité de propriétés physiques et chimiques. Certains sont dépourvus de charge électrique, d'autres sont chargés négativement ou positivement. Certains attirent l'eau, d'autres la repoussent. Certains sont chimiquement inertes, d'autres sont réactionnels à des degrés divers. Ces traits font des acides aminés les matériaux naturels les plus diversifiés et de leurs associations les structures moléculaires de loin les plus complexes et les plus multifonctionelles de toutes celles qui existent, inégalées par n'importe quel autre constituant biologique.

La séquence des acides aminés détermine la forme d'une molécule protéique et, par là, toutes ses propriétés physiques et chimiques. Dans un nombre relativement restreint de cas, les chaînes conservent leur forme linéaire et s'unissent en éléments structuraux variés, tels que des fibres, des plaques ou des treillis. Le plus souvent, les chaînes se replient en pelotes tridimensionelles complexes, exhibant en surface des arrangements élaborés de groupements R qui sont en grande partie responsables de la manière dont les molécules interagissent avec leur environnement par des sites de fixation, des centres catalytiques et d'autres aires sensibles. La plupart des composants complexes des organismes vivants, dont les éléments cytosquelettiques, les enzymes, les transporteurs et autres transducteurs d'énergie, les récepteurs, les régulateurs, les anticorps et quantité d'autres, sont des protéines ou sont à base de telles substances.

Il n'est pas douteux que l'avènement des protéines a modifié totalement les conditions de la vie émergente et représenté un tournant véritablement fatidique dans le développement de celle-ci. On serait même tenté d'y voir un événement encore plus important que l'avènement de l'ARN, n'était le fait que les protéines elles-mêmes sont presque certainement des produits de l'activité de molécules d'ARN. Avant d'examiner comment cela aurait pu se passer, voyons de quelle manière les protéines sont synthétisées dans les organismes aujourd'hui. Comme pour d'autres étapes du développement de la vie, l'analyse du présent peut être source d'utiles indications concernant le passé.

La synthèse protéique aujourd'hui

Comme toutes les réactions de ce genre, la condensation déshydratante d'acides aminés requiert de l'énergie. Celle-ci est fournie par l'ATP, selon un mécanisme de transfert de groupe séquentiel dépendant du transfert d'AMP (voir réaction (6), p. 46) au groupement carboxyle de l'acide aminé, avec formation d'un complexe aminoacyl-AMP. Le groupement aminoacyle n'est cependant pas utilisé directement pour la synthèse de la liaison peptidique ; il est transféré à une espèce particulière d'ARN, appelée « ARN de transfert », ou ARNt, qui sert de transporteur de ce groupement :

$$ATP + HOOC\text{-}CH(R)\text{-}NH_2 \longrightarrow AMP\text{-}CO\text{-}CH(R)\text{-}NH_2 + PP_i \qquad (2)$$

$$AMP\text{-}CO\text{-}CH(R)\text{-}NH_2 + ARNt\text{-}OH \longrightarrow AMP + ARNt\text{-}O\text{-}CO\text{-}CH(R)\text{-}NH_2 \qquad (3)$$

$$ATP + HOOC\text{-}CH(R)\text{-}NH_2 + ARNt\text{-}OH$$
$$\longrightarrow ARNt\text{-}O\text{-}CO\text{-}CH(R)\text{-}NH_2 + AMP + PP_i \qquad (4)$$

L'acide aminé étant représenté par aa, la réaction (4) peut être résumée schématiquement comme suit :

$$ATP + aa + ARNt \longrightarrow aa\text{-}ARNt + AMP + PP_i \qquad (5)$$

Une liaison est créée entre l'acide aminé et l'ARNt aux dépens de la scission de l'ATP en AMP et pyrophosphate inorganique (voir réaction (8), p. 46). Dans la suite, l'énergie (provenant de l'ATP) de la liaison entre le groupement aminoacyle et l'ARNt servira à créer une liaison peptidique, non pas, cependant, comme on aurait pu s'y attendre, par transfert direct du groupement aminoacyle activé au groupement NH_2 terminal de la chaîne polypeptidique en croissance. Les chaînes peptidiques ne croissent pas par leur queue N-terminale, mais bien par leur tête C-terminale.

Cela se comprend facilement si l'on commence par considérer la réaction initiale par laquelle un dipeptide est formé. Dans cette réaction, le groupement aminoacyle d'un complexe aminoacyl-ARNt est transféré à un autre, avec formation d'un complexe dipeptidyl-ARNt :

$$aa_1\text{-ARNt}_1 + aa_2\text{-ARNt}_2 \rightarrow aa_1\text{-}aa_2\text{-ARNt}_2 + \text{ARNt}_1 \qquad (6)$$

Au cours de l'étape suivante, le groupement dipeptidyle est transféré de l'ARNt qui le transporte au groupement aminé terminal de l'acide aminé suivant de la chaîne, réagissant sous la forme d'aminoacyl-ARNt, avec comme résultat la formation d'un complexe tripeptidyl-ARNt :

$$aa_1\text{-}aa_2\text{-ARNt}_2 + aa_3\text{-ARNt}_3 \rightarrow aa_1\text{-}aa_2\text{-}aa_3\text{-ARNt}_3 + \text{ARNt}_2 \qquad (7)$$

La chaîne continue à croître ainsi par transfert de peptidyle jusqu'à addition du dernier acide aminé :

$$aa_1\text{-}aa_2\text{-}...\text{-}aa_{n-1}\text{-ARNt}_{n-1} + aa_n\text{-ARNt}_n$$
$$\rightarrow aa_1\text{-}aa_2\text{-}...\text{-}aa_{n-1}\text{-}aa_n\text{-ARNt}_n + \text{ARNt}_{n-1} \qquad (8)$$

Enfin, la chaîne une fois terminée, elle est détachée de son transporteur ARNt par hydrolyse :

$$aa_1\text{-}...\text{-}aa_n\text{-ARNt}_n + H_2O \rightarrow aa_1\text{-}...\text{-}aa_n + \text{ARNt}_n \qquad (9)$$

Du point de vue énergétique, la scission d'ATP fournit, par le biais de l'énergie de liaison entre le groupement aminoacyle et l'ARNt, l'énergie nécessaire pour former chaque liaison peptidique. Le point crucial est que les chaînes peptidiques en croissance restent attachées à l'ARNt de leur acide aminé C-terminal tout au long de leur synthèse et que les liaisons peptidiques sont scellées par *transfert de peptidyle*, plutôt que par transfert d'aminoacyle.

Dans la totalité du monde vivant, ce processus a lieu d'une manière identique sur des petites particules, appelées *ribosomes*, composées en quantités à peu près égales de protéines et d'ARN (ARN ribosomiaux, ou ARNr). Il est significatif que l'étape cruciale de transfert de peptidyle n'est pas catalysée par une enzyme protéique, mais bien par une *molécule d'ARNr*. C'est là un des rares cas d'implication d'un ribozyme dans la vie aujourd'hui. On verra qu'il a de profondes implications.

Un caractère fondamental de la synthèse protéique est que les acides aminés ne sont pas ajoutés au hasard. Leur séquence est rigoureusement imposée par une autre sorte d'ARN, appelée ARN messager, ou ARNm, qui est lui-même formé par transcription d'une séquence donnée d'ADN. C'est ainsi que les gènes sont exprimés. Les séquences des bases des ADN déterminent (par appariement de bases) les séquences des bases de leurs produits de transcription, les ARNm, qui contrôlent eux-mêmes les séquences des acides aminés des protéines, qui sont les agents finaux de l'expression des gènes dans la plupart des cas.

L'information dérivée de l'ADN est écrite dans les molécules d'ARNm sous la forme de triplets de bases, ou *codons*, successifs, dont la plupart spécifient un acide aminé donné (les autres signalent la fin de la chaîne). Le jeu des équivalences entre acides aminés et codons porte le nom de *code génétique*[1]. Il est le même pour la grande majorité des organismes vivants et représente le dictionnaire universellement utilisé dans la nature pour la traduction du langage nucléique en langage protéique. Nous verrons plus tard comment cette remarquable singularité a pu émerger.

Le codage par les ARNm ne repose pas sur des interactions directes avec les acides aminés. Comme le montre la Figure 8-1, les codons des ARNm interagissent avec des triplets complémentaires, ou *anticodons*, présents dans les molécules des ARNt qui transportent les acides aminés. Cette interaction a lieu par le mécanisme universel d'appariement de bases. Ainsi, les molécules d'ARNm ne « voient » jamais les acides aminés ; elles ne « voient » que les anticodons des molécules d'ARNt qui transportent les acides aminés. Il s'ensuit que la traduction de langage nucléique en langage protéique a lieu plus tôt, lorsque les acides

---

1. On utilise de plus en plus souvent, dans les médias et même dans certaines publications scientifiques, le terme de « code génétique » pour désigner le patrimoine génétique, ou génome, d'un individu. Cette regrettable pratique conduit à une redoutable confusion. Parler de code génétique individuel est un non-sens. À de rares exceptions près, il n'y a qu'un seul code génétique pour tout le monde vivant.

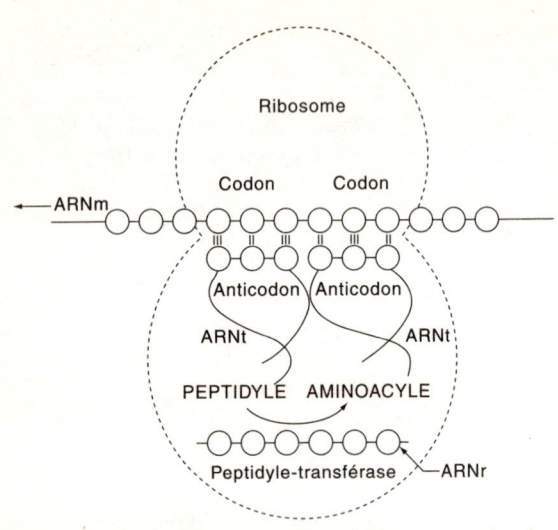

Figure 8-1 : **Synthèse protéique.** L'ARNm défile à travers le ribosome (formé, comme il est montré, d'une petite et d'une grande sous-unités jointes par la molécule d'ARNm), comme une bande magnétique à travers un lecteur de cassettes. La « lecture » du message ARNm est faite par des molécules d'ARNt chargées. Le schéma, qui illustre une étape intermédiaire du processus de synthèse, montre deux de ces molécules, maintenues côte à côte à la surface du ribosome par appariement de bases entre leurs anticodons et deux codons contigus de l'ARNm. L'ARNt de gauche porte la chaîne peptidique en croissance ; celui de droite l'acide aminé destiné à être ajouté à la tête C-terminale de cette chaîne. Les sites occupés par ces ARNt, appelés respectivement P (pour peptide) et A (pour acide aminé), sont placés stratégiquement en regard du site catalytique de l'ARNr qui fonctionne comme peptidyle-transférase, de manière à permettre le transfert, par ce ribozyme, de la chaîne peptidique en croissance de gauche au groupement aminoacyle de droite. Suite à ce transfert, la chaîne, allongée d'une unité, se trouve désormais attachée à l'ARNt de droite par l'intermédiaire du dernier acide aminé ajouté, tandis que l'ARNt de gauche, débarrassé de son groupement peptidyle, se détachera, laissant le site P vide. Une fois que cela s'est produit, l'ARNm se déplacera vers la gauche de la longueur d'un codon (avec de l'énergie fournie par la scission de GTP), entraînant avec lui l'ARNt porteur du peptide allongé, qui viendra occuper le site P. En même temps, le site A, devenu libre et encadré d'un nouveau codon, est prêt à recevoir un ARNt aminoacylé possédant un anticodon approprié. La situation représentée dans le schéma sera reproduite, prête pour l'étape d'élongation suivante. Deux caractéristiques de ce mécanisme doivent être notées. D'abord, l'ARNm ne « voit » pas l'acide aminé ; il ne « voit » que l'anticodon de l'ARNt porteur de l'acide aminé. Ensuite, les principaux acteurs du processus sont des molécules d'ARN : ARNt, ARNm et l'ARNr qui constitue la peptidyle-transférase.

aminés sont attachés à leurs transporteurs ARNt par la réaction (5). La fidélité de la traduction dépend d'une façon critique de la précision de ce processus.

Les enzymes qui catalysent cette étape cruciale sont des protéines dénommées « aminoacyl-ARNt-synthétases ». Il y en a vingt, une pour chaque acide aminé. Comme l'illustre schématiquement la Figure 8-2, chaque enzyme a un site de fixation pour l'acide aminé et un autre pour le ou les ARNt correspondants (il peut y en avoir plus d'un). On doit souligner l'importance exceptionnelle de ces vingt enzymes, qui servent simultanément pour l'activation (énergie) et pour la traduction (information). Elles accomplissent leur fonction énergétique en utilisant l'ATP pour unir les acides aminés aux molécules d'ARNt d'une manière telle que l'énergie de la liaison ainsi créée puisse servir à supporter la formation de la liaison peptidique. Les aminoacyl-ARNt-synthétases exercent leur fonction informationnelle (voir Figure 8-2) en sélectionnant les substrats de ces associations de façon que les acides aminés s'unissent toujours spécifiquement avec des molécules d'ARNt contenant un anticodon approprié. On se souviendra que la sélection ultérieure par les ARNm dépend exclusivement des interactions entre codons et anticodons. Le terme d'*identité* désigne les caractéristiques par lesquelles les molécules d'ARNt sont reconnues par les aminoacyl-ARNt-synthétases. Contrairement à ce que l'on pourrait attendre, identité et anticodon ne coïncident que pour environ la moitié des enzymes. Les autres reconnaissent leurs ARNt par des caractéristiques différentes de l'anticodon. Cette particularité surprenante impose une condition de précision supplémentaire : identité et anticodon doivent être présents ensemble dans la même molécule d'ARNt. Que la sélection naturelle ait pu favoriser – ou tolérer – ce risque d'erreur supplémentaire constitue un fait étonnant.

L'exposé ci-dessus ne donne que les rudiments de ce qui est manifestement un processus d'une très grande complexité. Mais il devrait suffire pour notre propos. Sa leçon principale est l'importance centrale de molécules d'ARN (ARNt, ARNm et ARNr) dans la synthèse protéique. Ce fait rend hautement probable l'hypothèse que les premières protéines naquirent d'interactions entre des molécules d'ARN.

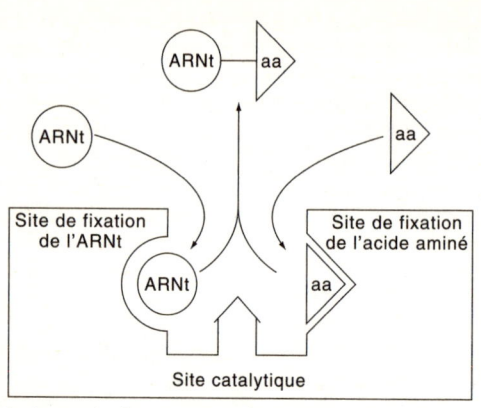

Figure 8-2 : **Anatomie d'une aminoacyl-ARNt-synthétase.** L'enzyme a deux sites de fixation, l'un pour un ARNt et l'autre pour un acide aminé, situés dans le voisinage d'un site catalytique de manière à permettre l'attachement de l'acide aminé à l'ARNt. Le schéma ne montre pas la participation de l'ATP selon la réaction (5). On notera que l'union correcte de l'acide aminé à l'ARNt correspondant dépend de la spécificité des deux sites de fixation.

L'émergence des protéines

Tout a commencé lorsque certaines molécules d'ARN réagirent avec certains acides aminés. On risque peu de se tromper en faisant cette affirmation, car on conçoit difficilement comment, sans cela, des molécules d'ARN en seraient jamais venues à unir entre eux des acides aminés. Il paraît, en outre, raisonnable de supposer que l'interaction envisagée conduisit à la création d'une liaison entre les deux molécules en cause, préfigurant l'attachement d'acides aminés à des ARNt. La filiation directe qui semble relier les ARNt d'aujourd'hui à l'« *Ur-Gen* », l'ancêtre de tous les ARN (Eigen et Winkler-Oswatitsch, 1981), conforte cette hypothèse.

Si liaison il y eut, il a fallu de l'énergie. Deux possibilités simples se présentent. L'énergie pourrait être venue d'une liaison qui préexistait dans la molécule d'ARN, dont une partie aurait été transférée à l'acide aminé, l'autre étant libérée comme groupement sortant. Autre alternative, l'acide aminé pourrait avoir réagi sous forme activée, par exemple en combinaison avec l'AMP, comme cela se produit aujourd'hui, ou sous une autre forme, tel un thioester.

Le type d'interaction que l'on postule avait peu de chance de se produire au hasard, entre un acide aminé quelconque et un ARN quelconque. Une certaine sélection fondée sur des affinités chimiques paraît probable. Il est tentant de supposer que c'est ainsi que les premiers acides aminés destinés à la synthèse protéique furent sélectionnés parmi ceux qui étaient présents dans la « mixture » protométabolique. On a vu, en effet (voir p. 20), que l'utilisation des acides aminés pour la synthèse protéique ne reflète pas leur abondance prébiotique présumée, ce qui indique l'intervention d'un facteur sélectif. Il est cependant peu probable que les vingt acides aminés protéinogéniques aient tous été présents dès le début. Certains sont sans doute apparus et ont été sélectionnés plus tard. Mais les jeux étaient probablement déjà faits à ce moment, de sorte que les choix ultérieurs furent limités par les engagements du passé. Plusieurs modèles ont effectivement été proposés pour rendre compte d'un tel recrutement progressif des matériaux utilisés pour la synthèse des protéines.

Une « décision » clé, qui pourrait remonter à ces temps reculés, concerne la chiralité. Il est tentant de supposer que l'ARN pourrait avoir été responsable de la sélection de la variété L d'acides aminés au détriment de la variété D. Un corollaire intriguant de cette notion est la possibilité que la chiralité de l'ARN ait déterminé celle des acides aminés sélectionnés, l'implication étant qu'un ARN fait avec du L-ribose, s'il avait existé, aurait sélectionné des acides aminés D (de Duve, 2003). Fait intéressant, un travail récent suggère que cela pourrait effectivement avoir été le cas (Tamura et Schimmel, 2004).

Une question importante soulevée par ces spéculations est de savoir si les premières interactions entre des acides aminés et leurs transporteurs ARN auraient pu être directes ou indirectes. Une interaction directe paraît plus probable pour un système primitif. D'un autre côté, un mécanisme indirect préfigurant la situation actuelle, mais avec un ribozyme agissant en tant qu'aminoacyl-ARNt-synthétase (voir Figure 8-2), mérite peut-être d'être envisagé. Notons que, dans un cas comme dans l'autre, la sélection des acides aminés est faite par des molécules d'ARN.

Comme on l'a déjà souligné, la sélection est un processus à double sens. Si des ARN ont sélectionné des acides aminés, ces derniers doivent, réciproquement, avoir sélectionné les premiers. Les affinités chimiques sont mutuelles. Mais il y a une différence. Contrairement aux acides aminés, les ARN n'étaient pas présents sur place, prêts à être choisis. Leur sélection a dû se faire activement, à cause d'un avantage lié à leur implication fonctionnelle. Avant d'examiner cette question, il peut être utile de voir d'abord ce qu'auraient pu être les étapes suivantes dans le développement de la synthèse protéique.

Avec le présent comme seul guide pour explorer le passé, l'hypothèse la plus simple est de supposer que les principales caractéristiques de la synthèse protéique furent établies dès le début. Prenez le schéma de la Figure 8-1, supprimez l'infrastructure ribosomiale, dont on sait qu'elle comprend de nombreuses protéines qui ne pouvaient manifestement pas être présentes, ajoutez le préfixe « proto » aux ARN participants. Et vous avez un modèle (Figure 8-3) de ce qu'aurait pu être le proto-ribosome, le système ancestral qui a inauguré la synthèse protéique dans l'histoire de la vie[2]. Des proto-ARNt chargés d'un acide aminé, immobilisés côte à côte sur une molécule de proto-ARNm par appariement de bases entre proto-anticodons et proto-codons, échangent des groupements peptidyles à l'aide d'un proto-ARNr comme catalyseur. Tout cela est conjectural, bien entendu, mais correspond au cours d'événements le plus simple et le plus direct que l'on puisse imaginer pour rendre compte du développement de la synthèse protéique dépendant d'ARN. La plupart des chercheurs qui ont réfléchi à la question ont proposé des solutions plus ou moins similaires. J'ai moi-même adopté ce modèle, avec le détail supplémentaire que des « multimères » pourraient avoir été impliqués (de Duve, 1990).

Le modèle proposé étant admis, on peut se demander comment aurait pu s'opérer la sélection des molécules d'ARN en cause. On se rappellera que les choses ont vraisemblablement commencé avec une espèce ancestrale d'ARN unique ou, plus précisément, une quasi-espèce (voir p. 100), à partir de laquelle les premiers agents ARN de la synthèse protéique ont dû être prélevés par sélection naturelle. Comme on l'a vu, la sélection peut être directe ou indirecte. Dans le premier cas, le processus est moléculaire et fondé sur une plus grande stabilité des molécules impliquées, ou sur leur meilleure réplicabilité, ou sur une combinaison des deux

---

2. Selon une proposition de Poole *et al.* (1999), le protoribosome aurait commencé comme système de réplication de l'ARN, non comme machinerie de synthèse protéique. Ce schéma est fondé sur une version forte du modèle du monde de l'ARN, dans laquelle des ribozymes n'accomplissaient pas seulement de nombreuses réactions métaboliques, mais étaient en outre les principaux agents de la réplication de l'ARN et du processus, qui sera mentionné plus loin, par lequel les molécules d'ARN ont atteint leur longueur maximale grâce à l'amélioration progressive de la fidélité de leur réplication. D'après ce modèle, les protéines seraient apparues tardivement, servant d'abord de « chaperons » protecteurs de l'ARN et plus tard seulement d'enzymes.

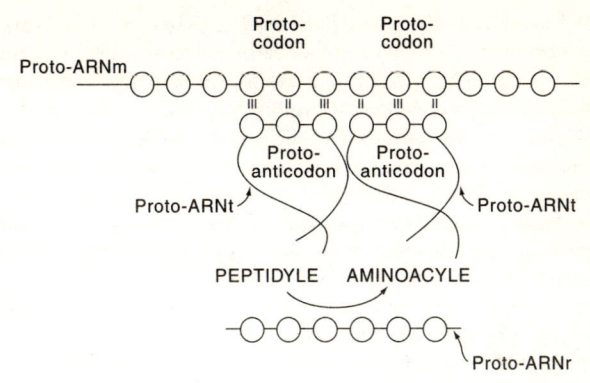

Figure 8-3 : **Modèle d'un proto-ribosome fait entièrement d'ARN.** À comparer avec la Figure 8-1.

qualités, avec comme résultat que les molécules qui bénéficient de tels avantages deviennent progressivement plus abondantes que les autres. Dans le cas, beaucoup plus fréquent, de sélection indirecte, les entités (cellules ou organismes) qui possèdent les molécules émergent parce que cette propriété leur permet de se multiplier plus rapidement que celles qui n'en sont pas nanties.

Pour les ARN porteurs d'acides aminés, un mécanisme moléculaire paraît plausible. On peut concevoir que la présence d'un acide aminé attaché augmente la stabilité des molécules ou, ce qui est plus important pour un effet à long terme, favorise leur réplication. Il peut être utile de se rappeler à ce propos que la réplication débute à l'extrémité dite 3' du modèle ARN. Un acide aminé attaché à cette extrémité, comme c'est le cas pour les ARNt, pourrait avoir facilité un positionnement correct du modèle par rapport au catalyseur de la réplication. Il paraît cependant peu probable qu'un mécanisme moléculaire ait pu, à lui seul, rendre compte de la sélection des autres molécules d'ARN impliquées, y compris les proto-ARNm, le proto-ARNr agissant comme peptidyle-transférase et, peut-être, les proto-aminoacyl-ARNt-synthétases mentionnées plus haut. Un mécanisme indirect, dépendant de l'utilité des ARN ou de leurs produits, semble presque obligatoire, avec, comme condition préalable, la participation d'un grand nombre de protocellules concurrentes. Il devait donc y avoir déjà des protocellules lorsque la synthèse protéique a été développée pour la première fois[3]. C'est là une limite extrême (de Duve, 2005). Comme on l'a vu, la cellularisation pourrait s'être produite plus tôt.

Suivant la ligne de raisonnement ci-dessus, on est conduit à imaginer une population de protocellules nanties chacune d'un assortiment de molécules d'ARN sujettes à réplication – et à des mutations continuelles – qui interagiraient les unes avec les autres et avec des acides aminés de façon à provoquer l'assemblage de ces derniers en chaînes peptidiques. Dans un tel système, les protocellules contenant les molécules d'ARN les plus susceptibles d'interagir d'une manière utile à la survie et à la prolifération de leurs propriétaires protocellulaires seraient amenées à émerger par sélection naturelle. Dans mes premières spéculations sur ce sujet, j'ai vu dans la formation plus ou moins aléatoire de petites molécules de protéines la source des avantages implicites, et dans l'efficacité de leur synthèse le critère de la sélection.

Une ingénieuse alternative a été proposée par le chercheur de Hong Kong J. Tze-Fei Wong (1991) et élaborée plus en détail par le chercheur italien Massimo Di Giulio (2003). Selon eux, les agents de la sélection ne furent pas des protéines mais bien des groupements peptidyles liés à des ARN, l'hypothèse étant que les molécules d'ARN exerçaient une activité catalytique utile, accrue par les groupements peptidyles attachés. Cette hypothèse séduisante établit un lien fonctionnel et sélectif entre le monde de l'ARN et le monde subséquent des ARN-protéines par l'intermédiaire de ce que les chercheurs ont appelé le monde des PER, ou « peptide-enhanced ribozymes », (littéralement « ribozymes activés par des peptides »). Elle offre un mécanisme plausible pour la sélection de molécules participant aux réactions de transfert de peptidyle impliquées dans ce développement. Dans la mesure où l'allongement des appendices peptidiques augmentait leur pouvoir supposé d'accroître l'activité des ribozymes, il y aurait eu une pression sélective continue en faveur des molécules d'ARN les plus aptes à participer à la formation de peptides plus longs. Le même mécanisme pourrait même s'être appliqué aux autres molécules d'ARN du modèle si, comme cela fut suggéré, ces molécules étaient elles aussi peptidylées. On remarquera que, dans ce cas, le proto-ribosome du modèle (voir Figure 8-3) aurait consisté

---

[3]. J'attache une importance cruciale à ce point, qui a déjà été brièvement souligné au chapitre III. Comme on le verra au chapitre XIV, il est d'une grande pertinence pour notre reconstruction du DACU, le dernier ancêtre commun universel de tous les êtres vivants connus.

en molécules de peptidyl-ARN, préfigurant les associations entre protéines et ARN des ribosomes actuels (Di Giulio, 2003).

La principale faiblesse du modèle du monde des PER est qu'il présuppose l'existence de ribozymes non définis. C'est là un trait standard du modèle classique du monde de l'ARN, mais qui est étayé, comme on l'a vu, par peu d'éléments objectifs. Il n'est cependant pas certain que des ribozymes « métaboliques » eussent été nécessaires pour que le mécanisme par PER puisse opérer. Il eût été suffisant, en effet, que les fonctions catalytiques directement impliquées dans la synthèse protéique, avec, peut-être en plus, l'activité réplicasique envisagée dans le chapitre précédent, fussent sujettes à l'effet activant présumé des groupements peptidyles[4].

Une discussion plus fouillée de ce sujet fascinant doit être laissée aux experts. On aura peut-être noté, dans le modèle de la Figure 8-3, que l'immobilisation des proto-ARNt sur le proto-ARNm est supposée se faire par des interactions entre triplets de bases complémentaires – et non, par exemple, entre des groupes de deux ou de quatre bases. Cette particularité, manifestement inspirée par ce que l'on sait du présent, pourrait avoir été imposée dès le début par des facteurs stériques, conduisant ainsi directement au code génétique à trois bases par la voie du déterminisme chimique. Le temps est venu d'examiner cet aspect crucial de la synthèse protéique.

Traduction et code génétique

Depuis son élucidation au début des années 1960, et même avant, le code génétique a suscité une somme énorme d'intérêt et de spéculation. L'histoire de ce sujet fascinant a été évoquée dans un livre précédent (de Duve, 1990). On trouvera des informations plus récentes dans l'ouvrage détaillé consacré à la question par Osawa (1995) et dans les articles de Wong (1991), Yarus (2000), Wong et Xue (2002) et Di Giulio (2003), parmi bien d'autres. Les points suivants sont particulièrement signifiants pour les besoins d'un exposé succinct.

Universalité du code. La grande majorité des organismes vivants, qu'ils soient microbes, végétaux, mycètes ou animaux,

---

[4]. Une autre possibilité, proposée par Poole *et al.* (1999), est que les protéines furent sélectionnées en vertu de leur capacité de servir de chaperons pour des molécules fonctionnelles d'ARN (voir note 2 ci-dessus).

observe le même code génétique. Il y a quelques exceptions, mais qui ont presque certainement été introduites tardivement au cours de l'évolution. Elles n'infirment en rien la singularité du code ; elles montrent simplement que le code universel n'est pas l'immuable. Je reviendrai sur ce point.

Structure du code. Le Tableau 8-1 montre le code génétique tel qu'il est habituellement représenté. On remarquera d'abord que les 64 combinaisons possibles de trois bases sont toutes utilisées, 61 spécifiant des acides aminés et les 3 autres servant de signal de fin de chaîne. Deux codons d'acides aminés fonctionnent en même temps comme signaux de début de chaîne, par des mécanismes que nous n'examinerons pas ici. Le nombre de codons dépassant celui des acides aminés, il s'ensuit nécessairement que de nombreux acides aminés sont spécifiés par plus d'un seul codon (jusqu'à six). Cette règle ne souffre que deux exceptions : la méthionine et le tryptophane. Cette particularité soulève la question : pourquoi tant de synonymes ? Pourquoi pas un plus grand nombre d'acides aminés, par exemple, ou de

Deuxième lettre

	U	C	A	G	
U	UUU ⎫ Phe UUC ⎭ UUA ⎫ Leu UUG ⎭	UCU ⎫ UCC ⎪ Ser UCA ⎪ UCG ⎭	UAU ⎫ Tyr UAC ⎭ UAA OCHRE† UAG AMBRE†	UGU ⎫ Cys UGC ⎭ UGA OPAL† UGG Trp	U C A G
C	CUU ⎫ CUC ⎪ Leu CUA ⎪ CUG ⎭	CCU ⎫ CCC ⎪ Pro CCA ⎪ CCG ⎭	CAU ⎫ His CAC ⎭ CAA ⎫ Gln CAG ⎭	CGU ⎫ CGC ⎪ Arg CGA ⎪ CGG ⎭	U C A G
A	AUU ⎫ AUC ⎬ Ile AUA ⎭ AUG* Met	ACU ⎫ ACC ⎪ Thr ACA ⎪ ACG ⎭	AAU ⎫ Asn AAC ⎭ AAA ⎫ Lys AAG ⎭	AGU ⎫ Ser AGC ⎭ AGA ⎫ Arg AGG ⎭	U C A G
G	GUU ⎫ GUC ⎪ Val GUA ⎪ GUG*⎭	GCU ⎫ GCC ⎪ Ala GCA ⎪ GCG ⎭	GAU ⎫ Asp GAC ⎭ GAA ⎫ Glu GAG ⎭	GGU ⎫ GGC ⎪ Gly GGA ⎪ GGG ⎭	U C A G

Première lettre / Troisième lettre

Tableau 8-1 : **Le code génétique universel.** Les codons marqués d'un astérisque ont une deuxième fonction en tant que déclencheurs de traduction. Ceux marqués d'une flèche sont des signaux de fin de chaîne.

codons de fin de chaîne ? On verra qu'il y a peut-être pour cela une raison historique.

Autre caractéristique méritant d'être notée, le code n'est manifestement pas le résultat d'une attribution aléatoire de codons à des acides aminés ; il a une structure. Les synonymes sont groupés. Dans tous les cas, U et C sont interchangeables en troisième position. Il en est de même pour A et G, à l'exception des deux acides aminés qui n'ont qu'un seul codon. Pour huit acides aminés, les quatre bases sont interchangeables en troisième position. Ce défaut relatif de rigueur est lié au fait que l'appariement entre anticodons et codons bénéficie souvent d'une certaine laxité en troisième position, de sorte que le même anticodon peut s'apparier avec plus d'un codon. Suite à ce phénomène, dénommé « wobble » (ballottement), le nombre d'ARNt, et donc d'anticodons, est inférieur à celui des codons, se situant généralement entre 35 et 45.

Un caractère plus subtil du code relie la position centrale des codons à l'affinité du groupement R pour l'eau, U dans cette position appartenant aux acides aminés les plus hydrophobes, suivi par C pour les molécules plus modérément hydrophobes, et par A et G pour les plus hydrophiles. La présence de la glycine dans ce dernier groupe ne contredit pas cette corrélation. Avec un groupement R constitué d'un seul atome d'hydrogène, cet acide aminé échappe à la classification fondée sur l'affinité à l'égard de l'eau.

Une analyse encore plus poussée a révélé que la structure du code génétique semble être telle que soient minimisées les conséquences nocives des mutations ponctuelles, c'est-à-dire celles qui consistent dans le remplacement d'une base par une autre dans un message. Quand cela se produit, l'acide aminé concerné reste souvent inchangé dans la protéine correspondante ou y est remplacé par un acide aminé ayant des propriétés physiques similaires de sorte que la protéine reste fonctionnelle. Des simulations par ordinateur utilisant le degré d'hydrophobicité comme mesure de la parenté entre acides aminés ont montré que moins d'un code sur un million de codes possibles pourrait être supérieur au code actuel à cet égard (Freeland *et al.*, 2003). Comme on le verra ci-dessous, ce fait suggère que le code génétique pourrait être le produit d'une optimisation sélective.

Naissance du code. Le germe d'un code génétique est inscrit dans le schéma de la Figure 8-3. Si ce schéma est un modèle valable de la synthèse protéique naissante, l'appariement entre proto-anticodons et proto-codons aurait présidé dès le début à l'alignement, le long d'un proto-ARNm, de proto-ARNt chargés échangeant des groupements peptidyles. Pour que cette caractéristique conduise à un codage authentique, toutes les molécules de proto-ARNt possédant le même anticodon doivent porter un seul et même type d'acide aminé. Cette condition aurait été satisfaite le plus facilement si les proto-anticodons avaient été impliqués directement dans le mécanisme par lequel les ARN ont interagi initialement avec les acides aminés. On a vu que cette interaction a vraisemblablement été spécifique. Des théories dites « stéréochimiques » de l'origine du code ont effectivement été proposées, notamment par le chercheur japonais Mikio Shimizu (1982), qui a suggéré il y a déjà une vingtaine d'années, modèles moléculaires à l'appui, que les anticodons auraient pu servir à créer des poches dans lesquelles s'insèreraient les acides aminés correspondants. Cette proposition a recueilli peu d'échos et n'est plus que rarement mentionnée dans les discussions de la question. En fait, les résultats les plus récents suggèrent que les codons, plutôt que les anticodons, pourraient avoir joué un rôle dans les interactions entre ARN et acides aminés. Selon une revue de la question par le chercheur américain Michael Yarus, un pionnier dans le domaine, on a trouvé, pour trois acides aminés différents (arginine, isoleucine et tyrosine), que des molécules d'ARN capables de lier des acides aminés, qu'elles soient naturelles ou créées dans ce but par sélection *in vitro*, ont une fréquence anormalement élevée de codons spécifiant l'acide aminé dans le voisinage du site de fixation de ce dernier (Yarus, 2000). Il est intéressant de noter que ce genre d'association pourrait convenir à une proto-aminoacyl-ARNt-synthétase de nature ARN (voir plus haut), qui reconnaîtrait l'anticodon de son substrat ARN par l'intermédiaire d'un codon (voir Figure 8-2). Un tel ribozyme lierait effectivement l'acide aminé à une molécule d'ARN porteuse de l'anticodon approprié.

Un autre élément de ce problème compliqué qui devrait peut-être aussi entrer en ligne de compte est le fait que de nombreuses aminoacyl-ARNt-synthétases reconnaissent leurs substrats ARNt par des traits d'identité différents des anticodons (voir p. 113). On ignore si ces particularités sont anciennes ou récentes. Elles pourraient avoir été impliquées comme déterminants d'un second code génétique, qui aurait précédé le code actuel (de Duve, 1988).

Une difficulté propre à toute théorie stéréochimique de l'origine du code génétique est que les vingt acides aminés protéinogéniques n'ont presque certainement pas été recrutés en même temps pour participer à la synthèse protéique. Il paraît beaucoup plus probable que la synthèse protéique primitive a commencé avec un petit nombre d'acides aminés, choisis peut-être parmi ceux qui étaient les plus abondants dans la « mixture » primitive, et que des acides aminés supplémentaires ont été progressivement introduits dans le système après que les principales propriétés de celui-ci eurent déjà été fixées. Malgré cela, les codons auraient toujours consisté en triplets de bases imposés par les exigences stériques de l'alignement des ARN (voir Figure 8-3). On doit à Eigen et Winkler-Oswatitsch (1981) un modèle ingénieux comprenant trois stades, dans lesquels d'abord une base des triplets, puis deux et enfin toutes les trois deviennent signifiantes. Wong (1975) a proposé un autre modèle intéressant associant le développement coévolutif du code génétique et des acides aminés aux réactions métaboliques par lesquelles de nouveaux acides aminés pourraient être issus des premiers.

Une complication majeure s'oppose à toutes les tentatives de reconstruire l'histoire du code génétique à partir des informations dont on dispose aujourd'hui, notamment le fait que le code pourrait être, du moins en partie, le produit d'un processus de sélection. Quelques mots à propos de cette possibilité, qui soulève de fascinantes questions, s'imposent.

Sélection du code. Le terme d'« accident gelé » (mécanisme 5) fut inventé par Crick pour caractériser le code génétique. L'appellation s'est révélée doublement erronée. Le code n'est pas accidentel. Et il n'est pas gelé, vu qu'un petit nombre de déviations à partir du code universel se sont produites au cours de l'évolution. Crick croyait cette possibilité exclue du fait que toute mutation changeant la signification d'un codon affecterait un si grand nombre de protéines qu'au moins une protéine indispensable devrait nécessairement subir une modification fatale. Il est significatif à cet égard que des changements de code ont été rencontrés principalement dans des génomes mitochondriaux, qui, étant très petits, ont une plus grande chance que les génomes nucléaires de ne pas contenir de gènes codant pour des cibles protéiques potentielles des mutations. On a cependant observé des déviations par rapport au code génétique universel même chez un certain nombre de micro-organismes. Comme l'a souligné Osawa (1995), il existe au moins deux mécanismes possibles par lesquels de tels changements pourraient s'être produits sans entraîner des conséquences nocives.

Ce genre d'événements épisodiques n'a cependant rien à voir avec ce qui nous préoccupe dans le cas présent. Ce dont il s'agit ici, c'est un processus évolutif de grande envergure au cours duquel un nombre suffisant de codes différents a été soumis au test de la sélection naturelle pour qu'un résultat proche de l'optimisation ait pu se produire. Examinons d'abord les mutations impliquées dans un tel processus. Pour qu'il y ait modification du code, le transporteur ARN doit changer ou bien d'anticodon ou bien d'acide aminé. Les cibles possibles incluent l'anticodon lui-même ou toute autre propriété moléculaire de l'ARN transporteur impliquée dans son interaction avec l'acide aminé ou avec le catalyseur qui le lie à ce dernier (l'aminoacyl-ARNt-synthétase des systèmes modernes). Autre possibilité, les mutations pourraient intéresser un site de fixation de ce catalyseur, de sorte qu'il reconnaisse un autre ARN ou un autre acide aminé (voir Figure 8-2). Quelle que soit la nature des mutations en cause, il est évident qu'il en a fallu un grand nombre pour que la singularité émerge d'un véritable goulet sélectif (mécanisme 2).

Le problème est que, pour se prêter à une sélection, les protocellules mutantes doivent être viables et capables d'entrer en compétition avec leurs congénères non mutés sur la base de leur capacité de résistance à long terme aux conséquences nocives des mutations ponctuelles. C'est là une condition très restrictive, car les changements de code ont généralement des conséquences drastiques. Ils affectent toutes les protéines qui ont subi une substitution d'acides aminés en vertu du nouveau code. Comme on l'a mentionné plus haut, une telle situation est presque invariablement létale dans les systèmes modernes. On devrait donc s'attendre à ce que les mutations tolérées soient excessivement rares. Et cependant, on vient de voir qu'elles ont dû être nombreuses pour permettre une optimisation sélective des protocellules fondée sur la résistance aux mutations.

Il y a donc une antinomie apparente entre les deux conditions requises pour l'optimisation supposée du code génétique par sélection naturelle. Une fois de plus, le « dessein intelligent » pointe à l'horizon. N'allons pas trop vite, cependant. Il y a une solution possible à l'énigme. Elle a nom *redondance*. Dans les génomes d'ADN, ce trait se réduit le plus souvent à la simple duplication (par exemple, paralogie, diploïdie), avec des conséquences dont l'expérience a prouvé qu'elle peut déjà être très avantageuse en permettant aux deux copies d'un même gène d'évoluer séparément. Mais, dans un génome d'ARN, gène et messager sont une et même molécule, présente le plus souvent en de multiples copies. Dans un tel système, d'innombrables mutations peuvent avoir lieu sans effet létal. Si une molécule d'un gène et son produit de traduction sont avariés, bien d'autres molécules intactes demeurent pour assurer la fonction en cause. Les occasions d'expérimentation ne manquent pas, même par modification des molécules avariées, celles-ci continuant à être synthétisées. C'est là, incidemment, un argument puissant pour supposer que l'optimisation du code a eu lieu *très tôt* dans le développement de la synthèse protéique, à un stade où dominaient encore des molécules d'ARN et où les protéines synthétisées étaient encore très courtes et peu nombreuses.

Un système de ce genre n'a pas, à ma connaissance, fait l'objet d'une étude par modélisation théorique. Je ne puis que communiquer mon soupçon intuitif qu'il devrait permettre une sorte de développement coévolutif dans lequel code et produits fonctionnels seraient conjointement soumis à la sélection. Il paraît possible qu'un tel « brouet » génétique ait pu offrir un nombre suffisant d'occasions à la sélection aveugle pour qu'émerge un code proche de l'optimal[5].

Croissance des protéines

S'il y a quelque chose de vrai dans les considérations qui précèdent, les premières protéines doivent être apparues bien avant que le code génétique n'ait acquis sa structure actuelle et elles doivent avoir joué un rôle clé dans le processus sélectif par lequel cette structure a été atteinte. Cela implique que même les protéines primitives produites à ce stade précoce doivent avoir déjà affecté par leurs propriétés l'aptitude de leurs protocellules à survivre et se multiplier. La plus importante de ces propriétés fut sans aucun doute la catalyse. Par conséquent, le mécanisme, mentionné au chapitre III, par lequel des enzymes protéiques prirent progressivement en charge le protométabolisme doit avoir débuté à cette époque.

Les premières protéines étaient presque certainement très courtes. Si, comme on l'a indiqué au chapitre précédent, la longueur des premiers gènes d'ARN était de l'ordre de 75 nucléoti-

---

5. On doit peut-être tenir compte ici du facteur historique. Il se pourrait que le code génétique doive sa structure, au moins partiellement, à la manière dont acides aminés et codons ont été progressivement recrutés, plutôt qu'à une optimisation sélective.

des, leurs produits de traduction contenaient au maximum 25 acides aminés, ou même moins si, comme on pourrait s'y attendre, les molécules n'étaient pas traduites sur toute leur longueur. Il s'ensuit que des molécules protéiques aussi courtes peuvent présenter des activités catalytiques rappelant celles des enzymes. Ce point, parfois contesté, est important pour la possibilité que les « multimères » évoqués au chapitre III puissent agir comme catalyseurs.

De nombreuses protéines actuelles contiennent plusieurs centaines d'acides aminés. Ces longues molécules sont nées plus que probablement par allongement graduel des premiers produits de la synthèse protéique, survenu lui-même grâce à l'allongement graduel des molécules d'ARN codantes. On a vu au chapitre précédent que la longueur maximale d'une molécule d'ARN est probablement fixée par la fidélité de sa réplication[6]. En accord avec cette exigence, le facteur limitant de l'évolution des protéines pourrait bien avoir été l'amélioration progressive de la précision du catalyseur de réplication de l'ARN, vraisemblablement une enzyme protéique ayant remplacé la réplicase primitive[7]. Cette condition étant remplie, des ARN plus longs pourraient survivre à des réplications répétées, menant à des protéines plus longues parmi lesquelles il aurait pu y avoir des enzymes plus efficientes, assez pour que la sélection favorise les protocellules dans lesquelles les changements ont eu lieu. Ainsi, les protéines auraient gravi une échelle de complexité, en quelque sorte tirées vers le haut par le progrès de l'une d'elles, l'ARN-réplicase.

Quant au mécanisme de l'allongement, ce que l'on sait de la structure des protéines actuelles suggère l'intervention d'un processus combinatoire qui aurait associé des chaînes d'ARN existantes de diverses façons, de sorte que les produits de traduction correspondants auraient été faits de combinaisons de chaînes peptidiques existantes. De fait, les protéines montrent des indices d'une telle origine. Elles consistent souvent en domaines, ou motifs, que l'on peut reconnaître, diversement combinés, dans un certain nombre de molécules différentes. Il n'est pas besoin

---

6. En première approximation, la longueur d'un polymère porteur d'information ne peut pas dépasser l'inverse du taux d'erreur de sa réplication, sans quoi la molécule perd irréversiblement son information suite à des réplications répétées (Eigen et Schuster, 1977).

7. L'argument resterait valable si, comme l'entendent certaines représentations du monde de l'ARN, la réplicase avait été de nature ARN. Un catalyseur de nature protéique a dû cependant entrer en scène à un certain stade.

d'ajouter que des mutations variées auraient été superposées à cette redistribution combinatoire.

Fait intéressant, dans les cellules actuelles, surtout chez les organismes supérieurs, les produits ARN primaires de la transcription de gènes ADN subissent fréquemment un processus, nommé « épissage », au cours duquel certains segments, appelés « introns », sont excisés par scission hydrolytique, les segments restants, appelés « exons », étant recollés ensuite pour former le messager mûr. Des ARN catalytiques jouent un rôle dominant dans ces remaniements qui, à côté de la synthèse protéique, constituent la seconde implication majeure de ribozymes dans la vie actuelle. Il est tentant de supposer que cette activité remonte au moment où des gènes ARN furent épissés pour la première fois en gènes plus longs.

La notion, presque imposée par ce que l'on sait, que les protéines ont commencé sous la forme de molécules courtes qui ont atteint leur dimension actuelle par allongement progressif est d'une grande pertinence par rapport à une objection, connue sous le nom de « paradoxe de l'espace des séquences », qui est souvent élevée par les défenseurs du « dessein intelligent » contre une origine naturelle de la vie. Le paradoxe repose sur le genre de calcul déjà illustré pour l'ARN dans le chapitre précédent (voir Tableau 7-1) et repris ici pour les protéines.

Soit une chaîne protéique construite, comme le sont les protéines aujourd'hui, avec vingt espèces différentes d'acides aminés. Pour le premier acide aminé, il existe vingt possibilités. Si un deuxième acide aminé est ajouté, le nombre de dipeptides possibles est 20^2, ou 400. Il est de 20^3, ou 8 000, pour les tripeptides, de 20^4, ou 160 000, pour les tétrapeptides, d'une manière générale de 20^n pour une molécule de n acides aminés. Ce chiffre définit l'espace des séquences protéiques. Quelques valeurs calculées de cet espace figurent au Tableau 8-2, avec, pour faciliter la représentation, les masses correspondantes de mélanges contenant une seule molécule représentative de chaque séquence possible. On voit aisément que l'espace des séquences protéiques atteint rapidement des valeurs inimaginablement élevées, matériellement impossibles. Déjà avec cinquante acides aminés, une collection d'exemplaires uniques de toutes les séquences possibles atteindrait la masse de notre galaxie. Pour des molécules contenant plusieurs centaines d'acides aminés, même le « multivers » le plus gigantesque conçu par les cosmologistes ne pourrait suffire. C'est sur la base de tels chiffres que les partisans du « dessein intelligent » prétendent que la vie émergente n'aurait jamais pu arriver à ses protéines par une exploration aléatoire de l'espace des séquences ; elle doit avoir été « guidée ».

Mais ce n'est pas ainsi que les choses se sont passées. La vie, avons-nous vu, a très probablement débuté avec des protéines très courtes, contenant moins de 25 acides aminés. Admettons une longueur moyenne de vingt acides aminés. On voit (Tableau 8-2) que l'espace des séquences correspondant contient 10^{26} possibilités, en supposant, ce qui est loin d'être certain, que les vingt acides aminés protéinogéniques étaient déjà tous disponibles pour la synthèse protéique à cette époque. Ce chiffre est élevé, mais non d'une manière excessive. Un lac de grandeur modérée suffirait pour contenir un tel nombre de protocellules, supposées avoir la dimension d'une bactérie moderne (un micromètre de diamètre) et occuper un millième du volume. Tenant compte, en plus, du fait que le processus de sélection postulé aurait probablement joué sur de nombreuses générations successives de protocellules, il est parfaitement concevable que les protocellules de l'époque aient pu soumettrre à la sélection naturelle la plupart des séquences possibles contenues dans l'espace des séquences, avec comme aboutissement un état proche de l'optimum. Cela est d'autant plus vraisemblable que cette phase a probablement coïncidé avec une bonne partie du processus de sélection du code (voir plus haut) et a donc dû durer un temps très long.

Il y a une faiblesse dans le calcul ci-dessus. Ce n'est pas l'espace des séquences protéiques qui a été exploré, mais bien celui des séquences ARN, qui est de dix ordres de grandeur plus vaste : 4^{60}, ou $1,3 \times 10^{36}$, pour une chaîne de 60 nucléotides, le minimum pour coder une protéine de vingt acides aminés. Tous les océans du monde ne suffiraient pas pour contenir un tel nombre de protocellules. La différence entre les deux espaces provient évidemment du fait qu'un même acide aminé est le plus souvent représenté par plus d'un codon dans le code génétique. Par conséquent, la même protéine peut être codée par un nombre immense de séquences d'ARN différentes. Cela signifie que l'exploration de l'espace protéique par l'intermédiaire de l'espace ARN, bien que moins exhaustive que si elle se faisait directement, serait néanmoins fort étendue dans la plupart des cas. On remarquera que, si un plus petit nombre d'acides aminés avait été utilisé pour la synthèse protéique à l'époque, comme cela paraît probable, une exploration complète des espaces eût été beaucoup plus facile.

Longueur (acides aminés) n	Nombre de séquences N	Masse totale (g) M
10	$1{,}02 \times 10^{13}$	$2{,}28 \times 10^{-8}$
20	$1{,}05 \times 10^{26}$	$4{,}67 \times 10^{5}$
25	$3{,}36 \times 10^{32}$	$1{,}87 \times 10^{12}$
30	$1{,}07 \times 10^{39}$	$7{,}17 \times 10^{18}$
40	$1{,}10 \times 10^{52}$	$9{,}79 \times 10^{31}$ (1 600 × Terre)
50	$1{,}13 \times 10^{65}$	$1{,}25 \times 10^{45}$ (Galaxie)
100	10^{130}	$2{,}22 \times 10^{110}$ (10^{54} Univers)

Tableau 8-2 : **L'espace des séquences des protéines.** Le tableau montre les nombres N des différentes séquences d'acides aminés de longueur n et la masse totale M d'un lot contenant une seule molécule de chaque espèce. À comparer avec le Tableau 7-1. Les formules utilisées pour les calculs sont :

$$N = 20^n \qquad M = \frac{N \times n \times 134}{6{,}02252 \times 10^{23}}$$

Masse de la Terre = 6×10^{27} g ; Masse de la Galaxie = 8×10^{44} g ; Masse de l'Univers = $1{,}7 \times 10^{56}$ g.

Certaines des séquences mises à l'essai au stade considéré ont dû être utiles à la prolifération de leurs propriétaires protocellulaires et être sélectionnées pour cette raison[8]. On a vu au chapitre III qu'un certain nombre d'enzymes et ribozymes primitifs ont pu émerger de cette façon. Deux activités, en particulier, furent critiques. L'une est le pouvoir de répliquer l'ARN avec plus de précision, sans laquelle l'allongement des molécules n'aurait pas été possible. Une autre, si elle n'existait pas déjà, fut le pouvoir d'épisser des morceaux d'ARN (activité de ligase). Comme on l'a mentionné, cette activité a probablement été le principal agent d'allongement de l'ARN.

Ces deux conditions étant remplies, des molécules plus longues auraient pu être testées, avec comme nouvelle dimension limite la longueur imposée par le taux d'erreur du catalyseur de

---

8. Une question intéressante concerne la manière dont les mutations ont pu se répandre. Si le transfert était exclusivement vertical, c'est-à-dire ne se faisait que de génération en génération, les mutations ont dû se suivre d'une façon sérielle au cours d'événements de sélection successifs. Si, comme plusieurs auteurs l'ont récemment prétendu (voir chapitre XIV), le transfert horizontal de gènes se produisait avec une grande fréquence à l'époque, des innovations avantageuses auraient pu être rapidement partagées par des populations protocellulaires voisines, avec comme conséquence une accélération de l'évolution. Un tel partage de gènes ne peut, cependant, pas avoir été jusqu'à entraver la compétition darwinienne, condition essentielle de la sélection.

réplication amélioré. L'espace de séquences disponible pour cette sorte d'exploration n'aurait, cependant, pas compris toutes les séquences possibles ayant cette longueur (Tableau 8-2) mais seulement celles qui pouvaient être construites par la combinaison des ARN retenus au cours du premier stade et les produits de leurs mutations. Contenues dans des protocellules sélectionnées en vertu des avantages que leur conféraient leurs gènes ARN, les molécules disponibles pour les combinaisons étaient forcément présentes en un nombre limité de variétés, suffisamment petit pour que la grande majorité des possibilités combinatoires puisse être soumise à la sélection naturelle. On peut s'attendre à ce que la même succession de combinaison suivie de sélection se soit produite à chaque gain de précision de la réplication. Le résultat est une optimisation sélective sans l'aide d'un guide. La Figure 8-4 illustre une représentation très simplifiée d'un tel processus.

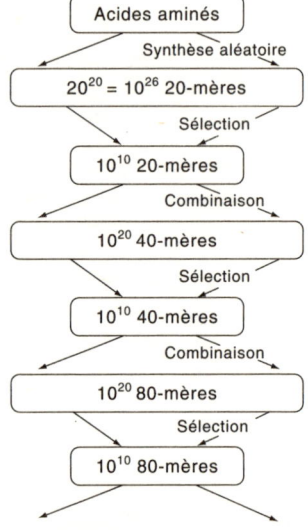

```
          ┌─────────────────┐
          │  Acides aminés  │
          └─────────────────┘
                  │ Synthèse aléatoire
          ┌─────────────────────────┐
          │ 20²⁰ = 10²⁶ 20-mères    │
          └─────────────────────────┘
                  │ Sélection
          ┌─────────────────┐
          │ 10¹⁰ 20-mères   │
          └─────────────────┘
                  │ Combinaison
          ┌─────────────────┐
          │ 10²⁰ 40-mères   │
          └─────────────────┘
                  │ Sélection
          ┌─────────────────┐
          │ 10¹⁰ 40-mères   │
          └─────────────────┘
                  │ Combinaison
          ┌─────────────────┐
          │ 10²⁰ 80-mères   │
          └─────────────────┘
                  │ Sélection
          ┌─────────────────┐
          │ 10¹⁰ 80-mères   │
          └─────────────────┘
```

Figure 8-4 : **Principe de l'allongement modulaire des protéines.** Le diagramme illustre sous une forme hautement schématique comment des cycles successifs de combinaison modulaire et de sélection peuvent conduire à des molécules de protéines très longues par une voie qui permet une exploration exhaustive de l'espace des séquences disponible à chaque étape.

Cette description, inutile de le souligner, est une approximation extrêmement grossière de ce qui a pu se passer en réalité. Mais elle devrait suffire à illustrer comment les protéines pourraient être apparues et s'être développées par un processus naturel reposant, une fois encore, sur la mise à l'épreuve de la sélection naturelle d'un éventail suffisamment vaste de possibilités pour permettre l'émergence d'une situation proche de l'optimum. Il est remarquable qu'un examen objectif conduit à la même conclusion, que l'on considère des séquences d'ARN ou de protéines.

CHAPITRE IX

ADN

L'ADN, ou acide désoxyribonucléique, est constitué, comme l'ARN, de longues chaînes polynucléotidiques formées avec quatre espèces différentes d'unités mononucléotidiques. Il y a deux différences. D'abord, le ribose est remplacé dans l'ADN par le 2-désoxyribose, qui correspond au ribose amputé de l'atome d'oxygène en position 2 de la molécule. La seconde différence est le remplacement de l'uracile par la thymine, qui est de l'uracile avec un groupement méthyle (CH_3) en plus. Ce changement n'affecte pas le pouvoir de la molécule de s'apparier avec l'adénine.

Contrairement à l'ARN, la presque totalité de l'ADN dans la nature se trouve sous forme bicaténaire, mondialement connue sous le nom de « double hélice ». On ne rencontre de l'ADN monocaténaire que dans quelques rares virus. Chose curieuse, c'est exactement le contraire pour l'ARN, qui est presque toujours monocaténaire, sauf dans quelques rares virus.

La réplication de l'ADN a lieu de la même manière que celle de l'ARN. Les précurseurs sont les désoxyribonucléotides-triphosphates, que l'on distingue de leurs congénères ribonucléotidiques par le préfixe « d » : dATP, dGTP, dCTP et dTTP. L'appariement de bases gouverne le processus, comme pour l'ARN, sauf que A s'apparie avec T au lieu de U. Le caractère bicaténaire du patron introduit cependant un certain nombre de complications résolues par des enzymes catalysant le déroulement et l'enroulement des chaînes (hélicases, gyrases, topoïsomérases). En outre, du fait que les deux brins d'ADN ont des polarités opposées et que la réplication suit obligatoirement le patron dans une seule direction (de son extrémité 3′ à son extrémité 5′), un des deux brins est répliqué par un processus continu, avec formation de ce qu'on appelle le « brin meneur », tandis que l'autre est répliqué d'une manière discontinue en une série de petits fragments (fragments d'Okazaki), assemblés à rebours du sens de réplication du brin meneur et reliés ensuite les uns aux autres par une ligase, formant le brin dit « retardataire ». Enfin, la réplication de l'ADN est soumise à un contrôle supplémentaire par des enzymes « correctrices », de sorte que la plupart des appariements erronés sont détectés et supprimés avant d'être incorporés dans la structure définitive. Grâce à ce contrôle, la fidélité de réplication de l'ADN dépasse de plusieurs ordres de grandeur celle de l'ARN, atteignant le taux d'erreur fantastiquement bas d'un désoxynucléotide incorrectement inséré sur environ un milliard[1].

La naissance de l'ADN

Dans la nature, les matériaux de synthèse de l'ADN naissent à partir de ceux de l'ARN. Le désoxyribose est formé par désoxygénation réductrice du ribose, et la thymine par méthylation de l'uracile. Les deux processus font intervenir des dérivés nucléotidiques, le plus souvent des nucléosides-diphosphates pour la réduction du ribose et le dUMP pour la méthylation de l'uracile (en dTMP). Il est tentant de supposer que, à l'origine de la vie, le désoxyribose est né semblablement du ribose et la thymine de l'uracile, bien que peut-être par des mécanismes différents. À première vue, on pourrait imaginer que des réactions aussi simples pourraient avoir eu lieu précocement dans le protométabolisme et que les constituants de l'ADN auraient pu être présents déjà dans le « brouet » primitif. Notons cependant que la simplicité apparente des réactions est trompeuse. Dans le monde actuel, la transformation du ribose en désoxyribose et celle de l'uracile en thymine sont catalysées par des systèmes enzymatiques relativement complexes. On ne peut donc exclure la possibilité que les briques chimiques de l'ADN soient apparues

---

1. Ce chiffre stupéfiant équivaut à la performance d'une dactylo qui recopierait quelque 25 fois *Le Petit Robert* en faisant une seule faute.

tardivement, alors qu'un certain nombre d'enzymes avaient déjà été développées.

Une fois les désoxyribonucléosides-triphosphates (dNTP) disponibles, leur assemblage en chaînes de type ADN aurait pu suivre assez rapidement, du moins dans un monde où l'ARN était déjà synthétisé et répliqué. Un tel événement n'aurait demandé que des innovations mineures, ou peut-être aucune. Le catalyseur primitif impliqué dans la réplication de l'ARN pourrait fort bien, sans grand changement, avoir construit une molécule complémentaire d'ADN, plutôt que d'ARN, sur un patron ARN (transcription réverse[2]). Une fois des molécules d'ADN présentes, le même catalyseur pourrait, de nouveau sans grand changement, avoir catalysé la réplication de ces molécules ainsi que leur transcription en ARN.

On est ainsi amené à imaginer une situation, créée par l'apparition du désoxyribose et de la thymine, dans laquelle l'information génétique aurait pu circuler assez librement et réversiblement entre ARN et ADN. On peut se demander dès lors quelles furent les forces de sélection qui favorisèrent la déviation des deux acides nucléiques dans des directions fonctionnelles entièrement différentes.

Pourquoi l'ADN ?

Pour examiner cette question, considérons un exemple actuel typique, la bactérie *Escherichia coli*, hôte commun de l'intestin humain. Elle a derrière elle quelque quatre milliards d'années d'évolution, mais les grandes lignes de son organisation génétique pourraient bien remonter à l'ancêtre commun de toute vie sur Terre.

Chez *E. coli*, tout l'ADN de la cellule est contenu dans une seule molécule circulaire bicaténaire, ou chromosome, d'environ trois millions de paires de bases. Plus de mille gènes distincts se suivent dans cette molécule géante, séparés par des parties non transcrites dont beaucoup ont des fonctions régula-

---

2. Cette réaction n'a pas lieu dans les cellules normales. Elle se produit dans des cellules infectées par certains virus à ARN qui reproduisent leur génome ARN en passant par l'ADN grâce à une enzyme qui leur est spécifique et qui porte le nom de « transcriptase réverse ». Ces virus sont appelés « rétrovirus ». Ils comprennent le tristement célèbre agent du syndrome d'immunodéficience acquise (sida) et un certain nombre de virus cancérigènes.

trices. La réplication de cette structure est déclenchée peu avant la division cellulaire. Elle débute sur un site spécifique, appelé « origine de réplication », et fait le tour de son modèle circulaire pour rejoindre le point d'origine par l'arrière, où une dernière liaison ferme le nouveau cercle et le libère de son modèle. Au moment de la division cellulaire, chaque cellule fille part avec un des deux cercles.

Entre deux cycles de réplication, l'ADN est transcrit en molécules d'ARN, qui, à l'exception de quelques ARN fonctionnels, tels ceux impliqués dans la synthèse protéique, sont traduites ultérieurement en protéines. Une propriété clé de ce phénomène est d'être soumis à une régulation sélective. Chaque gène, ou, parfois, groupe de gènes voisins (opéron), est transcrit à une allure spécifique, qui dépend d'une façon complexe des conditions internes et externes. Cette régulation est accomplie par des protéines spéciales, appelées « facteurs de transcription », qui s'attachent à des sites spécifiques, stratégiquement situés dans l'ADN, et y déclenchent ou bloquent, ou encore accélèrent ou ralentissent, la transcription des gènes contrôlés par le site. Encore relativement simple chez *E. coli* et d'autres bactéries, la régulation transcriptionnelle devient de plus en plus complexe chez les organismes supérieurs où, parmi d'autres fonctions, elle joue un rôle fondamental dans la différenciation cellulaire et le développement embryonnaire.

Comparez cette situation avec celle supposée avoir existé à un stade précoce du développement de la vie, lorsqu'il n'y avait pas d'ADN et que l'ARN servait en même temps de dépositaire réplicable de l'information génétique et d'agent d'expression de cette information. Les avantages apportés par l'ADN sont énormes[3]. La réplication est devenue un processus ordonné où tous les gènes sont copiés en même temps, en un seul exemplaire, à un moment précis. La transcription, par contre, est entièrement dissociée de la réplication et réglée au niveau des gènes individuels.

---

3. On mentionne fréquemment comme avantage principal de l'ADN sur l'ARN en tant que matériel génétique sa plus grande stabilité chimique (voir, par exemple, Joyce, 2002). De fait, la présence d'un groupement hydroxyle en position 2' du ribose augmente la sensibilité à l'hydrolyse de la liaison phosphodiester 3'-5' voisine. Mais cela est vrai surtout en milieu alcalin. L'ADN est la molécule la plus fragile en milieu acide, où elle perd facilement ses bases puriques. Cette particularité est exploitée dans la réaction colorimétrique de Feulgen pour la détection de l'ADN. Ce qui me paraît important dans l'ADN, ce n'est pas tellement sa nature chimique mais bien les fonctions qu'il remplit. Il permet à la réplication d'être synchronisée et dissociée de la transcription, avec le bénéfice ajouté d'un contrôle sélectif de cette dernière.

Et ce n'est pas tout. Dans les cellules actuelles, la transcription intéresse le plus souvent un seul des deux brins de l'ADN et donne ainsi naissance à un ARN monocaténaire, libre d'adopter des configurations d'une haute complexité et d'une grande souplesse fonctionnelle. L'ADN, par contre, est immobilisé dans une conformation bicaténaire rigide et non réactionnelle. Les choses ont dû être fort différentes du temps où l'ARN jouait les deux rôles. En fait, on a peine à imaginer une situation dans laquelle de multiples brins courts d'ARN auraient été continuellement répliqués de façon plus ou moins aléatoire sans se trouver irrémédiablement embrouillés dans des associations bicaténaires avec leurs produits de réplication, incapables dès lors d'accomplir une fonction quelconque, telle que mettre en route la synthèse protéique. Le problème est réel, car on utilise avec succès des brins d'ARN complémentaires d'ARNm, connus sous le nom d'« ARN antisens », pour inhiber l'expression de certains gènes spécifiques. Et cependant, si l'on ajoute foi au modèle largement accepté d'un monde dominé par l'ARN, la vie naissante a dû traverser sans encombre un tel stade. La manière dont elle a réussi cette performance pose un problème intrigant pour les recherches de l'avenir.

Les virus à ARN monocaténaire à réplication directe[4] nous donnent une idée de ce qui aurait pu se passer. Lorsqu'un tel virus infecte une cellule, son ARN est d'abord répliqué avec formation d'une structure bicaténaire, appelée « forme réplicative ». L'enzyme qui catalyse ce processus (ARN-réplicase) n'est pas fournie par la cellule hôte, elle est codée par l'ARN viral. Il y a deux possibilités. Dans l'une (le virus de la polio, par exemple), l'ARN viral, désigné brin « plus », agit comme messager. Il est traduit par la cellule pour donner la réplicase, qui commence alors à fonctionner. Dans l'autre cas (par exemple la varicelle), l'ARN viral est un brin « moins », qui doit d'abord être répliqué en brin « plus » complémentaire dont la traduction fournira l'enzyme. De tels virus transportent avec eux la réplicase requise pour mettre les choses en route. Dans les deux cas, une forme réplicative bicaténaire sert de modèle pour la réplication et pour la formation préférentielle de brins « plus » servant dans la synthèse traductrice des protéines virales. On a donc une situation qui ressemble à la relation normale entre ADN et ARN, l'ARN

---

4. Les virus à ARN à réplication indirecte sont les rétrovirus mentionnés dans la note 2.

bicaténaire jouant le rôle de l'ADN et l'ARN monocaténaire celui de l'ARN. Peut-être un arrangement de ce type a-t-il émergé précocement, créant un certain ordre dans ce qui aurait été un chaos total et retenu par sélection en vertu de cet avantage.

Quand l'ADN ?

Quelle que soit la manière dont l'ADN est apparu, il est indubitable que la séparation fonctionnelle rendue possible par cet événement a dû constituer un progrès énorme, favorisé par de puissantes forces de sélection. On serait dès lors tenté de supposer que l'ADN prit le relais aussitôt que son apparition fut devenue chimiquement possible. C'est ce que l'on pourrait penser n'était la possibilité, évoquée au chapitre précédent, que le haut degré de redondance fourni par les ARN bifonctionnels pourrait avoir permis les sélections précoces qui ont conduit à l'optimisation du code génétique et à l'apparition des premières enzymes. On est ainsi conduit à imaginer un stade empreint d'une certaine confusion, dans lequel redondance (ARN) et centralisation (ADN) se faisaient concurrence par le biais des bénéfices sélectifs que chacune conférait aux protocellules impliquées.

On sait que l'ADN a terminé en vainqueur. Mais cela pourrait ne s'être produit qu'après que la vie émergente eut développé son code génétique final ainsi que ses premières enzymes. Même le processus d'allongement de gènes mentionné au chapitre précédent pourrait encore avoir concerné des gènes ARN, comme le suggère le rôle de ribozymes dans les remaniements d'ARN aujourd'hui. Cet argument est cependant faible, car des enzymes qui découpent et relient des morceaux d'ADN existent également. De toute façon, il est évident que l'ADN n'a pas pu venir soudainement réorganiser les relations génétiques comme par un coup de baguette magique. Il a dû y avoir une longue période intermédiaire durant laquelle l'ADN, aidé par la sélection naturelle, a accaparé progressivement la fonction de stockage réplicatif de l'ARN, laissant ce dernier continuer à fournir des ribozymes et, surtout, des messagers pour la synthèse des protéines.

CHAPITRE X

Membranes

Les cellules doivent leur individualité au fait qu'elles sont entièrement entourées par une fine « peau » moléculaire, ou membrane Si cette enveloppe est déchirée, le contenu semi-fluide de la cellule se répand à l'extérieur, et la cellule meurt. En outre, l'intérieur des cellules eucaryotiques (voir chapitre XV) et de certaines cellules procaryotiques est cloisonné en un certain nombre de compartiments limités par des membranes. Toutes les membranes biologiques sont construites selon le même plan, qui représente une autre des singularités chimiques remarquables qui caractérisent la vie.

Le tissu universel des membranes

La trame fondamentale de toutes les membranes est la *bicouche lipidique,* une couche bimoléculaire formée de molécules typiquement composées d'un corps central à trois atomes de carbone, auquel sont attachées, d'un côté, deux longues queues faites exclusivement de carbone et d'hydrogène et, de l'autre, une tête contenant des substances diverses qui ont en commun d'être électriquement chargées ou polarisées :

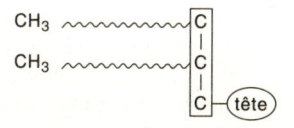

(1)

On appelle de telles molécules *amphiphiles* (littéralement, ayant deux amours), par quoi on entend que leurs deux extrémités ont des affinités très différentes pour l'eau. La tête est *hydrophile* ; elle tend à fixer des molécules d'eau par des attractions électrostatiques, c'est-à-dire celles que créent les forces, dites « de Coulomb », par lesquelles des charges électriques de signe opposé s'attirent mutuellement et des charges de même signe se repoussent. Cette union résulte du fait que la molécule d'eau, bien que non chargée, est électriquement polarisée, l'atome d'oxygène faisant saillie d'un côté et formant le pôle négatif, tandis que les deux atomes d'hydrogène créent deux pôles positifs voisins, de l'autre côté de la molécule. On note que cette structure fait que l'eau est elle-même hydrophile. Ses molécules ont tendance à s'agréger les unes aux autres en un réseau désordonné, liées par des attractions électrostatiques entre le pôle négatif d'une molécule et un pôle positif d'une autre. C'est grâce à cette propriété que l'eau est liquide. Sans elle, l'eau serait gazeuse même à très basse température.

Les queues des constituants des bicouches sont *hydrophobes*. En réalité, cette dénomination est incorrecte. Les groupements hydrophobes ne repoussent pas vraiment l'eau. Ils lui sont indifférents, laissant ses molécules libres de se grouper par attraction électrostatique. En même temps, les groupements hydrophobes s'attirent mutuellement – on les appelle souvent « lipophiles » (aimant la graisse) pour cette raison – par des forces faibles dites « de Van der Waals ». C'est ce, fondamentalement, pourquoi l'huile et l'eau ne se mélangent pas. Les molécules d'huile collent les unes aux autres par des attractions de Van der Waals, les molécules d'eau par des attractions de Coulomb, sans interférence mutuelle. Elles s'excluent les unes les autres.

Lorsqu'on les agite avec de l'eau, les molécules amphiphiles s'organisent spontanément de manière à satisfaire le mieux les exigences opposées de leurs têtes hydrophiles et de leurs queues hydrophobes (par quoi on entend, bien entendu, qu'elles adoptent la configuration d'énergie minimale). Les micelles, les mousses et les bulles sont des structures de ce type. La bicouche lipidique est la configuration adoptée par les constituants des membranes. Dans cette structure, deux couches monomoléculaires s'unissent par leurs faces hydrophobes, créant un film huileux interne tapissé de part et d'autre par les têtes hydrophiles en contact avec l'eau :

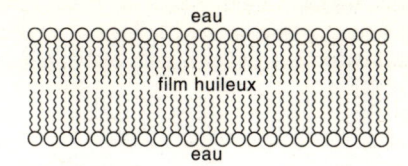

Comme on le mentionnera plus bas, de telles structures se ferment automatiquement en vésicules, ou petits sacs clos, de telle sorte que la bicouche sépare deux milieux aqueux occupant l'intérieur et l'extérieur de la vésicule.

Les constituants membranaires de loin les plus communs sont les phospholipides, dans lesquels la tête (voir formule (*1*)) est faite d'un groupement phosphate chargé négativement, souvent lié lui-même à une molécule basique chargée positivement, telle que la choline ou l'éthanolamine. On trouve aussi dans beaucoup de membranes des glycolipides, dont la tête est un dérivé hydrocarboné, parfois associé avec un groupement acide, tel que le sialate ou le sulfate.

Le corps central à trois atomes de carbone des molécules est le plus souvent le trialcool simple, ou glycérol, sauf dans les sphingolipides, où la sphingosine, un aminoalcool à longue chaîne, fournit en même temps le corps de la molécule et la queue hydrophobe supérieure.

Dans les membranes de toutes les cellules eucaryotiques et de tous les procaryotes du domaine *Bacteria*, les queues hydrophobes appartiennent généralement à des acides gras à longue chaîne liés au corps par des liaisons *esters* (ou par une liaison amide lorsqu'ils sont liés à la sphingosine, dont on a vu plus haut qu'elle fournit également une des queues hydrophobes). Chez les *Archaea*, par contre, les queues hydrophobes appartiennent à des alcools poly-isoprénoïdes attachés au corps par des liaisons *éthers* (Kates, 1992). C'est là une différence majeure entre les deux domaines procaryotiques. Une autre est le fait que le glycérol central est de chiralité opposée dans les deux types de molécules (voir Figure 10-1).

Les membranes biologiques doivent un certain nombre de leurs propriétés distinctives aux caractéristiques physiques des bicouches lipidiques avec lesquelles elles sont construites. À commencer par la flexibilité. Les forces qui maintiennent ensemble les queues hydrophobes des molécules d'une bicouche étant faibles, ces molécules glissent facilement les unes sur les

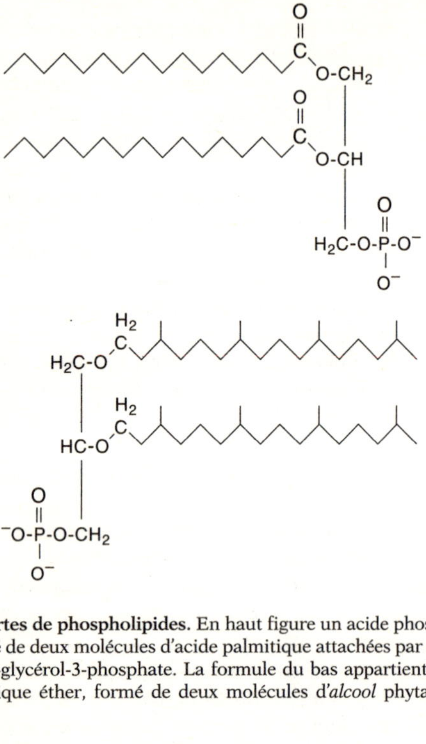

*Figure 10-
1* : **Deux sortes de phospholipides.** En haut figure un acide phosphatidique ester, formé de deux molécules d'acide palmitique attachées par des liaisons esters au L-glycérol-3-phosphate. La formule du bas appartient à un acide phosphatidique éther, formé de deux molécules d'*alcool* phytanique atta-

autres ou modifient de toute autre façon leurs relations mutuelles, de manière semi-fluide, permettant au film lui-même d'adopter une grande variété de formes. Ainsi, les membranes peuvent se plier et se mouler autour d'à peu près n'importe quel objet, même lorsqu'elles sont renforcées par des lipides intercalés, tel le cholestérol, ou par des protéines (voir ci-dessous). Chez certains procaryotes archéens, spécialement adaptés à des conditions d'environnement très rudes, cette flexibilité est limitée par des liaisons entre les queues qui rendent la structure plus rigide.

Une autre propriété importante des bicouches lipidiques et des membranes qu'elles servent à former est le pouvoir de se sceller spontanément. Ces structures ont une forte tendance intrinsèque à se refermer sur elles-mêmes pour former des sacs clos, ou vésicules. Grâce à cette propriété des bicouches, on peut percer la membrane d'une cellule avec une petite aiguille et retirer ensuite cette dernière sans dommage pour la cellule, tel que cela se fait dans de nombreuses manipulations génétiques. Autre conséquence de cette propriété, des pans de membranes qui se rapprochent suffisamment peuvent se joindre et se réorganiser, avec, comme résultat, soit la fission d'une structure simple en deux vésicules fermées, soit la fusion de deux vésicules en une seule. On verra que cette propension des membranes à la fission et à la fusion sous-tend plusieurs processus cellulaires fondamentaux, tels que l'endocytose, l'exocytose et le transport vésiculaire (voir chapitre XV).

Dans les membranes biologiques, la trame de base constituée par la bicouche phospholipidique est toujours enrichie de multiples façons. Le film huileux interne de la bicouche abrite souvent des molécules hydrophobes, dont certaines, de structure rigide et bien adaptée à établir des attractions de Van der Waals coopératives avec les molécules de la bicouche, produisent un effet de renforcement important. C'est le cas, notamment, du cholestérol, qui est un constituant obligatoire de la membrane externe de toutes les cellules eucaryotiques, y compris les nôtres, et, à ce titre, ne mérite pas l'opprobre dont il est souvent frappé d'une manière trop catégorique[1]. Le cholestérol est absent chez les procaryotes, où il est remplacé par des analogues divers. En plus de ces constituants lipidiques, toutes les membranes naturelles contiennent diverses protéines spécialisées d'importance cruciale. Ce sont ces protéines qui confèrent leurs propriétés spécifiques aux membranes, lesquelles, sinon, ne seraient que des films inertes.

Protéines membranaires

Les protéines peuvent s'associer avec des bicouches lipidiques parce que plusieurs des acides aminés utilisés pour leur synthèse ont des groupements R hydrophobes (voir p. 108). Lorsque des acides aminés de ce type sont groupés en nombre

---

1. L'importance du cholestérol est illustrée par le fait que toute insuffisance alimentaire de cette substance est automatiquement compensée dans l'organisme par la synthèse endogène, qui est un processus soumis à une régulation fort précise. Il n'en reste pas moins vrai que l'*excès* de cholestérol, surtout associé à des lipoprotéines à faible densité (« mauvais » cholestérol), constitue un facteur de risque non négligeable d'atteinte cardio-vasculaire.

suffisant dans un segment donné d'une chaîne protéique, cette partie de la chaîne prend la forme d'un court bâtonnet hydrophobe capable de s'insérer dans la bicouche. Si un tel segment se trouve en bout de chaîne, il sert à ancrer la molécule dont le reste pend de l'un ou de l'autre côté de la bicouche. Si un segment hydrophobe se trouve à l'intérieur de la chaîne protéique, il peut former un pont transmembranaire, les deux parties de la molécule qu'il sépare faisant saillie de part et d'autre de la bicouche. Finalement, si, comme c'est souvent le cas, plus d'un seul des segments de ce genre se suivent le long de la chaîne protéique, la molécule serpentera à travers la bicouche, les deux extrémités sortant sur la même face de celle-ci ou sur des faces opposées selon que le nombre de segments hydrophobes est pair ou impair.

Les protéines membranaires ont de multiples fonctions. Certaines sont des *enzymes*, agissant, par exemple, sur des substrats hydrophobes, tels que des acides gras, qui tendent à être ségrégués dans les bicouches lipidiques ou sur des substrats liés à des membranes. Ainsi, l'assemblage progressif des chaînes latérales oligosaccharidiques des glycoprotéines membranaires (voir ci-dessous) est accompli par des enzymes insérées dans des membranes. Un groupe particulièrement important de catalyseurs membranaires comprend les composants des chaînes respiratoires et des centres photosynthétiques (voir chapitre XI).

Les *transporteurs* constituent un autre groupe important de protéines membranaires. Les bicouches lipidiques sont, en dépit de leur extrême minceur – environ six nanomètres –, des barrières très efficaces, imperméables à la plupart des substances solubles dans l'eau. Pour traverser le film huileux interne de la bicouche, une substance soluble dans l'eau doit être suffisamment lipophile pour passer réversiblement entre eau et huile en quantité appréciable. Quelques petites molécules possédant des groupements modérément hydrophiles, telles que l'alcool éthylique, ou éthanol, ont cette propriété. La plupart des échanges de matière à travers des membranes biologiques ont lieu par la médiation de protéines. Celles-ci peuvent ne faire que faciliter le passage de substances dans le sens thermodynamiquement favorisé de concentration décroissante (perméases). D'autres forcent les substances à se mouvoir en sens inverse à l'aide d'énergie fournie par l'ATP (voir chapitre IV). Lorsque de tels systèmes de transport actif agissent sur des substances électriquement chargées, on les appelle généralement « pompes ». Celles-ci créent des potentiels de membrane, c'est-à-dire des différences de charge électrique entre les deux régions séparées par la membrane. De telles différences, portant sur des ions sodium (Na$^+$), potassium (K$^+$) ou chlorure (Cl$^-$), jouent un rôle clé dans la conduction nerveuse. Lorsqu'elles concernent des protons (H$^+$), elles servent à acidifier certains sites (lysosomes, suc gastrique) et, surtout, à créer – ou, plus souvent, exploiter – la force protonmotrice (voir chapitre XI).

Certains transporteurs ont pour fonction la *translocation* de protéines à travers des membranes. C'est par de tels mécanismes que les bactéries sécrètent des protéines (exo-enzymes) dans leur milieu environnant ou que les cellules eucaryotiques guident les protéines synthétisées par les ribosomes cytosoliques vers leurs sites cellulaires, tels que les mitochondries, les chloroplastes ou des éléments du système cytomembranaire (voir chapitre XV). Ces mécanismes sont dirigés par des séquences spéciales des molécules protéiques qui signalent leur destination finale.

Autres protéines membranaires, les *récepteurs* se distinguent par le pouvoir de fixer spécifiquement certaines substances définies et de réagir à cette fixation par une réponse fonctionnelle qui sera, par exemple, la translocation des substances fixées à travers la membrane ou leur déplacement d'un endroit vers un autre par l'une ou l'autre forme de transport membranaire, telle que l'endocytose ou le transport vésiculaire. Une catégorie particulièrement importante de récepteurs intervient dans la communication. Il s'agit de molécules qui fixent certaines substances présentes d'un côté d'une membrane et, ce faisant, subissent un changement de conformation tel qu'un effet significatif est déclenché de l'autre côté. C'est ainsi, par exemple, que des cellules répondent intérieurement à certains agents extérieurs, tels que des hormones, des neurotransmetteurs ou des médicaments, incapables de traverser la membrane cellulaire. Ces récepteurs de surface sont souvent constitués de glycoprotéines qui déploient vers l'extérieur leurs chaînes latérales hydrocarbonées telles de minuscules antennes moléculaires.

La naissance des membranes

Dans la vie actuelle, la molécule de glycérol-3-phosphate, qui fournit le corps à trois atomes de carbone et la tête phosphorée de la grande majorité des phospholipides (voir Figure 10-1), naît par réduction de la cétone correspondante, le dihydroxyacétone-phosphate, un intermédiaire glycolytique. On remarque que deux formes chirales distinctes de la molécule peuvent se former de cette manière, ce qui explique l'une des différences entre lipides esters et éthers :

$$\underset{\substack{\text{L-glycérol-3-}\textcircled{P}\\\text{(lipides esters)}}}{\text{HO-}\overset{\text{CH}_2\text{OH}}{\underset{\text{CH}_2\text{-O-}\textcircled{P}}{\text{C-H}}}} \xleftarrow{(+2\,\text{H})} \underset{\substack{\text{Dihydroxyacétone-}\textcircled{P}\\\text{(glycolyse)}}}{\overset{\text{CH}_2\text{OH}}{\underset{\text{CH}_2\text{-O-}\textcircled{P}}{\text{C=O}}}} \xrightarrow{(+2\,\text{H})} \underset{\substack{\text{D-glycérol-3-}\textcircled{P}\\\text{(lipides éthers)}}}{\text{H-}\overset{\text{CH}_2\text{OH}}{\underset{\text{CH}_2\text{-O-}\textcircled{P}}{\text{C-OH}}}} \qquad (2)$$

Les acides gras à longue chaîne, qui fournissent les queues des lipides esters, sont assemblés par addition successive d'unités acétyles à deux atomes de carbone, avec comme transporteur le coenzyme A ou le pantéthéine-phosphate (voir p. 79). Le mécanisme en cause est illustré schématiquement sur la Figure 10-2. Il offre plusieurs particularités. En premier lieu, les acides gras, au même titre que les protéines (voir p. 110), croissent par leur tête, en restant toujours attachés à leur transporteur. Cela se voit dans l'étape 3 de la Figure 10-2 où la chaîne en croissance est transférée à l'unité acétyle nouvellement ajoutée (plutôt que le contraire). Deuxième caractéristique, particulièrement importante, du processus, la formation de la liaison carbone-carbone impliquée dans ce transfert requiert plus d'énergie que n'en fournit la liaison thioester consommée dans la réaction. Cet obstacle thermodynamique est surmonté par la fixation préalable d'un groupement carboxyle à l'extrémité méthyle accepteur du groupement acétyle ainsi converti en groupement malonyle (étape 1). Ce groupement carboxyle est libéré sous forme de dioxyde de carbone en même temps qu'a lieu la réaction de transfert, de sorte que l'énergie de décarboxylation s'ajoute à celle dégagée par la scission de la liaison thioester pour supporter la formation de la liaison carbone-carbone de la chaîne en croissance (étape 1). La carboxylation (étape 1) a lieu par un mécanisme de transfert de groupe séquentiel typique, avec la biotine (vitamine H) comme transporteur de carboxyle. Finalement, on notera que le pantéthéine-phosphate sert de transporteur d'acyle sous deux formes distinctes, en tant que partie du coenzyme A soluble pour le transport et en tant que

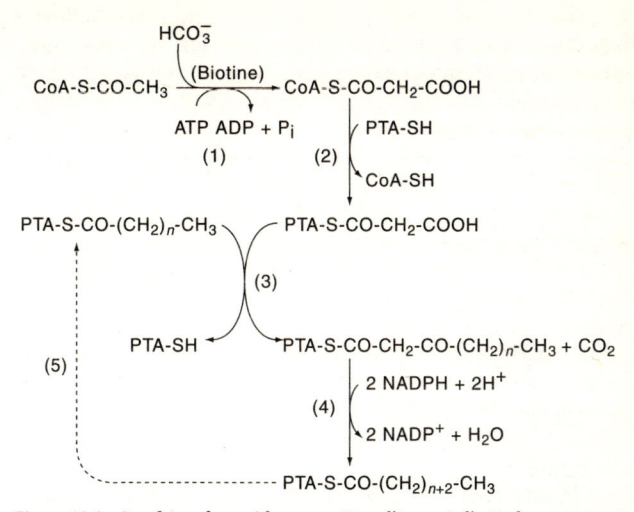

```
                    HCO₃⁻
                       |
CoA-S-CO-CH₃  ──(Biotine)──► CoA-S-CO-CH₂-COOH
                 ↓      ↑
              ATP   ADP + Pi         ⎛ PTA-SH
               (1)              (2) ⎨
                                     ⎝ CoA-SH
                                          │
                                          ▼
PTA-S-CO-(CH₂)ₙ-CH₃        PTA-S-CO-CH₂-COOH

                        (3)

      PTA-SH ◄────── PTA-S-CO-CH₂-CO-(CH₂)ₙ-CH₃ + CO₂
                             │
                             │ ⎛ 2 NADPH + 2H⁺
(5)                      (4) ⎨
                             │ ⎝ 2 NADP⁺ + H₂O
                             ▼
              ······· PTA-S-CO-(CH₂)ₙ₊₂-CH₃
```

Figure 10-2 : **Synthèse des acides gras.** Dans l'étape 1, l'acétyl-coenzyme A est carboxylé en malonyl-coenzyme A à l'aide d'énergie fournie par la scission d'ATP en ADP et phosphate inorganique. Cette réaction a lieu par transfert de groupe séquentiel (voir Figure 4-1), avec le carboxyl-phosphate comme intermédiaire bicéphale et la biotine comme transporteur du groupement carboxyle. Dans l'étape 2, le groupement malonyle est transféré du coenzyme A au groupement thiol de la phosphopantéthéine qui est le groupement prosthétique de la protéine transporteuse d'acyle (PTA). Dans l'étape 3, la chaîne d'acide gras en croissance est transférée de son transporteur PTA au groupement méthylénique de la malonyl-PTA, avec libération de dioxyde de carbone et formation d'un dérivé β-céto-acyl-PTA allongé de deux atomes de carbone. Dans l'étape 4, ce dérivé est réduit avec le NADPH comme donneur d'électrons, pour donner naissance à l'acyl-PTA saturé correspondant, prêt à participer à un nouveau cycle d'élongation (étape 5). On notera que n est un chiffre pair. Il vaut zéro au début de la synthèse, le donneur dans l'étape 3 étant l'acétyl-coenzyme A.

groupement prosthétique lié à la protéine transporteuse d'acyle (PTA) pour la catalyse.

Le coenzyme A sert aussi de transporteur d'acyle dans la synthèse des liaisons esters entre les acides gras et le glycérol-3-phosphate qui conduisent à la formation d'un acide phosphatidique (voir Figure 10-1). Les dérivés acylés du coenzyme A impliqués dans ces réactions peuvent naître directement par transfert du groupement acyle achevé de la protéine transporteuse d'acyle au coenzyme A (voir Figure 10-2). Le plus souvent, des acides gras libres sont attachés au coenzyme A par un transfert de groupe séquentiel dépendant d'un transfert d'AMP à partir d'ATP (voir réaction (15), chapitre VI). On remarquera encore que, si le groupement phosphoryle de l'acide phosphatidique est remplacé par un groupement d'acide gras, on obtient un triester du glycérol, ou triglycéride. C'est la structure de base des principales graisses et huiles animales et végétales, substances de réserve d'importance majeure dans tout le monde vivant.

Les alcools à longue chaîne qui constituent les queues hydrophobes des lipides éthers (voir Figure 10-1) naissent par addition successive d'unités à cinq atomes de carbone fournies par un précurseur pyrophosphorylé, le pyrophosphate d'isopenténylе, qui peut également réagir sous la forme de son isomère, le pyrophosphate de diméthylallyle :

$$CH_3-\underset{\underset{CH_2}{\|}}{CH}-CH_2-CH_2-O-\underset{\underset{O^-}{|}}{\overset{\overset{O}{\|}}{P}}-O-\underset{\underset{O^-}{|}}{\overset{\overset{O}{\|}}{P}}-O^- \rightleftharpoons CH_3-\underset{\underset{CH_3}{|}}{CH}=CH-CH_2-O-\underset{\underset{O^-}{|}}{\overset{\overset{O}{\|}}{P}}-O-\underset{\underset{O^-}{|}}{\overset{\overset{O}{\|}}{P}}-O^-$$

pyrophosphate d'isopenténylе   pyrophosphate de diméthylallyle

Comme le montre la Figure 10-3, la chaîne en croissance terminée par un groupement diméthylallyle est transférée, avec libération de pyrophosphate inorganique, à une molécule de pyrophosphate d'isopenténylе qui s'isomérise ensuite dans la configuration diméthylallyle avant le transfert de la chaîne allongée à une nouvelle molécule de pyrophosphate d'isopenténylе. Ce processus continue jusqu'à achèvement de la chaîne. Les doubles liaisons sont ensuite réduites dans une plus ou moins grande mesure, après quoi l'alcool à longue chaîne (par exemple, la molécule à vingt atomes de carbone du phytanol illustrée schématiquement sur la Figure 10-1) est transféré à un groupement hydroxyle de la molécule de glycérol-phosphate, avec, une fois encore, libération de pyrophosphate inorganique. On notera que, dans ce cas également, la chaîne croît par sa tête. Il convient de remarquer aussi que l'on rencontre ici un des rares exemples où un intermédiaire biosynthétique est activé sous forme pyrophosphorylée (voir p. 49). Rappelons, incidemment, que cette forme n'est pas produite par transfert d'un groupement pyrophosphoryle d'ATP, mais bien par deux transferts de phosphoryle successifs.

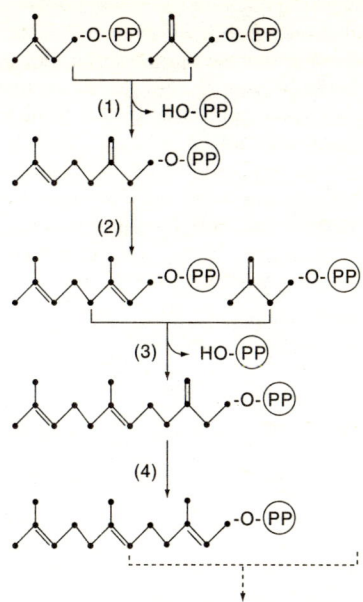

Figure 10-3 : **Synthèse des isoprénoïdes.** Dans l'étape 1, le groupement diméthylallyle du pyrophosphate de diméthylallyle, à gauche, est transféré au pyrophosphate d'isopenténzle, à droite (voir le texte pour les structures moléculaires complètes), avec libération de pyrophosphate inorganique. Dans l'étape 2, la tête isopenténzle de la molécule à dix atomes de carbone formée est isomérisée dans la configuration diméthylallyle, prête à être transférée (étape 3) à une nouvelle molécule de pyrophosphate d'isopenténzle, avec libération de pyrophosphate inorganique et formation d'une chaîne à quinze atomes de carbone. L'isomérisation de cette molécule a lieu à nouveau dans l'étape 4, en préparation d'un nouveau cycle d'élongation qui donnera naissance à une chaîne à vingt atomes de carbone. Les doubles liaisons sont réduites ultérieurement en plus ou moins large mesure.

Le mécanisme de la Figure 10-3 est d'une importance biologique véritablement centrale. Il est impliqué dans la synthèse d'un très grand nombre de molécules biologiques, outre les chaînes hydrophobes des lipides éthers. Ces molécules, qui forment la vaste famille des isoprénoïdes, comprennent notamment le phytol, qui constitue une chaîne latérale de la molécule de chlorophylle ; les quinones transporteuses d'électrons (voir chapitre XI) ; les longues chaînes liposolubles qui servent à l'ancrage de certaines protéines et autres molécules hydrosolubles attachées à des membranes ; la vitamine A et les autres caroténoïdes, dont les pigments visuels, ainsi que d'autres vitamines liposolubles (D, E, K) ; le cholestérol et les autres dérivés du noyau stérol, y compris les corticostéroïdes et les hormones sexuelles ; le latex, la substance mère du caoutchouc ; et les innombrables huiles essentielles qui donnent leurs parfums aux feuilles et fleurs aromatiques. En fait, il n'existe pas, dans toute la biosphère, un seul organisme dépourvu de dérivés isoprénoïdes.

Quant au noyau isopenténylé parental, il se forme, dans la plupart des organismes, à partir d'un composant clé, appelé « acide mévalonique », lui-même formé à partir de trois groupements acétyles liés au coenzyme A[2]. À ce niveau, par conséquent, acides gras et isoprénoïdes ont une origine commune.

Devant l'existence de deux variétés entièrement distinctes de phospholipides membranaires, on est naturellement amené à se demander laquelle des deux est venue la première. Cette question est directement liée à la phylogénie des procaryotes, étant donné le fait, déjà mentionné, que les *Bacteria* (et les eucaryotes) ont des lipides esters dans leurs membranes, tandis que les *Archaea* ont des lipides éthers. Ce problème sera discuté au chapitre XIV.

Si l'on examine la question dans le cadre de la biochimie actuelle, on est d'abord frappé par le fait que les isoprénoïdes sont beaucoup plus « intéressants » que les acides gras ; ils comprennent des transporteurs d'électrons, des photorécepteurs, des vitamines, des hormones, des pigments, des parfums et d'autres substances biologiques de valeur, alors qu'à peu près la seule vertu des acides gras est d'emmagasiner de l'énergie sous forme compacte. Comme le sait toute personne soucieuse de son régime, la combustion des graisses dégage deux fois plus de calories par unité de poids que celle des hydrates de carbone ou des protéines. Par ailleurs, la biosynthèse des isoprénoïdes est plus simple que celle des acides gras dont la formation requiert, comme on vient de le voir, un mécanisme complexe

---

2. Chez certaines bactéries et dans les chloroplastes des algues et des végétaux verts, la synthèse du noyau isopenténylé se produit par une voie différente, à partir de constituants hydrocarbonés (Rohmer, 1999 ; Rohmer *et al.*, 2004). Je dois à Guy Ourisson d'avoir attiré mon attention sur ce fait.

de double activation. Il est donc tentant de supposer que les isoprénoïdes sont venus en premier lieu. Cette thèse est défendue vigoureusement, en grande partie sur la base de données fossiles, par le chimiste français Guy Ourisson (Ourisson et Nakatani, 1994). Reconnaissant que les phospholipides actuels pourraient ne pas s'être formés facilement dans des conditions prébiotiques du fait de la complexité de leurs têtes polaires, Ourisson a proposé que les premières molécules amphiphiles aient pu être de simples phosphates d'alcools isoprénoïdes ; ceux-ci ont été synthétisés et ont effectivement donné des membranes et des vésicules.

Le chercheur américain David Deamer (1998), tout en acceptant la thèse d'Ourisson en ce qui concerne les premiers temps de la vie, doute qu'elle soit applicable à la situation prébiotique dont il pense qu'elle n'a pas dû être favorable à la formation d'isoprénoïdes. Pour lui, les premières bicouches auraient plutôt été formées de molécules d'acides gras. Deamer a trouvé que la météorite de Murchison contient des substances amphiphiles capables de former des vésicules. Il a identifié provisoirement parmi ces substances un acide gras à neuf atomes de carbone qui, reproduit synthétiquement, s'est révélé capable de s'assembler en vésicules dans certaines conditions. La possibilité que les premières membranes aient été constituées de simples acides gras est aussi préconisée par d'autres chercheurs (Hanczyc *et al.*, 2003), à qui l'on doit l'observation intéressante que la formation de vésicules aux dépens de micelles d'acides gras est catalysée par la montmorillonite, une argile.

Les modèles proposés pour les premières membranes ne font pas tous appel à des bicouches lipidiques. Le biochimiste américain Sidney Fox, un des pionniers de la recherche sur l'origine de la vie, s'est rendu célèbre dans les années 1950 pour avoir obtenu, par condensation de mélanges d'acides aminés par la chaleur sèche, ce qu'il a appelé des « protéinoïdes » qui, exposés à l'eau, donnaient naissance à des structures vésiculaires ou « microsphères » (Fox, 1988). Fox, qui est décédé en 1998, a consacré le restant de sa carrière à l'étude de ces microsphères, qu'il tenait pour les modèles des premières protocellules et auxquelles il a attribué des propriétés vitales de plus en plus invraisemblables. Le discrédit qui en est résulté pour ses travaux ne devrait cependant pas s'étendre à la possibilité, qui paraît plausible, que les premières membranes aient pu être formées par des peptides. On a aussi suggéré qu'elles aient pu consister en films minéraux, de sulfures métalliques par exemple (Martin et Russell, 2003).

La possibilité que mes multimères hypothétiques aient pu jouer un rôle dans la formation des premières membranes mérite également d'être prise en considération. Si l'abondance relative des acides aminés lorsque la vie a débuté ressemblait à celle observée dans des météorites ou dans les ballons de Miller, il s'y serait trouvé plus de molécules hydrophobes que d'hydrophiles. Dès lors, les multimères issus de leurs combinaisons auraient été en majeure partie hydrophobes. De telles molécules auraient pu s'insérer dans des bicouches primitives. Elles auraient peut-être même pu s'assembler en structures de type membranaire.

Toutes ces spéculations se justifient parce qu'il est fort possible que les premières membranes aient été des structures simples et que les bicouches phospholipidiques aient remplacé le tissu primitif à un stade ultérieur. Cette possibilité est en accord avec ce que l'on sait de la formation des membranes aujourd'hui. Dans les cellules actuelles, les membranes ne naissent jamais *de novo* ; elles croissent par accrétion, c'est-à-dire par insertion de nouvelles molécules dans une trame préexistante. Les membranes proviennent donc de membranes préexistantes, reliées par une filiation ininterrompue à une membrane ancestrale qui pourrait remonter aux premiers jours de la vie sur Terre. Ce genre de développement laisse imaginer un processus évolutif dans lequel les composants originaux des membranes auraient disparu depuis longtemps, pour être remplacés par des molécules plus élaborées au fur et à mesure des progrès métaboliques, pour arriver enfin aux phospholipides et autres constituants complexes d'aujourd'hui.

Le problème de la formation des membranes est intimement lié à l'apparition des premières structures cellulaires. Le stade auquel ce phénomène s'est produit continue à susciter de nombreux débats. Certains chercheurs croient que la formation de vésicules a été le premier pas dans le développement de la vie. D'autres sont d'avis que la vie a commencé dans une « soupe » non structurée ou sous forme d'une couche monomoléculaire étendue sur une surface.

Quel que soit le moment exact de leur naissance, les premières protocellules ont dû apparaître *tôt*. Même la dernière limite admissible précède l'apparition des premières enzymes protéiques et, probablement aussi, celle de beaucoup de ribozymes. Comme on l'a souligné au chapitre III, la sélection d'activités catalytiques sur la base de leur utilité exige obligatoirement l'existence d'un grand nombre de protocellules concurrentes. Il s'ensuit que les ingrédients des premières membranes ont dû être des produits de la chimie cosmique ou du protométabolisme primitif.

Un problème commun à tous les modèles de membranes primitives est la nécessité d'une perméabilité sélective. La trame initiale ne pouvait évidemment pas avoir inclu des systèmes de transport spécialisés du même type que ceux que l'on trouve dans les membranes aujourd'hui. La membrane primitive devait donc être perméable aux nutriments entrants et aux déchets sortants, tout en étant imperméable à des molécules plus volumineuses, en particulier les premières molécules d'ARN et de protéines. La participation de multimères au tissu des premières membranes aurait pu satisfaire cette exigence, en fournissant des barrières relativement poreuses. Des lipides auraient cependant pu convenir également. Deamer a trouvé que la perméabilité sélective requise peut être atteinte avec des phospholipides simplement en diminuant la longueur des queues hydrophobes. Dans une expérience remarquable, il a, avec son groupe, construit un système artificiellement encapsulé contenant une enzyme qui élabore du poly-A, une sorte d'ARN contenant uniquement A, en partant d'ADP. Avec des bicouches faites de phospholipides ayant des queues hydrophobes de 14 atomes de carbone, l'ADP entrait librement dans les vésicules tandis que l'enzyme et son produit restaient à l'intérieur (Chakrabarti *et al.*, 1994).

Une approche similaire a été suivie par le groupe de Pier Luisi Luigi, en Suisse, avec des vésicules faites d'acide oléique, un acide gras (Luisi, 2002). Les chercheurs ont utilisé ce matériau pour construire un certain nombre de systèmes encapsulés fascinants, dont l'un qui catalysait la réaction de polymérase en chaîne (PCR), un système largement utilisé pour l'amplification de l'ADN et qui n'exigeait pas moins de neuf composants, avec, en outre, une étape de passage à haute température.

Une autre propriété importante que les premières cellules devaient déjà posséder est le pouvoir de croître et de se multiplier par *division*. Il est fort intéressant à ce propos que croissance et division aient été observées *in vitro* même avec des systèmes vésiculaires artificiels simples (Szostak *et al.*, 2001 ; Luisi, 2002 ; Hanczyc *et al.*, 2003). Il s'ensuit que le genre de compétition darwinienne que l'on est conduit à postuler pour rendre compte des premiers phénomènes de sélection (voir chapitre III) pourrait avoir eu lieu avec des systèmes encapsulés primitifs.

CHAPITRE XI

Force protonmotrice

Comme on l'a expliqué aux chapitres IV et V, le pouvoir d'accomplir les diverses formes de travail qui permettent aux organismes vivants de subsister et de proliférer repose presque exclusivement sur le *couplage* entre des « chutes » d'électrons et l'assemblage d'ATP à partir d'ADP et de phosphate inorganique. Nous avons vu au chapitre VI comment ce couplage peut être réalisé par des mécanismes de phosphorylation au niveau de substrats dépendants de thioesters. Bien qu'immensément importants sur le plan qualitatif, ces processus ne rendent compte que d'une fraction minime de l'ATP produit dans la plupart des organismes. De loin la plus grande partie de l'ATP utilisé dans la biosphère est assemblée par des phosphorylations *au niveau de transporteurs* opérant à l'aide de *force protonmotrice*. C'est là encore une autre des singularités remarquables de la vie.

Anatomie d'une machine de couplage protonmotrice

Les machineries protonmotrices sont, par nécessité, insérées dans la trame d'une membrane imperméable aux protons. Comme le montre schématiquement la Figure 11-1, elles consistent essentiellement en deux pompes à protons réversibles de même orientation, activées l'une par un transfert d'électrons entre deux transporteurs, l'autre par l'hydrolyse d'ATP. En refoulant des protons d'un côté de la membrane vers l'autre, les pompes créent un potentiel qui s'oppose à une translocation accrue de protons. Si le potentiel produit par une pompe excède le maximum que peut atteindre l'autre, il forcera la pompe la plus faible à fonctionner à l'envers, ce qui explique le couplage entre les deux systèmes.

En règle générale, la pompe actionnée par des électrons, étant entraînée par le métabolisme, l'emporte sur l'autre, qui est continuellement affaiblie par la consommation d'ATP imposée

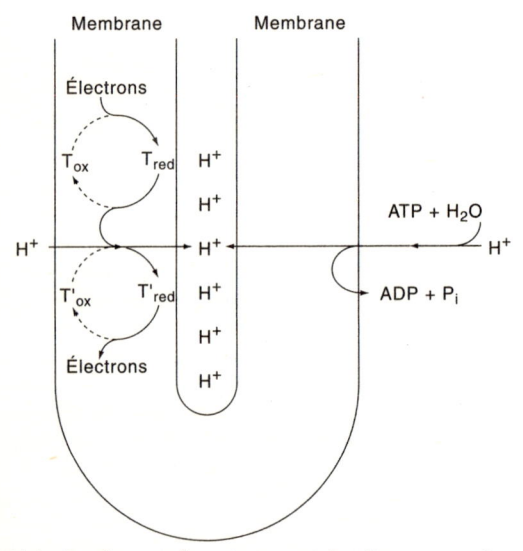

Figure 11-1 : **Couplage par force protonmotrice.** Deux pompes à protons, insérées dans une membrane imperméable aux protons et orientées dans la même direction, refoulent des protons d'un côté de la membrane à l'autre, créant un potentiel de protons qui s'oppose à leur action. La pompe de gauche est activée par le transfert d'électrons de la forme réduite d'un transporteur (T_{red}) à la forme oxydée d'un transporteur voisin (T_{ox}) de potentiel redox plus élevé (de niveau d'énergie plus bas). La pompe de droite est activée par l'hydrolyse d'ATP. Si, comme c'est généralement le cas, la pompe activée par des électrons est la plus « puissante », c'est-à-dire édifie un potentiel de protons supérieur à celui de la pompe activée par l'ATP, cette dernière fonctionne en sens inverse : il y a assemblage d'ATP supporté par le transfert d'électrons par l'intermédiaire de force protonmotrice. Le contraire a lieu si la pompe activée par l'ATP est la plus forte : l'hydrolyse d'ATP supporte un transfert d'électrons inverse, c'est-à-dire d'un niveau d'énergie plus bas à un niveau plus élevé.

par l'exécution de travail : le flux d'électrons le long d'une dénivellation d'énergie alimente l'assemblage d'ATP. Le contraire peut cependant avoir lieu dans certaines circonstances, en particulier chez des chimiotrophes appelés à énergiser les électrons qui serviront aux réductions biosynthétiques (voir ci-dessous).

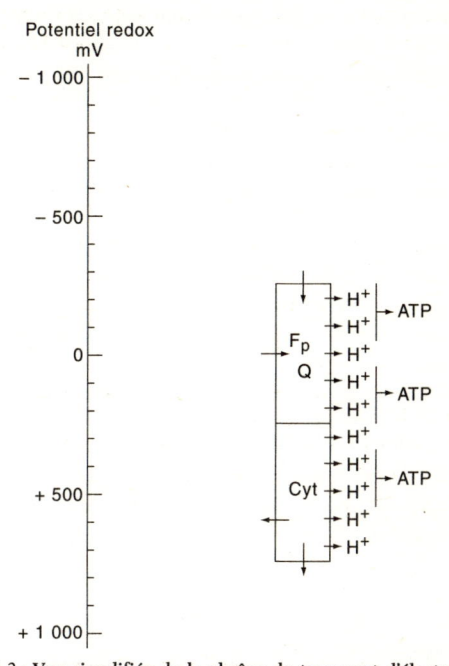

Figure 11-2 : **Vue simplifiée de la chaîne de transport d'électrons universelle** (comparez avec la Figure 5-1). La chaîne contient jusqu'à quinze transporteurs d'électrons insérés dans une membrane et organisés en ordre décroissant de niveau d'énergie (croissant de potentiel redox). La chaîne est divisée schématiquement en deux régions d'énergie, une région supérieure (potentiel redox inférieur), occupée en grande partie par des flavoprotéines (Fp) et des transporteurs quinoniques (Q), et une région inférieure (potentiel redox supérieur), occupée surtout par des cytochromes (Cyt), qui sont des transporteurs de nature hémoprotéique. La nature et le nombre de transporteurs varient selon l'organisme concerné mais restent conformes, fondamentalement, au schéma de la figure. Ne sont pas représentés des transporteurs supplémentaires, tels que des protéines fer-soufre et des ions métalliques (cuivre). Les électrons (flèches) entrent en haut de la chaîne et sortent du bas, en générant au passage un potentiel de protons qui, à son tour, supporte l'assemblage d'ATP (jusqu'à trois molécules d'ATP par paire d'électrons).

On peut trouver, associées en série dans une membrane, jusqu'à trois pompes à protons actionnées par des électrons, organisées physiquement en ordre croissant de potentiel redox (décroissant de niveau d'énergie) et reliées par des transporteurs intercalés d'une manière telle que les électrons passent facilement d'une pompe à sa voisine. De telles « chaînes de transport d'électrons », comme on les appelle, sont reliées à l'extérieur par des portes d'entrée pour des électrons riches en énergie et des portes de sortie pour les électrons appauvris en énergie (voir Figure 11-2).

Les chaînes de transport d'électrons les plus élaborées se rencontrent dans certaines bactéries aérobies et dans les mitochondries des cellules eucaryotiques, qui descendent de telles bactéries (voir chapitre XVII). Ces chaînes contiennent une quinzaine de transporteurs appartenant essentiellement à quatre familles distinctes. Il y a d'abord les protéines fer-soufre qui, comme leur nom l'indique, sont des protéines contenant un ou plusieurs ions de fer nichés au sein d'un groupe d'atomes de soufre fournis par des résidus cystéines de la protéine et par des ions sulfures. Caractérisées par une grande variété de potentiels redox, ces molécules fonctionnent par oscillation de leurs ions fer entre les états ferreux (Fe^{++}) et ferrique (Fe^{+++}).

Une deuxième classe de transporteurs comprend les flavoprotéines qui ont comme groupement prosthétique un dérivé nucléotidique de la riboflavine, ou vitamine B_2, une substance azotée jaune (*flavus* en latin), qui agit comme transporteur d'hydrogène. Les flavoprotéines occupent habituellement le niveau supérieur d'énergie (inférieur de potentiel redox) des chaînes de transport d'électrons.

On trouve à peu près au même niveau d'énergie un transporteur liposoluble, appelé « coenzyme Q », ou « ubiquinone », qui consiste en un dérivé quinonique lié à une longue chaîne isoprénoïde (voir chapitre X). Cette molécule alterne entre les formes hydroquinone (réduite) et quinone (oxydée) :

$$\text{hydroquinone} \rightleftharpoons \text{quinone} + 2(-) + 2H^+ \qquad (1)$$

Le niveau inférieur d'énergie des chaînes de transport d'électrons est occupé par des cytochromes, qui appartiennent au vaste groupe des hémoprotéines. Ce sont des protéines colorées, de teinte allant du rose au brun, parfois verte, qui contiennent un hème comme groupement actif. Les hèmes sont des dérivés du noyau porphyrine, une molécule polycyclique plate, avec un « trou » central entouré de quatre atomes d'azote. Ce trou est occupé dans les hèmes par un ion fer qui sert de transporteur d'électrons en alternant entre les états ferreux et ferrique. D'autres hémoprotéines comprennent les hémoglobines, transporteuses d'oxygène, où le fer se trouve en permanence à l'état ferreux, et diverses peroxydases et catalases, enzymes utilisatrices d'eau oxygénée, où le fer reste à l'état ferrique. D'autres métaux en plus du fer, en particulier le cuivre, participent souvent au flux d'électrons.

Le même type de chaîne, mais faite avec des espèces moléculaires différentes et souvent plus ou moins tronquée, se retrouve dans nombre de bactéries aérobies et anaérobies, ainsi que dans tous les organismes phototrophes. Chez ces derniers, les chaînes de transport d'électrons sont invariablement associées à des photosystèmes qui agissent en « ascenseurs d'électrons » (voir ci-dessous). Au centre des photosystèmes se trouvent les molécules vertes de chlorophylle, dérivées, comme les hèmes, du noyau porphyrine, mais avec le trou central occupé par du magnésium à la place du fer, et avec, en appendice, une queue isoprénoïde qui sert d'ancrage liposoluble. Dans les photosystèmes, les chlorophylles sont habituellement associées à d'autres molécules pigmentées photoréceptrices, en particulier les caroténoïdes oranges, des parents de la vitamine A, membres avec tant d'autres de la famille polyvalente des isoprénoïdes.

La pompe à protons activée par l'ATP est un moteur rotatoire remarquable constitué d'un certain nombre de sous-unités protéiques, formant un « stator » fixe enrobé dans la membrane, et d'un « rotor » central actionné par des protons et entraînant un site catalytique assembleur d'ATP. Cette « turbine » est réversible, le sens de rotation étant lié, avec celui du transfert de protons, à la valeur du potentiel de protons. Si, comme c'est généralement le cas, ce potentiel excède la valeur requise pour l'assemblage d'ATP, la pompe fait de l'ATP, tandis que les protons qui l'actionnent retournent de l'autre côté de la membrane pour être réactivés par la chute d'électrons. Dans le cas contraire, la scission d'ATP domine, forçant les électrons à remonter la pente. On verra la signification de ce phénomène pour la chimiotrophie.

Fonctions métaboliques du transfert d'électrons protonmoteur

Chez les organismes hétérotrophes (voir Figure 11-3), les électrons qui alimentent les chaînes de transport d'électrons sont soustraits par le métabolisme à des nutriments ou, en période de jeûne, à des substances de réserve, telles que la graisse ou le glycogène, et, si nécessaire, à des protéines et autres composés actifs propres de l'organisme. Les électrons métaboliques sont introduits le plus souvent dans la partie supérieure des chaînes par le NADH, un transporteur d'électrons soluble. Une entrée latérale, située au niveau flavoprotéines-coenzyme Q, admet les électrons produits par la création d'une double liaison –CH=CH– à partir d'une chaîne carbonée saturée –CH_2–CH_2–, présente en position α–β de certains dérivés acides. La déshydrogénation du succinate dans le cycle de Krebs et celle de certains intermédiaires acylés du coenzyme A dans la β-oxydation des acides gras sont des exemples typiques d'une telle réaction.

Dans la plupart des organismes, l'accepteur final d'électrons est l'oxygène moléculaire (avec formation d'eau). On donne souvent, pour cette raison, le nom de chaînes respiratoires aux chaînes de transport d'électrons. Lorsque le NADH est le donneur et l'oxygène l'accepteur, la capacité des chaînes est exploitée dans son entièreté : trois molécules d'ATP sont assemblées pour chaque paire d'électrons transférée. Chez un certain nombre de bactéries, l'oxygène est remplacé comme accepteur final d'électrons par une substance minérale, comme le sulfate ou le nitrate. Il peut s'ensuivre une diminution du rendement en ATP par paire d'électrons selon le potentiel redox de l'accepteur.

Les bactéries chimiotrophes (voir Figure 11-4) reçoivent toutes leurs électrons de donneurs minéraux et utilisent le plus souvent l'oxygène ou, parfois, une substance minérale, comme accepteur. À part un rendement en ATP par paire d'électrons transférés de donneur à accepteur souvent inférieur à celui des hétérotrophes, les chimiotrophes fonctionnent comme ces derniers, qu'ils imitent d'ailleurs quand ils sont forcés d'utili-

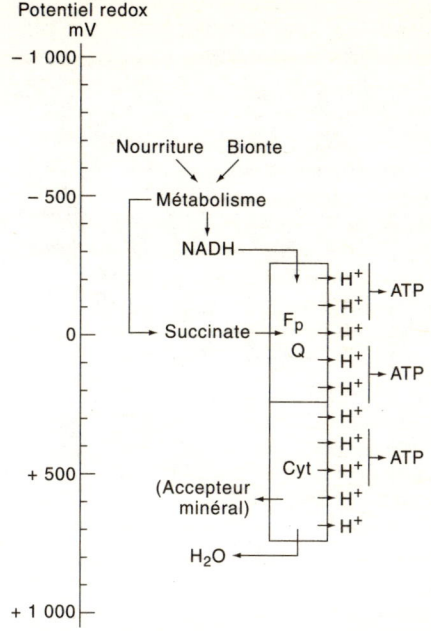

Figure 11-3 : **Flux d'électrons protonmoteur chez les hétérotrophes** (comparez avec la Figure 5-2). Des électrons à haute énergie, fournis par les aliments et, en période de jeûne, par des substances de réserve ou, au besoin, des composants cellulaires actifs (Bionte), sont canalisés par le métabolisme et introduits en majeure partie au sommet de la chaîne de transport d'électrons par l'intermédiaire du NADH. Une faible quantité d'électrons métaboliques entre dans la chaîne au niveau Fp-Q. L'oxydation du succinate en fumarate dans le cycle de Krebs et le processus comparable qui a lieu dans la β-oxydation des acides gras sont des réactions de ce genre. La principale sortie d'électrons de la chaîne conduit à l'oxygène moléculaire (non montré explicitement), qui est réduit en eau. Chez certains procaryotes, les électrons épuisés en énergie sont cédés à un accepteur minéral.

ser leurs réserves ou leur substance (non illustré dans la figure).

Une différence clé entre les deux groupes d'organismes, déjà mentionnée au chapitre IV, est que les chimiotrophes doivent synthétiser tous leurs constituants à partir de briques minérales simples et requièrent pour ce faire une grande quantité d'électrons riches en énergie. C'est ici qu'intervient la réversibilité des

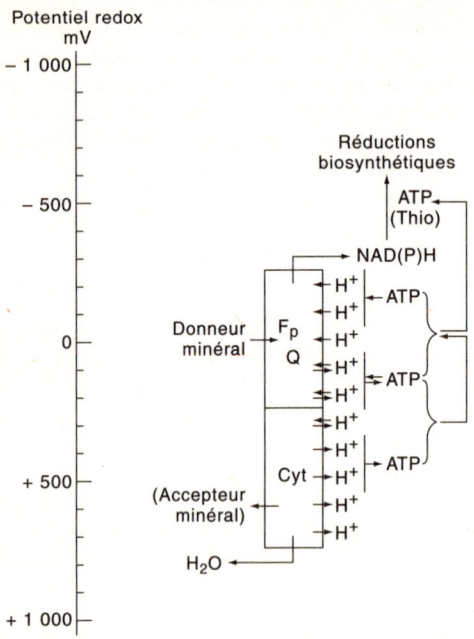

Figure 11-4 : **Flux d'électrons protonmoteur chez les chimiotrophes** (comparez avec la Figure 5-4). Les électrons sont fournis à un niveau d'énergie intermédiaire par un donneur minéral. Ils sont acceptés le plus souvent par l'oxygène, avec formation d'eau, ou, occasionnellement, par un accepteur minéral. La force protonmotrice générée dans la partie inférieure de la chaîne supporte, directement ou par l'intermédiaire d'ATP, un transfert inverse d'électrons (dans la direction d'énergie plus élevée) dans la partie supérieure de la chaîne. Ces électrons aboutissent au NADH ou au NADPH, qui, à son tour, alimente les réductions biosynthétiques à l'aide d'ATP produit par la chaîne et agissant par l'intermédiaire de thioesters (voir chapitre VI).

pompes à protons, à laquelle il a été fait allusion ci-dessus. Le potentiel de protons édifié dans la partie inférieure de la chaîne sert à inverser, directement ou par l'intermédiaire d'ATP, le flux d'électrons à travers la partie supérieure, permettant ainsi la réduction du NAD (ou du NADP) à l'aide d'électrons fournis par le donneur minéral à un niveau d'énergie plus bas. Ce phénomène est facilité par le fait que la pompe à protons activée par des électrons qui occupe le bas de la chaîne est considérablement plus puissante – couvre une différence de potentiel redox beaucoup plus grande – que les deux pompes supérieures, surtout lorsque l'oxygène est l'accepteur. En réalité, cette pompe ne peut pas être inversée au moyen d'ATP : les organismes aérobies, même amplement alimentés en énergie, sont incapables de produire de l'oxygène moléculaire à partir d'eau. Seuls des phototrophes ont ce pouvoir, comme on le verra.

On se rappellera à ce propos que les électrons fournis par le NAD(P)H ne peuvent pas être utilisés tels quels pour les réductions biosynthétiques ; ils ont besoin d'une énergisation supplémentaire. Cette étape est également supportée par l'ATP, mais au moyen de thioesters, comme on l'a mentionné précédemment (p. 78).

La situation rencontrée chez les bactéries phototrophes primitives est illustrée sur la Figure 11-5. La lumière absorbée par le photosystème I hisse des électrons de chlorophylle de leur niveau d'énergie de base à un niveau de quelque 1 500 mV plus élevé (de potentiel redox plus bas), d'où les électrons tombent vers un transporteur fer-soufre dénommé « ferrédoxine ». Deux voies s'ouvrent aux électrons cédés par cette dernière. L'une mène à une chaîne de transport d'électrons phosphorylante tronquée d'où les électrons retournent à la chlorophylle au niveau de base, prêts à recommencer le même cycle. Les électrons qui suivent cette voie peuvent ainsi circuler indéfiniment, sans la participation d'un quelconque donneur ou accepteur exogène, en permettant l'assemblage d'ATP à l'aide d'énergie lumineuse (photophosphorylation cyclique).

La seconde voie qui s'ouvre aux électrons dévie ceux-ci de la ferrédoxine vers le NAD(P)H pour supporter les réductions biosynthétiques, qui ont lieu, comme chez les chimiotrophes, à l'aide d'une étape d'énergisation alimentée par l'ATP par l'intermédiaire de thioesters. Les électrons ainsi utilisés sont remplacés aux dépens d'un donneur minéral exogène. Fait surprenant, il ne semble exister aucun système par lequel les électrons activés par la lumière puissent être utilisés directement pour les réductions biosynthétiques en dépit d'un niveau d'énergie amplement suffisant à cet effet. Comme le montre la Figure 11-5, les électrons chutent improductivement au niveau du NAD(P)H, pour être subséquemment remontés à un niveau d'énergie plus élevé à l'aide d'ATP.

Les cyanobactéries, en même temps que tous les phototrophes eucaryotiques, dont les chloroplastes descendent de cyanobactéries

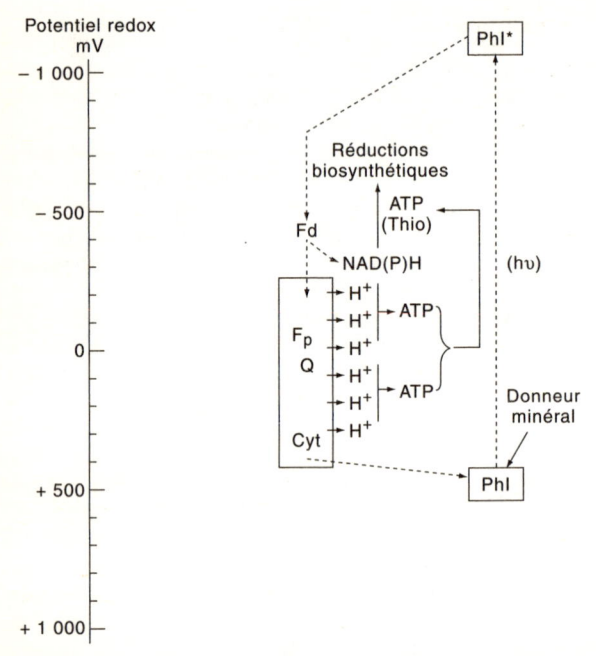

Figure 11-5 : **Flux d'électrons protonmoteur chez les phototrophes primitifs** (comparez avec la Figure 5-5). Les bactéries photosynthétiques primitives possèdent uniquement le photosystème I. Dans ce système, les électrons sont élevés à l'aide d'énergie lumineuse (hυ) du niveau de base (PhI) au niveau excité (PhI*), d'où ils tombent dans une chaîne de transport protonmotrice par la voie d'une protéine fer-soufre particulière appelée « ferrédoxine » (Fd). À leur sortie de cette chaîne, après avoir supporté l'assemblage d'ATP, les électrons retournent au photosystème au niveau de base, prêts à participer à un nouveau cycle (photophosphorylation cyclique). Les électrons utilisés pour les réductions biosynthétiques sont déviés de la ferrédoxine vers le NADH ou le NADPH, d'où ils sont élevés au niveau d'énergie requis à l'aide d'ATP produit par la chaîne et agissant par l'intermédiaire de thioesters, comme chez les chimiotrophes. Ces électrons sont remplacés aux dépens d'un donneur minéral qui les intoduit dans le photosystème au niveau de base. On remarque qu'une part importante de l'énergie de la lumière absorbée n'est pas utilisée d'une manière productive.

FORCE PROTONMOTRICE – XI

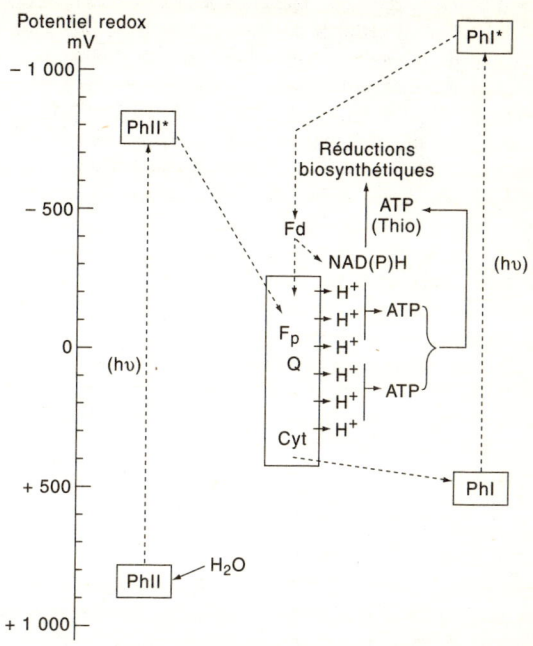

Figure 11-6 : **Flux d'électrons protonmoteur chez les phototrophes supérieurs** (comparez avec la Figure 11-5). Les cyanobactéries et les chloroplastes, les organites photosynthétiques, dérivés de cyanobactéries, des phototrophes eucaryotiques (voir chapitre XVII), possèdent le photosystème I, au même titre que leurs homologues plus primitifs, et s'en servent essentiellement de la même manière (voir Figure 11-5), à l'exception d'une différence majeure : les électrons utilisés pour les réductions biosynthétiques ne sont pas fournis par un donneur minéral, mais bien par de l'eau grâce à un second photosystème. Les électrons de l'eau sont introduits (avec dégagement d'oxygène moléculaire, non montré) dans le photosystème II (PhII) au niveau de base, à l'aide d'un complexe catalytique hautement spécialisé faisant intervenir des ions manganèse. Après activation par la lumière, ces électrons sont transférés du photosystème II excité (PhII*) au niveau de base du photosystème I (PhI), par un trajet qui passe par la chaîne de transport d'électrons protonmotrice et permet l'assemblage couplé d'ATP (photophosphorylation non cyclique). On remarque qu'une fois encore une part importante de l'énergie de la lumière absorbée n'est pas utilisée d'une manière productive.

ancestrales (voir chapitre XVII), possèdent le même photosystème I et les mêmes systèmes associés de réductions biosynthétiques que les phototrophes primitifs. Toutefois, les électrons utilisés pour les réductions biosynthétiques de ces organismes ne proviennent pas d'un donneur minéral, mais bien d'*eau*, avec dégagement d'oxygène moléculaire. Ce fait remarquable est dû à un second photosystème, descendant évolutif du premier. Comme le montre la Figure 11-6, le photosystème II, lorsqu'il est excité par la lumière, élève les électrons d'une dénivellation de 1 500 mV, tout comme le photosystème I, mais il les accepte plus bas, sous le niveau d'énergie (au-dessus du potentiel redox) du couple eau/oxygène qui sert de donneur. Une enzyme complexe contenant du manganèse catalyse cette réaction cruciale, qui est responsable, à elle seule, de l'apparition et du maintien de tout l'oxygène de l'atmosphère terrestre (voir chapitre XVI).

Après activation par la lumière, les électrons provenant de l'eau passent du photosystème II à la partie inférieure du photosystème I par l'intermédiaire de la chaîne de transport d'électrons, où ils supportent l'assemblage d'ATP avant d'être réactivés photochimiquement pour servir aux réductions biosynthétiques (voir Figure 11-6). Ainsi, chez les phototrophes supérieurs, tous les électrons utilisés pour les réductions biosynthétiques viennent de l'eau et suivent une voie qui inclut l'assemblage couplé d'ATP par ce que l'on appelle la « photophosphorylation non cyclique ». Tout besoin supplémentaire en ATP est couvert par photophosphorylation cyclique entretenue par le photosystème I.

L'image composite de la Figure 11-7 offre une vision globale du flux d'électrons dans la biosphère. On note l'immense importance du carrefour eau/oxygène. Il connecte la vie aérobie à la phototrophie oxygénique et règle le niveau de l'oxygène atmosphérique par la balance entre ces deux processus. Comme on le mentionnera au chapitre XVI, cette balance a subi des variations dans le passé et pourrait en subir de nouvelles à l'avenir. En plus de ces phénomènes centrés sur l'oxygène, les organismes vivants modifient l'état redox de leur environnement par les échanges d'électrons qu'ils provoquent dans le domaine minéral. Les composés du soufre, du fer et de l'azote sont particulièrement affectés par ces phénomènes.

Les généralisations ci-dessus souffrent quelques exceptions. Il arrive occasionnellement que l'ATP soit contourné dans l'exploitation énergétique des flux d'électrons. On a déjà men-

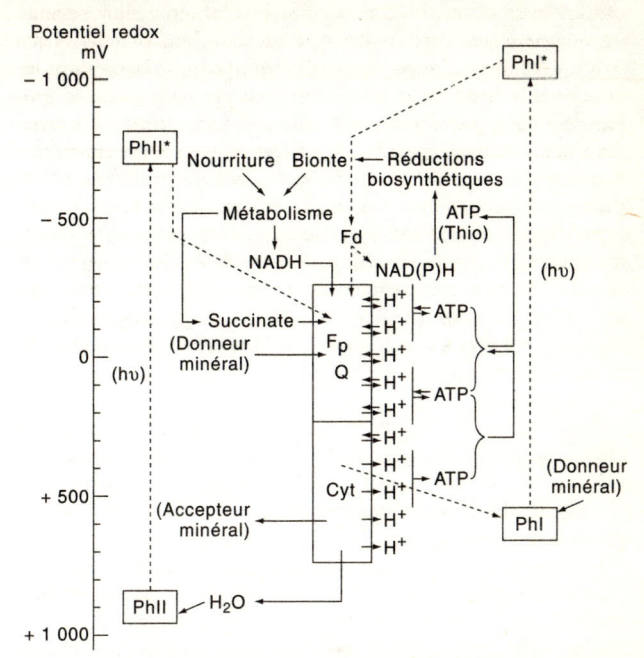

Figure 11-7 : **Flux d'électrons protonmoteur dans la biosphère.** La figure, qui combine les Figures 11-3 à 11-6, illustre aussi la manière dont les autotrophes privés de leur source d'énergie peuvent survivre en utilisant leurs réserves ou leur substance propre (Bionte) selon le mode hétérotrophe (Figure 11-3).

tionné plus haut comment la force protonmotrice engendrée dans une partie d'une chaîne de transport d'électrons peut supporter un flux inverse d'électrons dans une autre partie sans la médiation d'ATP. Un autre exemple remarquable est le flagelle bactérien, un bâtonnet hélicoïdal rotatif actionné par une « turbine » moléculaire opérant par force protonmotrice. La relation qui pourrait exister entre cette machinerie et la pompe à protons rotatoire assembleuse d'ATP soulève une question fascinante.

Dans de très rares cas, les électrons sont contournés. C'est ce qui se produit chez les halobactéries, un groupe particulier d'organismes phototrophes qui prolifèrent dans la saumure saturée et se distinguent par la particularité unique de ne pas utiliser la chlorophylle comme molécule photoréceptrice, mais un pigment pourpre nommé « bactériorhodopsine ». Cette substance, qui est apparentée chimiquement à la rhodopsine, le pigment visuel de la rétine, est une protéine associée à un caroténoïde qui sert à capter la lumière. La bactériorhodopsine est insérée dans la membrane périphérique des halobactéries. Après excitation par la lumière, la molécule retombe au niveau de base en utilisant l'énergie pour refouler des protons à travers la membrane, avec génération de force protonmotrice. Celle-ci, à son tour, permet l'assemblage d'ATP. Ce photosystème remarquable est vraisemblablement né indépendamment de celui qui dépend de la chlorophylle. Il n'a jamais supplanté ce dernier mais a peut-être survécu dans les machineries visuelles des animaux.

Origine de la force protonmotrice

Comment des systèmes aussi élaborés que ceux qui accomplissent le couplage par force protonmotrice ont-ils pu voir le jour ? En dehors du « dessein intelligent », la sélection est seule à pouvoir rendre compte d'un développement aussi remarquable. Si l'on accepte cette hypothèse, on est amené à se demander quelles circonstances auraient bien pu favoriser l'apparition d'arrangements moléculaires aussi complexes que ceux requis par même les plus primitifs parmi les systèmes de couplage fondés sur la force protonmotrice.

Comme je l'ai suggéré dans un ouvrage précédent (de Duve, 1990), l'adaptation à un milieu acide se présente comme une explication séduisante. L'acidité est une fonction de la concentration en protons (habituellement exprimée par le logarithme décimal de l'inverse de cette concentration, ou pH). Plus la concentration en protons est élevée, donc plus le pH est bas, plus l'acidité est forte. L'intérieur des cellules a un degré d'acidité proche de la neutralité, équivalant à une concentration en protons de 10^{-7} ion-gramme par litre (pH 7). Les systèmes intracellulaires sont adaptés à cette valeur. Si des protocellules semblablement adaptées avaient été exposées à une acidité extérieure croissante (une diminution du pH extérieur), elles auraient sans doute gagné un avantage sélectif considérable de pouvoir conserver leur pH interne constant en expulsant des protons. Un tel processus aurait exigé environ

2,4 kcal, ou 10 kJ, par proton-équivalent transféré dans des conditions physiologiques, par unité de différence entre les pH interne et externe.

Théoriquement, un tel mécanisme de défense contre une acidité croissante aurait pu être acquis de deux manières différentes, selon que l'énergie nécessaire était fournie par l'hydrolyse d'ATP ou par un transfert d'électrons le long d'une dénivellation d'énergie. Nous avons vu (p. 41) que la scission d'ATP dégage environ 14 kcal, ou 59 kJ, par molécule-gramme dans des conditions physiologiques. Si l'on divise ces valeurs par celles citées ci-dessus, on trouve qu'une pompe entraînée par l'ATP pourrait maintenir constante la concentration intérieure en protons contre une concentration extérieure près de un million de fois supérieure, c'est-à-dire contre un pH externe de près de six unités inférieur au pH interne. Des protocellules possédant une telle pompe et disposant d'une source d'énergie susceptible d'assurer leur approvisionnement en ATP auraient été capables de maintenir un pH interne d'environ 7 – la valeur physiologique pour les cellules actuelles – dans un milieu de pH proche de l'unité, c'est-à-dire ayant une concentration en protons voisine de celle d'une solution 0,1 molaire d'acide chlorhydrique, proche de la limite tolérée par des procaryotes acidophiles (voir chapitre XIV). Le même résultat aurait été obtenu avec une pompe actionnée par des électrons traversant une différence de potentiel redox de 600 ou 300 mV, selon que leur transfert eut lieu isolément ou par paires (voir p. 58).

Il est tentant de supposer que ces deux types de pompes furent développés séparément, sous le contrôle de la sélection naturelle, par deux lignées protocellulaires distinctes menacées toutes deux par une acidité extérieure croissante. Il aurait suffi que les deux systèmes en soient venus à se joindre dans une population protocellulaire unique, par transfert de gènes latéral ou par fusion protocellulaire, pour que naisse la force protonmotrice. Désormais, l'une des deux pompes pouvait, dans des conditions appropriées, forcer l'autre à fonctionner à l'envers. Bien entendu, le même résultat aurait été obtenu si les deux pompes étaient nées d'emblée dans les mêmes protocellules. Il est cependant plus difficile de voir comment la sélection naturelle aurait pu favoriser le développement des deux systèmes côte à côte, à moins que leur couplage ne se fût avéré bénéfique dès le début.

Qu'il se soit produit ainsi ou autrement, le développement de systèmes protonmoteurs représente une des singularités les plus importantes dans l'origine de la vie. Il a inauguré les mécanismes fondamentaux de phosphorylation au niveau de transporteurs qui sous-tendent la respiration, y compris la forme anaérobie qui utilise des accepteurs d'électrons autres que l'oxygène, et la photosynthèse.

CHAPITRE XII

Retour au protométabolisme

L'exposé des débuts de la vie offert dans les chapitres précédents appartient nécessairement au domaine de l'hypothèse. À part quelques bribes d'information tirées d'objets extraterrestres et d'expériences de simulation en laboratoire, toutes les étapes de la reconstitution esquissée sont déduites par raisonnement et par conjecture informée de ce que l'on sait de la vie aujourd'hui. En dépit de la faiblesse de cette approche, il peut être utile de jeter un regard en arrière sur l'historique proposé et de discerner certaines notions clés susceptibles d'une signification plus générale, applicable à n'importe quel scénario.

Vue d'ensemble

La Figure 12-1 montre une vue schématique du développement précoce de la vie tel qu'il a été imaginé. On y distingue trois grandes étapes. En premier lieu, il y a la *chimie abiotique*, terme utilisé pour désigner les mécanismes qui ont donné naissance aux matières premières de la vie. Celles-ci comprennent, d'une part, les briques organiques fabriquées par la chimie cosmique (censée inclure certaines réactions terrestres éventuelles, comme celles qu'ont étudiées Miller et ses successeurs) et, de l'autre, les composants énergétiques, pyrophosphates et thioesters, dont la synthèse est attribuée à la chimie volcanique (avec l'apport de la chimie cosmique pour les thioesters).

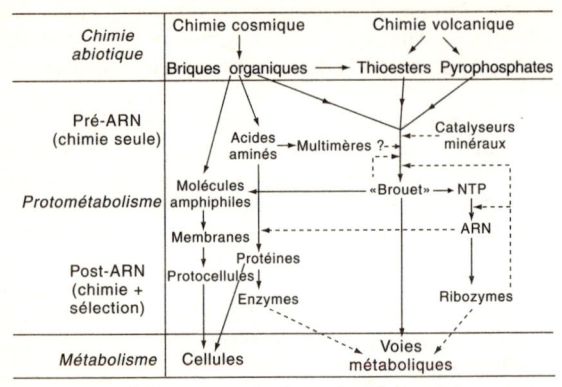

Figure 12-1 : **Survol du protométabolisme.** Les flèches pleines représentent des processus chimiques ; les flèches pointillées indiquent des influences catalytiques. Pour les détails, voir texte.

La deuxième étape est le *protométabolisme*, nom donné à l'ensemble des processus qui ont mené de la chimie abiotique à la troisième étape, ou *métabolisme*, défini comme le premier ensemble de réactions catalysées par des enzymes protéiques (et, peut-être, des ribozymes), préfigurant le métabolisme actuel et comprenant peut-être déjà certains systèmes centraux, tels que la chaîne glycolytique et le cycle de Krebs.

L'apparition de l'ARN est représentée comme un événement charnière qui divise le protométabolisme en un stade *pré-ARN*, dominé exclusivement par la chimie, et un stade *post-ARN*, où la sélection s'ajoute à la chimie. La caractéristique du premier stade, tel qu'il est imaginé, est de produire, à l'aide de catalyseurs minéraux et, peut-être, de « multimères » et d'intermédiaires protométaboliques à propriétés catalytiques (autocatalyse), une collection hétérogène de molécules de toutes sortes (« brouet »), parmi lesquelles les quatre précurseurs NTP de l'ARN occupent une situation qui n'aurait sans doute pas attiré l'attention d'un observateur impartial à l'époque, mais qui nous apparaît rétrospectivement comme cruciale. Ces NTP, en se combinant en ARN, auraient inauguré la réplication avec, comme corollaire, la possibilité de sélection, introduisant ainsi le stade post-ARN du protométabolisme (« monde de l'ARN »). En même temps ou plus tôt, des molécules amphiphiles, produites par la chimie cosmique, par le protométabolisme ou par les deux, se seraient assemblées pour former les premières membranes, avec comme conséquence la ségrégation des principaux systèmes protométaboliques au sein de protocellules capables de croissance et de division.

La conséquence la plus importante de l'apparition de l'ARN fut le développement de la synthèse protéique, processus qui a connu une histoire évolutive longue et complexe au cours de laquelle certains acides aminés furent recrutés, diverses molécules d'ARN furent progressivement sélectionnées pour devenir les proto-ARNt, proto-ARNm et proto-ARNr, le code génétique acquit lentement sa structure actuelle et les protéines augmentèrent graduellement de longueur, au fur et à mesure que les gènes d'ARN devenaient eux-mêmes plus longs grâce à l'apparition de catalyseurs de réplication plus précis. Ainsi seraient nées les enzymes protéiques qui tracèrent les premières voies métaboliques. Quant aux ARN, ils ont joué un rôle essentiel dans cette évolution, notamment comme catalyseurs de la synthèse protéique et, peut-être, de certains remaniements d'ARN, peut-être aussi en tant que ribozymes impliqués dans certaines réactions protométaboliques ou métaboliques. On notera, en particulier, l'hypercycle autoperfectionnant par lequel ARN et enzymes protéiques (éventuellement ribozymes) de réplication se soutiennent mutuellement pour permettre la formation de molécules d'ARN et de protéines de plus en plus longues.

La partie la plus problématique de cette représentation est le stade pré-ARN du protométabolisme. Que des réactions du type présumé aient dû se produire paraît presque obligatoire, mais les mécanismes en cause sont totalement inconnus et largement ouverts à la spéculation, comme le montre abondamment la littérature concernant l'origine de la vie. Le stade post-ARN, par contre, est perçu avec plus de confiance sur la base de nos connaissances, bien que les mécanismes en cause soient tout aussi hypothétiques et dénués de soutien expérimental. Tout en gardant à l'esprit ces incertitudes, essayons de voir quelles leçons plus générales on peut tirer du scénario proposé.

La domination de la chimie

Étant donné la prémisse incontournable qu'il ne peut y avoir eu ni ribozymes ni enzymes protéiques avant l'apparition de l'ARN, la chimie précoce doit, au strict minimum, avoir fourni les moyens, et l'environnement les conditions, pour la construction d'AMP, de GMP, de CMP et d'UMP, pour l'activation de ces molécules et pour leur assemblage en polynucléotides[1]. Chimie et environnement doivent, en outre, avoir procuré de quoi créer des protocellules entourées par une membrane, condition essentielle, comme on l'a vu, des phénomènes de sélection qui eurent lieu à ce stade précoce.

Si l'on en juge par les résultats de cinquante ans de recherche vigoureuse et inventive, on a l'impression que la chimie cosmique et les réactions prébiotiques du type que les chercheurs ont essayé de reproduire expérimentalement ne peuvent pas, par elles-mêmes, avoir fourni plus que les briques de base des assemblages requis. Même à ce niveau, nombre de voies synthétiques restent problématiques. Jusqu'à présent, la plupart des étapes menant vers une plus grande complexité sont totalement inconnues. Ma tentative de réponse à cette énigme se résume en trois mots : congruence, catalyse et profusion.

La *congruence*, c'est-à-dire que le protométabolisme a dû, dans une certaine mesure, préfigurer les voies métaboliques actuelles, repose, comme on l'a montré au chapitre III, sur la considération que la chimie précoce a dû servir de crible pour la sélection des premiers enzymes et ribozymes, de sorte que seules étaient retenues les activités catalytiques qui s'inséraient dans la chimie existante. L'argument est de poids pour ce qui est des premières activités sélectionnées. Il est affaibli par la possibilité que des activités catalytiques nouvelles ont pu apparaître à un stade plus tardif et se substituer aux anciennes dans une plus ou moins grande mesure. Cela étant, les nouvelles activités doivent, elles aussi, avoir été sujettes à sélection, de sorte que l'on peut raisonnablement postuler une filiation continue du protométabolisme au métabolisme. L'argumentation est certes suffisamment solide pour justifier que l'on utilise la notion de congruence pour projeter des expériences (de Duve, 2003).

La vision du protométabolisme proposée dans le présent ouvrage est fondée sur la notion de congruence. Elle postule, en particulier, que l'ARN fut le premier porteur d'information réplicable et qu'il est né, comme cela se passe aujourd'hui, à partir d'ATP, de GTP, de CTP et d'UTP, et non d'une autre manière.

---

[1]. J'admets ici, comme hypothèse la plus probable, que les premiers ARN sont nés des mêmes précurseurs que les ARN actuels. Congruence et économie plaident en ce sens.

Les molécules de NTP elles-mêmes, qui ne peuvent évidemment pas être nées « dans le but » de faire de l'ARN, sont envisagées comme étant, en même temps que les nombreux autres composants d'un « brouet » primitif, les produits d'événements chimiques spontanés, dans lesquels certaines de leurs fonctions actuelles, par exemple dans des transferts de groupes, auraient déjà été préfigurées. Un autre fruit de cette activité a pu être des molécules amphiphiles capables de s'assembler en bicouches. Quant à l'énergie nécessaire à ces réactions, on l'imagine, en accord, une fois de plus, avec la notion de congruence, comme fournie par des pyrophosphates et par des transferts d'électrons primitifs, impliquant peut-être des thioesters.

De telles suggestions défieraient toute crédibilité si elles n'étaient liées à l'hypothèse d'une participation de certains *catalyseurs* ressemblant à des enzymes. Le besoin de catalyse dans la chimie précoce de la vie est généralement reconnu. Un aspect original de la proposition que je présente est que des peptides et d'autres multimères aient pu accomplir des fonctions catalytiques clés dans le protométabolisme, en conjonction avec des éléments métalliques et, peut-être, certaines molécules organiques anticipant les coenzymes d'aujourd'hui. La facilité avec laquelle les multimères présumés auraient pu se former et le fait qu'ils ont le plus de chance de reproduire, ne fût-ce que d'une façon rudimentaire, les activités exercées par des molécules protéiques, sont deux arguments à l'appui de cette hypothèse. Elle a l'avantage de se prêter à un test expérimental (de Duve, 2003).

Enfin, la *profusion*, incarnée dans le terme « brouet », est une notion imposée par le peu de spécificité que l'on doit attendre des réactions protométaboliques. La simple chimie et la catalyse primitive ne peuvent, ensemble, avoir atteint le degré de spécificité exquise que manifestent les réactions enzymatiques aujourd'hui. D'où la probabilité que le protométabolisme opérait dans un « brouet » complexe qui ne fut clarifié que plus tard par sélection. Ainsi, les enzymes ne furent pas simplement sélectionnées selon leur pouvoir de s'insérer dans le protométabolisme (congruence) ; elles servirent aussi à sélectionner celles des voies protométaboliques qui finiront par être reprises par le métabolisme.

On ne peut suffisamment souligner que tous les événements conjecturés étaient des produits exclusifs de la chimie, c'est-à-dire de manifestations reproductibles, *déterministes*, entièrement dépendantes des conditions physiques et chimiques existantes. La sélection n'a pu commencer qu'après l'apparition des premières molécules réplicables, et son influence a dû être graduelle, de sorte que le protométabolisme a continué à fonctionner pendant très longtemps, ne cédant que lentement et progressivement au genre de chimie ordonnée et compacte qui caractérise un métabolisme catalysé par des enzymes.

Contemplant l'image proposée du protométabolisme avec les yeux d'un chimiste, on doit reconnaître que même sa forme la plus minimaliste est suffisamment complexe, en raison de ses inévitables nécessités – ARN et membranes –, pour en ébranler sérieusement la vraisemblance chimique. Les défenseurs du dessein intelligent n'ont pas manqué de souligner ce fait. Invoquer une main invisible n'est cependant pas une solution scientifique. L'appel à la catalyse paraît plus rationnel. À ce titre, l'hypothèse des multimères mérite des recherches plus approfondies (de Duve, 2003), d'autant que les substances postulées sont des produits d'une chimie simple qui aurait même pu, comme on l'a vu au chapitre III, avoir lieu dans l'espace.

Le pouvoir de la sélection

À de nombreuses reprises, dans l'historique que j'ai proposé du début de la vie, la sélection s'est affirmée comme un facteur décisif. Introduit avec les toutes premières molécules réplicables d'ARN, ce processus apparaît comme ayant façonné chaque étape majeure du protométabolisme post-ARN. Un aspect particulièrement important de l'image reconstituée est la probabilité qu'à chaque étape les systèmes en cours d'évolution aient eu le loisir d'explorer l'éventail des options offertes d'une manière étendue, sinon exhaustive, avec, comme résultat, l'*optimisation* ou un état s'en approchant. C'est là une situation extrêmement puissante ; elle réduit le rôle du hasard à fournir assez d'occasions pour que la possibilité la plus avantageuse dans les conditions existantes émerge presque obligatoirement. C'est la situation décrite dans l'Introduction comme « goulet sélectif ».

Le développement de la synthèse protéique et l'optimisation du code génétique sont des exemples particulièrement impressionnants de ce mécanisme. Un autre en est l'apparition progressive des enzymes qui a tracé la transition depuis le « brouet » sale du protométabolisme jusqu'aux voies nettoyées de réactions latérales et de substances étrangères de rebut qui composent le métabolisme. Le mécanisme proposé pour l'allongement des protéines offre une autre illustration parlante de la puissance de la sélection, en montrant comment la vie émergente a pu atteindre la place infinitésimalement minuscule qu'elle occupe dans l'espace des séquences protéiques par une succession d'étapes optimisantes. Il importe de noter que ce n'est qu'à ce stade que le « nettoyage » du « brouet » a pu graduellement être accompli. Ce n'est qu'au moment où les molécules d'enzymes commencèrent à devenir progressivement plus longues et, dès lors, gagnèrent en spécificité et en efficacité que certaines réactions primitives ont pu être remplacées par leurs contreparties plus efficientes, catalysées par des enzymes, tandis que les autres devenaient de plus en plus insignifiantes. Tout cela implique un degré remarquable de robustesse et de souplesse de la part du protométabolisme qui a dû soutenir la vie naissante durant les nombreuses longues périodes de sélection qui ont jalonné l'émergence du métabolisme.

Le berceau de la vie

La vie n'a laissé aucun indice du lieu de sa naissance. On ne sait même pas si elle est née sur Terre ou ailleurs. On peut, cependant, tenter de déduire certaines des propriétés physico-chimiques du berceau de la vie à partir des exigences du protométabolisme, telles qu'on les soupçonne.

L'eau était évidemment requise, comme l'étaient les briques organiques de base fournies plus que probablement par la chimie cosmique et, peut-être, dans une certaine mesure, par la chimie atmosphérique. Des surfaces immenses de notre jeune planète (ou de quelque autre site) auraient pu satisfaire à ces conditions. On doit se demander ensuite si la lumière fut nécessaire, ce qui limiterait le berceau de la vie à des eaux de surface. Pour des raisons déjà brièvement mentionnées précédemment, en particulier le caractère intermittent de la lumière solaire, une origine photochimique de la vie paraît improbable. Donc, n'importe où dans l'eau pourrait convenir. Mais peut-être pas dans n'importe quelles eaux. Il est possible, comme le suggère un travail récent (Monnard *et al.*, 2004), que la concentration en sels ait pu jouer un rôle critique.

Une question plus pénétrante est de savoir si la vie est née dans l'eau liquide (la « soupe » primitive) ou à la surface de roches submergées, comme l'a conjecturé Wächtershäuser (1998). Aucun indice ne plaide en faveur de l'une ou de l'autre possibilité. Mais on doit garder à l'esprit la nécessité d'une encapsulation précoce. Il faut donc un site où des molécules amphiphiles ont des chances de pouvoir s'assembler en vésicules. L'étalement sur une surface aurait pu favoriser un tel processus (Wächtershäuser, 1998). L'agitation vigoureuse, par des vagues ou des jets, serait une autre possibilité.

Un facteur qui pourrait limiter d'une manière drastique le nombre de sites susceptibles de donner naissance à la vie est le besoin, presque indispensable selon notre analyse, de pyrophosphates et, sans doute aussi, d'hydrogène sulfuré dans un contexte favorable à la formation de thiols et de thioesters à partir de molécules organiques. Cette condition demande presque obligatoirement un milieu volcanique (voir Figure 12-1). Un tel environnement, préconisé par d'autres chercheurs (Washington, 2000), pourrait avoir fourni aussi certains ions métalliques nécessaires, ainsi que des participants potentiels à des transferts d'électrons critiques.

En mettant ensemble tous ces éléments, on trouve que des sources volcaniques et, plus particulièrement, des *jaillissements hydrothermaux abyssaux* répondent de plus près à la description que la vie aujourd'hui paraît nous livrer de son berceau. Découvertes dans les années 1970, les formations en cause sont créées par des fissures au fond des océans qui recrachent les eaux d'infiltration sous forme de jets sombres, pressurisés, surchauffés, sulfureux et chargés de métaux, ou « fumeurs noirs ». La possibilité que ces formations remarquables, dont on a trouvé qu'elles hébergent une collection bizarre de micro-organismes et même d'animaux, aient pu engendrer la vie a fait l'objet de nombreuses spéculations. On s'est, notamment, beaucoup intéressé à un mécanisme où la chaleur favoriserait la formation de substances improbables qui seraient subséquemment stabilisées par un refroidissement rapide. Cette hypothèse a inspiré de nombreuses expériences au groupe japonais de Koichiro Matsuno, qui a utilisé un réacteur de flux chaud-froid conçu dans le but de reproduire les conditions supposées. Nous avons déjà vu au chapitre III comment ce groupe a constaté la formation de peptides à partir d'acides aminés. Les chercheurs ont aussi observé l'oligomérisation de l'AMP, jusqu'au niveau de trinucléotides

(Ogasawara *et al.*, 2000)[2]. Détail intrigant, le milieu contenait une petite quantité de pyrophosphate dans les dernières expériences. Les auteurs n'expliquent pas ce choix. Ils ne font non plus aucun commentaire sur la participation possible du pyrophosphate dans les réactions observées. Selon leur théorie, la chaleur (110 °C) suffirait à fournir l'énergie pour la formation des associations qui auraient été protégées ensuite contre la dégradation par le refroidissement rapide. On peut se demander si cette explication est thermodynamiquement plausible. La liaison phosphodiester entre nucléotides est une liaison à énergie élevée, équivalente à la liaison pyrophosphate. On serait surpris qu'une telle barrière puisse être surmontée par une simple différence de température de quelque 100 °C.

Quelles que fussent les conditions, une exigence qu'elles ont dû satisfaire de toute façon est d'être restées *stables* durant tout le temps requis pour le soutien ininterrompu du protométabolisme. Cette durée est difficile à estimer. Comme je l'ai fait remarquer ailleurs (de Duve, 2002), la chimie pourrait, en elle-même, avoir été rapide. Mais ce qui pourrait avoir pris un temps considérable – jusqu'à plusieurs millénaires ou même plus – c'est la longue succession des événements de sélection qui se sont très probablement produits avant que le métabolisme catalysé par des enzymes ait pu prendre le relais et que les protocellules aient acquis suffisamment de robustesse pour résister aux perturbations environnementales. Il est concevable que des sources volcaniques abyssales puissent présenter la stabilité requise.

La probabilité de la vie

On a souvent donné de la vie l'image d'un phénomène hautement improbable, résultat d'une longue succession de coups de hasard imprévisibles, manifestation presque certainement unique dans tout l'Univers et qui aurait fort bien pu, n'était cette chance extraordinaire, ne jamais s'être produite du tout, n'importe où, n'importe quand. Cette conception, qui doit plus à l'émerveillement qu'à des arguments objectifs, a inspiré, à son

---
2. Ce groupe a récemment décrit la phosphorylation d'AMP en ADP et ATP dans un système similaire, avec du trimétaphosphate (une association cyclique de trois molécules de phosphate unies par des liaisons pyrophosphates) comme donneur de phosphoryle (Ozawa *et al.*, 2004).

tour, une variété d'appréciations philosophiques de la condition humaine, allant, fait remarquable, de l'absurdité totale à l'importance cosmique suprême, selon la signification que l'on accorde à la qualité d'unicité.

Rares sont les scientifiques qui croient encore à l'unicité de la vie[3], comme en témoigne l'intérêt énorme pour la nouvelle discipline, connue diversement sous les noms d'exobiologie, astrobiologie ou bioastronomie, et qui cherche à trouver des indices de vie extraterrestre. Même l'intelligence extraterrestre est considérée par beaucoup comme suffisamment probable pour justifier des efforts coûteux de détection. Jusqu'à présent, cependant, le seul argument de présomption avancé à l'appui de la vie extraterrestre est la présence de composés organiques, dont on a vu qu'ils sont presque certainement des produits de la chimie cosmique, plutôt que biologique (voir chapitre I).

Il est important de distinguer, dans les discussions de ce problème, entre la probabilité de l'émergence de la vie dans les conditions physico-chimiques qui régnaient à l'endroit de sa naissance et celle de ces conditions elles-mêmes. Pour ce qui est de la première, la principale conclusion qui découle de l'analyse que j'ai proposée se résume sous forme lapidaire par l'expression « fort peu de hasard, beaucoup de nécessité ». L'image à laquelle nous sommes arrivés est clairement dominée par la chimie déterministe et l'optimisation sélective, liant ainsi étroitement le résultat aux conditions qui ont gouverné la chimie et déterminé la sélection.

Il reste évidemment vrai que l'on ne peut exclure la possibilité que l'une ou l'autre substance rare ou l'un ou l'autre événement fortuit ait joué un rôle décisif, non reproductible dans l'apparition de la vie. La prudence scientifique recommande une telle réserve, mais le bon sens s'y oppose. On voit difficilement comment un réseau complexe de réactions chimiques interconnectées, telles que celles qui ont composé le protométabolisme, pourrait avoir été influencé d'une manière critique par un simple facteur fortuit improbable.

Si l'on accepte comme hypothèse de travail, sujette à révision éventuelle à la lumière de nouvelles découvertes, que la vie

---

3. Fait exception le paléontologue britannique Simon Conway Morris, qui, dans un livre récent (Conway Morris, 2003), défend la thèse étrange que la vie est probablement unique dans tout l'Univers, mais qu'une fois présente elle devait obligatoirement donner naissance à l'humanité. Les humains seraient ainsi « inévitables dans un univers solitaire », conclusion d'une lourde portée philosophique.

telle que nous la connaissons devait obligatoirement naître dans les conditions qui régnaient au lieu de sa naissance, on est conduit à conclure que la probabilité de la vie équivaut approximativement à celle des conditions physico-chimiques dans lesquelles elle est née. Si notre reconstruction du berceau de la vie est correcte, cela voudrait dire que la probabilité de la vie extraterrestre dépend de la présence, ailleurs dans l'Univers, d'objets célestes susceptibles de contenir des jaillissements hydrothermaux physiquement et chimiquement semblables à ceux qu'on trouve sur Terre.

Il est évidemment impossible de répondre à cette question dans l'état actuel de nos connaissances. De toute façon, ce n'est pas l'affaire du biologiste. Tout ce qu'on peut dire, c'est que la direction actuelle de la recherche astronomique avantage la multiplicité plutôt que l'unicité. On sait déjà que les systèmes planétaires sont loin d'être rares. Il est vrai que l'on n'a détecté jusqu'à présent que des planètes volumineuses proches de leur soleil, mais cela est dû à des limitations techniques qui pourraient être vaincues par les progrès futurs. L'existence de planètes semblables à la Terre n'est pas exclue ; elle est même considérée comme probable par de nombreux experts. Au total, on peut dire que les chiffres plaident contre la rareté. Compte tenu du nombre d'étoiles semblables au Soleil que l'on croit présentes dans notre galaxie (de l'ordre de trente milliards) et du nombre estimé de galaxies dans l'Univers (environ cent milliards), l'existence de nombreuses planètes telles que la Terre paraît fort probable.

Reste à savoir jusqu'où la similitude avec la Terre doit être poussée pour générer la vie. D'après ce que nous avons vu, une condition nécessaire semble être la présence d'eau liquide, séparée d'un noyau interne en fusion par une croûte fissurée. De telles conditions pourraient ne pas être rares, mais suffisent-elles ? Il y a toujours la possibilité que soit exigée une condition spéciale non comprise dans notre estimation. Peut-être des valeurs particulières sont-elles requises pour le champ magnétique de la planète, l'ellipticité de son orbite ou l'inclinaison de son axe de rotation. Ou peut-être faut-il une lune de masse déterminée placée sur une orbite précise pour créer des marées d'amplitude donnée. On peut toujours, si on en a la motivation, multiplier les paramètres jusqu'à conférer à la planète Terre un caractère unique qui en fait le seul berceau possible de la vie (Conway Morris, 2003).

La question reste évidemment ouverte jusqu'à l'obtention d'une preuve claire de vie extraterrestre. Même dans cette éventualité, on devra exclure une parenté possible avec la vie terrestre. Ainsi, découvrir des signes de vie sur Mars pourrait ne pas être décisif en soi. On ne considère pas comme impossible aujourd'hui une vie martienne originaire de la Terre, ou l'inverse, ou encore une vie arrivée sur les deux planètes à partir d'un troisième site dans le système solaire. Les deux formes de vie devraient différer d'une manière significative pour que leur origine indépendante soit établie d'une manière incontestable. Mais une telle différence est-elle plausible ?

La singularié de la vie ?

On note le point d'interrogation. Il est là parce que la réponse à la question pourrait être fort différente selon la signification que l'on attache au mot « singularité ». Si ce mot est censé vouloir dire que notre planète est seule à héberger la vie dans tout l'Univers, la réponse, comme on vient de le voir, a des chances d'être négative : la vie est probablement largement répandue dans l'Univers. Du moins cette éventualité est-elle considérée comme suffisamment probable par un large segment de la communauté astronomique pour justifier un gros effort de détection de vie extraterrestre. Si, par contre, la singularité est tenue pour s'appliquer à la chimie de base, objet principal de nos discussions, la réponse pourrait bien être affirmative. Il pourrait ne pas y avoir dans l'Univers de vie autre que celle que nous connaissons, car sa chimie est inscrite dans la physique et la chimie cosmiques.

La vision déterministe qui découle de notre analyse est en faveur de cette possibilité, vu qu'elle englobe la plupart des propriétés chimiques clés de la vie, y compris les membranes, les couplages bioénergétiques, du moins au niveau de substrats, les médiateurs ARN de l'expression génétique, les transferts d'information par appariement de bases, la synthèse protéique dépendante d'ARN, le code génétique universel, ainsi que de nombreux enzymes, coenzymes et ribozymes. Dans la mesure où ces particularités doivent leur existence à une combinaison de chimie déterministe et d'optimisation sélective, elles devaient essentiellement se produire dans les conditions qui entourèrent leur naissance et devraient semblablement se produire si ces conditions étaient reproduites. À peu près la seule propriété qui aurait pu être décidée par le hasard est la chiralité, encore que, même ici, la balance pourrait ne pas avoir été parfaitement équilibrée (voir chapitre II).

Cette étroitesse de vue contraste avec l'éventualité, fréquemment évoquée, qu'il pourrait exister d'autres formes de vie, différentes de celles que nous connaissons par la nature de leurs constituants organiques ou par les mécanismes au moyen desquels elles élaborent leur propre substance, exploitent les sources environnementales d'énergie, ou stockent, transfèrent et expriment l'information, peut-être même construites avec des éléments différents de la formule CHNOPS standard. Une telle largeur d'esprit est recommandable d'un point de vue purement abstrait mais a peu de valeur concrète. Ne fût-ce que pour de simples raisons heuristiques, il est préférable de limiter notre définition de la vie à ce qui est connu et de ne pas se lancer dans des spéculations incapables d'inspirer une approche expérimentale fructueuse[4]. En outre, on ne peut ignorer les messages de la chimie cosmique. Quand on regarde une liste des composés détectés dans l'espace ou dans des météorites et d'autres objets célestes, on ne peut qu'être frappé par le nombre de substances utilisées par la vie. Ce ne peut être là une coïncidence sans signification.

---

4. Il n'entre pas dans mon intention de décrier les recherches qui tentent de créer des systèmes artificiels reproduisant, d'une manière peut-être plus efficace, une propriété clé des organismes vivants. De telles investigations sont souvent fascinantes et peuvent prêter à de fructueuses applications. Mais, aussi longtemps que l'on n'aura pas prouvé que ces systèmes ont un rapport quelconque avec la réalité, il vaut mieux les appeler « biomimétiques » plutôt que les proclamer de manière trompeuse « vie artificielle. »

CHAPITRE XIII

Le DACU

On a des preuves indéniables que tous les organismes vivants connus descendent d'une forme ancestrale unique, le DACU, ou *dernier ancêtre commun universel*. Déjà démontrée d'une manière concluante par toutes les singularités discutées dans les chapitres précédents, l'origine unique de toutes les formes de vie connues est encore confirmée par les nombreuses similitudes de séquence qui existent entre les gènes qui exercent les mêmes fonctions dans des organismes très différents, qu'il s'agisse de microbes, de végétaux, de mycètes ou d'animaux, y compris les humains. Il est manifeste que de telles similitudes ne sont explicables que sur la base d'une parenté directe entre les gènes concernés, ce qui conduit à la conclusion obvie que les propriétaires des gènes doivent être semblablement apparentés[1].

Cette conclusion apparemment inattaquable a été mise en question au cours des dernières années du fait d'observations montrant que les gènes ne voyagent pas uniquement verticalement d'une génération à une autre mais peuvent aussi être échangés horizontalement entre deux cellules dénuées de tout lien de parenté. Ce point est important pour la construction de phylogénies moléculaires (voir chapitre suivant), mais il n'ébranle pas sérieusement la théorie de l'origine unique. Celle-ci repose sur un solide faisceau de preuves convergentes et permet un certain nombre de considérations claires, indépendantes

---

1. On trouvera dans l'introduction d'un ouvrage antérieur (de Duve, 2002) un exemple quantitatif illustrant ce point fondamental.

des détails phylogénétiques. Ces considérations feront l'objet de ce chapitre, la question des phylogénies étant réservée au suivant[2].

Un portrait reconstitué du DACU

Selon la simple logique, il devrait être facile d'arriver à une représentation minimale du DACU en mettant ensemble toutes les propriétés communes à tous les organismes actuels, le raisonnement étant que ces propriétés doivent toutes avoir été héritées du DACU. Une telle image sera minimale en ce qu'elle n'inclura pas les propriétés qui existaient dans le DACU mais furent subséquemment perdues dans une lignée ou plus. Par contre, l'image pourrait comprendre des propriétés qui n'existaient pas dans le DACU mais furent acquises plus tard, soit par évolution convergente, soit encore suite à une innovation isolée qui se serait propagée ultérieurement par transfert de gène horizontal.

On doit noter que le risque d'omission est plus grand que le contraire. Des pertes ont lieu couramment au cours de l'évolution, alors que des gains évolutifs universellement partagés ne peuvent avoir été réalisés que très tôt après que la descendance du DACU a commencé à diverger. L'acquisition d'une même propriété biochimique par évolution convergente, déjà improbable pour deux lignées distinctes, frise l'impossible pour un plus grand nombre. Quant au transfert de gène horizontal, on doit tenir compte du fait que les gènes isolés ne vont pas loin. Un gène nouveau né dans une des branches issues par ramification du DACU n'aurait pu être intégré dans un héritage commun que pour autant qu'il aurait eu l'occasion d'atteindre toutes les autres branches dont des lignées ont survécu jusqu'à nos jours. Cela n'eût été possible que si les membres de ces branches vivaient suffisamment près les uns des autres pour échanger des gènes. Notre image du DACU risque d'être plus ou moins floue selon l'importance de ce partage de gènes, mais ses caractères fondamentaux ont beaucoup de chances d'être les mêmes.

---

2. En écrivant ce chapitre, j'ai adopté une vision du DACU dictée par le bon sens et probablement partagée par la majorité des chercheurs. On verra dans les chapitres ultérieurs que des opinions différentes ont été exprimées sur ce sujet.

Aujourd'hui, tous les organismes vivants sont faits d'une ou plusieurs cellules, entourées de membranes construites avec des bicouches phospholipidiques. Tous utilisent l'ADN comme dépositaire réplicable d'information génétique, expriment cette information par transcription de l'ADN en ARN et traduisent l'ARN en protéines par les mêmes mécanismes, y compris, à part de rares exceptions d'origine relativement récente, le même code génétique. Tous font appel aux mêmes phénomènes d'appariement de bases pour leurs transferts d'information. Tous effectuent le même genre de réactions métaboliques complexes, construites autour d'un noyau commun et catalysées par des enzymes protéiques de grande taille, faites le plus souvent de plusieurs centaines d'acides aminés, avec l'aide de coenzymes dont plusieurs sont universellement distribués. Tous utilisent l'ATP comme principal véhicule d'énergie et régénèrent cette substance à l'aide de chutes d'électrons couplées, assurées en majeure partie par des phosphorylations au niveau de transporteurs dépendant de force protonmotrice, avec l'appoint, le plus souvent faible mais hautement significatif, de phosphorylations au niveau de substrats liées à des thioesters.

Si l'on admet que toutes ces propriétés communes ont été héritées du DACU, on aboutit à la conclusion que cet organisme ancestral a dû avoir un caractère essentiellement « moderne ». Vraisemblement unicellulaire, il ressemblait sans doute, dans son organisation générale, plus à un procaryote simple qu'aux eucaryotes plus complexes[3]. Bref, si l'on devait rencontrer le DACU aujourd'hui, on pourrait fort bien ne pas reconnaître son extrême antiquité et le prendre pour un microbe primitif actuel.

Il subsiste une incertitude majeure dans cette image : le DACU était-il autotrophe ou hétérotrophe ? En termes de capacité de survie, l'hétérotrophie semble être la propriété la plus générale, en ce sens que les autotrophes partagent avec les hétérotrophes le pouvoir de subsister grâce à la dégradation de molécules organiques (à tout le moins, leurs propres réserves et substance). D'un autre côté, il semble peu probable que la

---

3. Cette opinion n'est pas unanimement partagée. Un petit nombre de chercheurs défend la thèse que le DACU avait une organisation de type eucaryotique et que les procaryotes sont nés de cet ancêtre par « évolution réductive ». Je dois à Nicolas Glansdorff de précieuses informations sur cette question (Glansdorff, 2000 ; Xu et Glansdorff, 2002). Comme je le soulignerai dans des chapitres ultérieurs, la théorie proposée laisse entièrement ouvert le problème de la naissance des cellules eucaryotiques. Il ne peut y avoir réduction sans « complexification » préalable.

vie ait encore pu être entretenue par des produits de la chimie cosmique après le long chemin évolutif qui a mené au DACU. Il paraît donc plus vraisemblable que le DACU était autotrophe et, si la simplicité est un critère, chimiotrophe plutôt que phototrophe.

Une autre incertitude concerne la présence de gènes segmentés chez le DACU (voir chapitre VIII). Cette question, qui a fait l'objet de nombreux débats dans les années qui ont suivi la découverte des gènes segmentés (pour un historique, voir de Duve (1990)), est soulevée par le fait que les introns sont pratiquement absents chez les procaryotes et que leur fréquence dans les gènes d'eucaryotes tend à augmenter avec la complexité des organismes. À première vue, ce fait semble plaider en faveur d'un gain évolutif d'introns. Néanmoins, la thèse opposée de l'« antiquité des introns » (Gilbert *et al.*, 1986) a été défendue par nombre de chercheurs, qui croient que les procaryotes ont perdu leurs gènes segmentés au cours d'un processus de « profilage » de leur génome promu sélectivement par les avantages d'une multiplication rapide.

Il importe, dans toute discussion de cette question, de distinguer entre le *nombre* d'introns et le *pouvoir d'épisser* les molécules d'ARNm. Ce dernier étant requis même pour un seul intron, il devait déjà être présent chez les premiers eucaryotes, qui auraient pu l'hériter du DACU. On a vu que l'épissage de l'ARN fait intervenir des ribozymes qui pourraient remonter aux jours lointains, bien avant l'avènement du DACU, où l'allongement des gènes a commencé à se produire. En outre, comme l'ont fait valoir Poole *et al.* (1999), il est peu probable que de nouveaux ribozymes se développent dans une cellule amplement pourvue d'enzymes protéiques sophistiquées, ce qui renforce l'hypothèse que le DACU était capable d'épisser l'ARN et que les procaryotes ont perdu ce pouvoir. On a tiré argument de cette possibilité à l'appui de la théorie que le DACU ait pu avoir une organisation eucaryotique (voir note 3, ci-dessus). Il convient néanmoins de souligner que le pouvoir d'épisser l'ARN est sans rapport avec le phénotype eucaryotique (voir Figure 15-1). Un DACU doué de cette propriété pourrait fort bien avoir eu un phénotype procaryotique.

Naissance du DACU

Entre l'histoire hypothétique décrite dans les chapitres précédents et le DACU, tel qu'il vient d'être reconstitué, s'intercale une longue période de maturation, à propos de laquelle on ne peut rien dire de plus que simplement constater qu'elle a dû avoir lieu. Dans le DACU, l'ARN a définitivement cédé à l'ADN la fonction de dépositaire réplicable de l'information génétique, tandis que le protométabolisme a fait place au métabolisme comme support chimique. Les gènes et les protéines correspondantes ont achevé leur long processus d'allongement progressif et atteint une taille qui n'a essentiellement plus changé depuis. Nombre de gènes sont probablement déjà sujets à régulation transcriptionnelle par des protéines spécialisées. Les membranes contiennent les éléments de base de leurs attributs actuels, y compris un nombre minimal de transporteurs, de pompes et de récepteurs, ainsi qu'un mécanisme de couplage protonmoteur entre transfert d'électrons et assemblage d'ATP. Il est fort possible que les membranes possédaient déjà des systèmes permettant l'exportation de protéines et d'autres matériaux pouvant servir à la construction d'une paroi extracellulaire. Pour autant que l'on sache, les cellules étaient peut-être même déjà capables de se propulser à l'aide d'un flagelle actionné par force protonmotrice. Finalement, la croissance cellulaire était déjà liée à la réplication coordonnée des gènes, suivie de division cellulaire.

Il serait futile d'essayer même de deviner comment tous ces développements ont eu lieu, car on ne dispose pratiquement d'aucune information pouvant servir de base à de telles conjectures. Tout ce que l'on peut faire, c'est admettre comme hypothèse raisonnable que les événements furent lents et progressifs, se déroulant sur de nombreux millénaires, sinon des millions d'années, et qu'ils furent dominés par la sélection naturelle agissant sur des changements génétiques fortuits. Si tel fut le cas, on est en droit de se demander à quoi le DACU doit sa remarquable singularité.

Un confinement strict dans un environnement qui serait seul compatible avec la survie serait une réponse possible à cette question, mais cela paraît peu probable. On devrait s'attendre à ce que des organismes aussi perfectionnés que le DACU soient suffisamment souples et adaptables pour envoyer des ramifications vers des milieux différents. Un fait qui plaide en faveur de cette hypothèse est la découverte de gènes dits « paralogues » de très ancienne origine. Par opposition aux gènes appelés « orthologues », qui descendent d'un gène ancestral unique ayant subi des modifications différentes dans des lignées différentes, les gènes paralogues proviennent de deux copies identiques d'un même gène produites dans le même organisme et évoluant ensuite indépendamment après la duplication initiale qui leur a donné naissance. Comme on l'a mentionné au chapitre VIII, la duplication de gènes est un moyen très puissant d'« expérimentation » génétique. Elle permet de soumettre toutes sortes de variants d'un gène donné au test de la sélection naturelle, tandis que la copie non mutée du gène continue à remplir sa fonction. On a identifié plusieurs gènes paralogues dont l'origine remonte à des événements de duplication qui ont précédé l'avènement du DACU, ce qui suggère que les précurseurs de celui-ci étaient déjà engagés dans des compétitions évolutives complexes.

Si l'on considère comme plus probable l'hypothèse que la voie vers le DACU était une branche parmi plusieurs qui se sont déployées en ces temps reculés, on peut se demander si le DACU est issu d'un véritable goulet sélectif (mécanisme 2) ou, plutôt, du genre de singularité décrit dans l'Introduction sous le nom de pseudo-goulet (mécanisme 4), atteint plus par hasard qu'en vertu d'une quelconque supériorité sélective par le dépérissement progressif de toutes les autres branches. Nous n'avons pas de réponse à cette question. Mais nous pouvons, supposant que la singularité est issue d'un goulet sélectif, nous demander quel bouleversement environnemental aurait pu contraindre l'évolution à ne laisser passer qu'une seule branche et quelle qualité particulière pourrait avoir donné au DACU sa position privilégiée. Trois réponses possibles à cette question viennent à l'esprit.

Une première possibilité en est que l'apport de briques organiques par les chimies cosmique et atmosphérique commençait à se tarir et que la survie dépendait de l'inauguration de l'autotrophie. Si, comme on l'a supposé dans cet ouvrage, la vie a débuté sur le mode hétérotrophe, point sur lequel il existe un certain désaccord (Wächtershäuser, 1998 ; Morowitz, 1999), un stade a dû évidemment être atteint où la manne céleste devenait rare, et seuls des organismes capables de subsister à l'aide de briques inorganiques pouvaient survivre. Le DACU pourrait avoir traversé ce goulet en développant en temps utile les systèmes requis, probablement par une certaine forme de chimiotrophie. Comme on l'a mentionné plus haut, la vie émergente a presque certainement dû passer par un tel goulet. Mais il est douteux qu'elle l'ait fait aussi tardivement. Il paraît peu vraisemblable que l'apport abiotique de briques organiques ait perduré pendant les millions d'années qui ont sans doute été requis pour que la vie naissante produise le DACU

Une deuxième possibilité en est que l'acidification progressive de l'environnement a fait office de goulet, ne laissant survivre que des protocellules ayant développé les mécanismes protonmoteurs nécessaires à la protection de leur pH interne contre cette menace. Nous avons vu que le besoin d'adaptation à une acidité croissante offre une explication plausible pour l'asservissement de la puissance protonmotrice (voir chapitre XI).

Finalement, il est concevable également qu'une chaleur croissante, peut-être provoquée par la chute d'une grosse météorite (Sleep *et al.*, 1989 ; Gogarten-Boekels *et al.*, 1995), fut responsable du goulet. Cette théorie est étayée par certaines analyses phylogénétiques, qui seront mentionnées dans le chapitre suivant, indiquant que tous les micro-organismes les plus anciens sont thermophiles, c'est-à-dire adaptés à des températures élevées. On verra cependant que la signification de ces résultats est mise en doute et que les chercheurs ne croient pas tous que le DACU fût thermophile.

On doit noter que les possibilités évoquées ne s'excluent pas les unes les autres. Le chemin vers le DACU peut avoir été jalonné par plus d'un goulet, créé par une succession de crises environnementales, par exemple, dans cet ordre ou dans un autre, la disette, l'acidification et la chaleur excessive. Malheureusement, les événements que nous essayons de reconstituer n'ont pas laissé de traces autres que les héritages estompés par le temps qui se trouvent préservés dans les génomes actuels. Comme on le mentionnera au chapitre suivant, l'étude comparée des séquences géniques est un outil extraordinairement puissant pour sonder l'histoire des organismes vivants Mais la technologie est compliquée et grevée d'un grand nombre de difficultés et d'artefacts à propos desquels les opinions sont loin d'être unanimes.

Les virus

On ne peut terminer ce chapitre sans une brève référence aux virus, qui sont de petites entités capables de pénétrer dans certaines cellules et d'y proliférer. Reconnus d'abord par leur pouvoir de causer des maladies, les virus ont deux composants principaux : une enveloppe périphérique, ou capside, généralement de nature protéique mais parfois plus complexe ; et un petit génome codant pour les protéines virales. Ces parties sont parfois accompagnées de composants supplémentaires (principalement des enzymes) nécessaires à la reproduction du virus. L'enveloppe virale se caractérise par le pouvoir d'interagir avec la membrane des cellules susceptibles d'une manière telle que le contenu du virus soit introduit dans la cellule. À l'intérieur de celle-ci, les gènes viraux sont répliqués, et les protéines virales synthétisées par les machineries de la cellule – éventuellement à l'aide de l'une ou l'autre enzyme spécifique du virus – avec comme conséquence la formation de nouvelles particules virales et, fréquemment, la mort de la cellule envahie.

On peut voir dans les virus les parasites ultimes, dans ce sens qu'ils empruntent à leurs cellules hôtes tout ce dont ils ont besoin pour leur multiplication, transportant comme seul bagage ce que les cellules hôtes ne peuvent pas fournir. Essentiellement toutes les cellules connues peuvent être attaquées par des virus. Quand les cibles sont des bactéries, les virus sont appelés « phages », abréviation de « bactériophages » (littéralement : « mangeurs de bactéries »). Les génomes viraux peuvent être constitués d'ADN ou d'ARN, bicaténaire ou monocaténaire. Les virus à ARN sont eux-mêmes classés en deux catégories, selon leur mode de réplication. Dans un groupe, dont le virus de la polio est un exemple, l'ARN viral est répliqué directement par une enzyme spécifique (réplicase) encodée par cet ARN. Dans l'autre groupe, auquel appartient le VIH (virus de l'immunodéficience humaine), l'agent causal du sida (syndrome d'immunodéficience acquise), l'ARN est transcrit par voie réverse en ADN par une enzyme virale (transcriptase réverse). Cet ADN est inséré dans le génome de la cellule et retranscrit en ARN aux fins de réplication et d'expression. Ces virus sont appelés « rétrovirus ».

Les virus sont-ils, ou non, vivants ? Cette question a suscité plus de discussions philosophiques qu'elle ne mérite. La réponse est évidemment « non », puisque les virus ne peuvent pas se multiplier sans l'aide d'une cellule vivante. Ils ne sont pas plus vivants qu'un disque n'est capable de jouer de la musique. Une question plus intéressante concerne l'origine des virus. Il fut un temps où l'on voyait dans les virus des intermédiaires d'un long processus menant aux premières cellules vivantes. Cette théorie n'a plus cours[4]. Sans le secours d'un métabolisme, les virus ne peuvent être que des particules inertes, que ce soit il y a quatre milliards d'années ou aujourd'hui. La théorie la plus probable est que les virus sont une forme de « gènes voltigeurs » originaires de cellules vivantes préexistantes, phénomène qui peut se produire par une variété de mécanismes dont certains commencent à être compris.

Pour les virus à ADN, une telle origine pourrait se situer n'importe quand, même dans un passé récent. Les choses sont différentes pour les virus à ARN qui n'ont pas leur équivalent dans les cellules actuelles. Selon une hypothèse séduisante, les virus à ARN pourraient remonter aux protocellules primitives qui possédaient encore des génomes d'ARN ou à celles qui commençaient à convertir leur information génétique d'ARN en ADN (rétrovirus).

Si cette hypothèse est correcte, elle a des implications intéressantes à propos du stade où l'ADN a remplacé l'ARN comme dépositaire réplicable de l'information génétique. Certains génomes viraux d'ARN ont une longueur considérable (jusqu'à quelque 35 000 nucléotides), et les protéines qu'ils encodent ont une taille similaire à celle des protéines actuelles. Si ces propriétés sont héritées de protocellules qui avaient un génome ARN, elles signifient que l'ADN a fait son entrée sur la scène tardivement et que le processus d'allongement et de maturation des gènes a porté en majeure partie sur des gènes ARN plutôt qu'ADN (voir chapitres VIII et IX).

---

4. On trouve dans la littérature récente l'une ou l'autre allusion à des virus qui auraient « précédé la vie cellulaire » (Balter, 2000 ; Prangishvili, 2003), mais sans précision sur la manière dont ils auraient pu se multiplier en l'absence de cellules. On notera que la possibilité que des entités aussi complexes que des virus aient pu naître et prospérer dans une sorte de bouillon primitif non structuré est incompatible avec la conclusion, formulée au chapitre III, que la cellularisation a dû se produire au plus tard à l'époque où la traduction et la synthèse protéique ont commencé à se développer.

CHAPITRE XIV

La première bifurcation

Par définition, le DACU étant le *dernier* ancêtre commun universel, il occupe, dans l'histoire de la vie, le sommet de la *première* bifurcation dont les *deux* branches ont survécu et se sont prolongées jusqu'à nos jours par une filiation ininterrompue. On peut supposer, par analogie avec les autres bifurcations évolutives, que cette première historique eut lieu lorsque la sélection naturelle permit à une forme mutante d'inaugurer une lignée nouvelle, plus que probablement adaptée à un environnement différent, tandis que la lignée originale se poursuivait inchangée. Ainsi, une branche de la bifurcation postulée était neuve alors que l'autre continuait le DACU, formant ce qu'on appelle la « racine » de l'arbre de la vie[1].

Jusqu'à la mise au point des méthodologies moléculaires modernes, ces événements sont restés enveloppés dans les ténèbres d'un passé lointain. Notre ignorance, en fait, couvrait la majeure partie de l'histoire de la vie, alors que seuls des microbes existaient et déployaient leurs réseaux sur la Terre entière en ne laissant presque aucune trace de leur passage. Pour la plupart des observateurs, la faille la plus profonde séparait les

---
1. La notion d'arbre de la vie, qui remonte à Darwin, a été de plus en plus critiquée au cours des dernières années. Comme on le mentionnera plus tard dans ce chapitre, s'est dessiné un mouvement tendant à remplacer l'image de l'arbre par celle d'un réseau (arbre réticulé) ou d'un anneau. De telles représentations ne devraient cependant pas masquer le fait que la vie est issue d'une racine unique, d'où, par définition, est née la première bifurcation dont il est question ici. Ce sont les interrelations ultérieures entre branches qui sont responsables de la formation du réseau ou de l'anneau.

procaryotes des eucaryotes (du grec *karyon*, noyau). Les procaryotes, communément dénommés « bactéries » jusqu'à il y a peu, sont des êtres unicellulaires de petite taille, avec peu de structure interne et sans noyau défini. Les eucaryotes, qui peuvent être unicellulaires (protistes) ou multicellulaires (végétaux, mycètes et animaux), consistent en cellules beaucoup plus volumineuses, constituées d'un cytoplasme très structuré et d'un noyau distinct cerné par une barrière. On admettait généralement, presque comme allant de soi, que les procaryotes avaient été seuls sur scène pendant un temps indéfini jusqu'à ce qu'une mystérieuse transition ouvrît la route vers les eucaryotes.

Phylogénies moléculaires

L'état de nos connaissances a changé du tout au tout avec le séquençage de protéines et d'acides nucléiques. Il a rendu possible une nouvelle approche particulièrement puissante du problème des origines. On a déjà mentionné au chapitre précédent que les similitudes de séquences entre des gènes qui exercent les mêmes fonctions dans des organismes très différents fournissent la preuve la plus convaincante de la singularité de la vie sur Terre. Ce qu'on exploite aujourd'hui, avec un énorme succès, pour la reconstitution d'arbres phylogénétiques, ce sont les *différences* de séquences entre de tels gènes ou leurs produits.

Le principe des nouvelles méthodes est simple. Lorsque deux lignées divergent d'un ancêtre commun, leurs gènes entreprennent des histoires évolutives distinctes. Pour autant que les mutations ainsi subies restent compatibles avec la survie – on a vu qu'il en est souvent ainsi grâce, notamment, à la structure optimisée du code génétique –, ces mutations sont conservées et s'accumulent dans les génomes qui deviennent donc progressivement différents du génome de l'ancêtre commun. Étant donné le caractère fortuit des mutations, celles-ci ont beaucoup de chances de ne pas être les mêmes dans les deux lignées. Il y aura donc des différences de séquence entre les gènes issus par évolution d'un même gène ancestral chez des descendants actuels des deux lignées en question. Ces différences nous donnent une idée de l'histoire des deux lignées depuis leur séparation à partir de leur dernier ancêtre commun.

Jusqu'ici, tout est d'une simplicité lumineuse. Là où les choses se compliquent, c'est quand on essaie de préciser ce qu'il faut entendre par le mot « idée ».

Dans un monde idéal, les mutations auraient lieu avec une fréquence constante, identique dans les deux lignées. Le nombre de différences entre les deux séquences est alors une mesure du temps qui s'est écoulé depuis la bifurcation, exprimé en termes de taux de mutation. C'est ce qu'on a appelé l'« horloge moléculaire ». Hélas ! les choses ne sont pas si simples. Elles ne le seraient même pas dans un monde idéal. De temps en temps, en effet, la même mutation aura lieu dans les deux lignées, passant ainsi inaperçue. Ou encore, une mutation peut être suivie d'une deuxième qui la supplante ou l'efface, et ce avec une probabilité qui augmente avec l'ancienneté des lignées. Surtout, il n'y a pas que des mutations ponctuelles, causant le remplacement d'une base par une autre. Les génomes peuvent subir quantité d'autres modifications, telles que des délétions ou des insertions d'une ou plusieurs bases, des inversions et des transpositions de certains segments, etc. De plus, il est devenu évident, avec l'expérience, que la notion même d'horloge moléculaire est fausse. La fréquence des mutations n'est pas constante. Elle varie selon les époques et les lieux, d'un organisme à l'autre, d'un gène à l'autre, et même d'une région à l'autre d'un même gène.

Tout cela, et j'en passe, fait que la construction de phylogénies moléculaires est devenue une science fort compliquée, pleine d'aléas. Bien entendu, les technologies ont été raffinées en conséquence, des algorithmes de plus en plus sophistiqués ont été inventés pour le traitement des données par ordinateur et, surtout, on possède un atout inappréciable : il y a un très grand nombre de gènes, et les techniques de séquençage ont connu de tels progrès que le nombre de séquences disponibles grandit presque quotidiennement. Il est donc devenu possible de vérifier de plus en plus certaines conclusions par recoupements. Cela n'empêche que même les spécialistes s'y perdent aujourd'hui et sont loin d'être d'accord sur les mérites des différentes méthodes.

Une discussion détaillée de ces méthodes dépasserait manifestement le cadre du présent ouvrage, sans compter la compétence de son auteur. Les lecteurs intéressés trouveront une utile introduction à la question et à l'abondante littérature dont elle a fait l'objet dans une revue d'ensemble récente

(Gribaldo et Philippe, 2002). Pour ce qui est de ce livre, je ne puis que tenter, avec toute la prudence que m'impose le sentiment de mes limitations[2], de résumer quelques notions qui me paraissent émerger avec un certain degré de confiance du contexte mouvant des données actuelles.

Les premières tentatives de séquençage comparé remontent au début des années 1960, alors que seul le séquençage de protéines était techniquement possible (Dickerson et Geis, 1969). Entreprises d'abord sur de petites protéines d'origine animale et humaine, dont le cytochrome c, la globine, les fibrinopeptides et le lysozyme, les recherches donnèrent d'emblée des résultats encourageants. Les données obtenues montrèrent une excellente concordance avec les observations paléontologiques, qui étayait la validité générale de la méthode. Elles révélèrent, en outre, que le nombre de remplacements d'acides aminés (déjà corrigés pour des mutations multiples du même site) était une fonction linéaire du temps géologique, mais de pente très variable selon la nature de la protéine. La notion d'horloge moléculaire se trouvait ainsi confirmée, mais avec cette qualification importante qu'il n'y a pas d'horloge absolue : chaque protéine a la sienne. Cette observation, tout en n'étant pas inattendue, fut accueillie avec beaucoup de satisfaction en raison de son implication darwinienne. Manifestement, l'allure du changement était différente pour des protéines différentes, non tellement parce que leur taux de mutation était différent, mais bien parce que la sélection naturelle avait laissé passer une proportion plus ou moins grande de molécules mutantes selon la rigueur des contraintes liant la fonction biologique des molécules à leur séquence d'acides aminés. Cette dépendance pouvait changer si la fonction de la protéine changeait, si, par exemple, le lysozyme devenait α-lactalbumine. Tout cela augurait très favorablement de l'avenir de la méthode, destinée, comme on le prévoyait déjà à l'époque, non seulement à conforter les données paléontologiques, mais surtout à les étendre à des événements dont il n'existe aucun vestige fossile[3]. Reposant entièrement

---

2. Je dois à Andrew Roger une critique incisive d'une version antérieure de ce chapitre. Il m'a aidé à éviter plusieurs erreurs sérieuses, mais n'encourt aucune responsabilité pour celles qui restent. Mon ami et collègue Miklos Müller m'a également rendu de grands services.

3. Commencée à peu près à la même époque que l'approche moléculaire, sous l'impulsion du paléontologue de Harvard feu Elso Barghoorn, la recherche de vestiges microbiens très anciens (microfossiles) a produit de son côté une riche moisson de découvertes, avec son cortège inévitable d'incertitudes et de controverses d'interprétation (Schopf, 1999 ; Knoll, 2003).

sur des organismes actuels, l'approche moléculaire permettait la lecture du passé dans les traces qu'il a laissées dans les génomes du présent, jusque, du moins en théorie, aux tout premiers événements de l'histoire de la vie.

Cette approche, réservée jusqu'alors à une minorité de spécialistes aussi patients que motivés, reçut une impulsion extraordinaire à la fin des années 1970 de la mise au point de techniques pour le séquençage d'ADN et d'ARN. Les progrès subséquents dans l'efficacité et la rapidité de ces techniques ont engendré une profusion de nouveaux résultats, accompagnés, comme on l'a déjà mentionné, d'un cortège de raffinements – et de complications – théoriques.

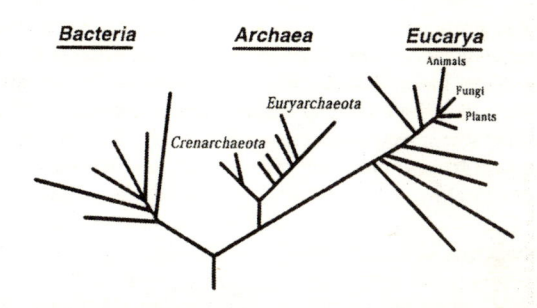

Figure 14-1 : **L'arbre phylogénétique universel construit à partir de séquences d'ARNr provenant de la petite sous-unité.** Selon Woese (2000). © National Academy of Sciences, USA, **97**, 15, 2000.

Un jalon historique fut marqué tôt dans cette nouvelle phase lorsque le microbiologiste américain Carl Woese, un pionnier dans ce domaine, entreprit de soumettre au séquençage comparé un large éventail d'échantillons du composant ARNr de la petite sous-unité ribosomiale, qui est une partie de la machinerie ubiquitaire de synthèse protéique (Woese et Fox, 1977 ; Woese, 1987). Les résultats de cette recherche conduisirent à deux conclusions tout à fait inattendues. L'une était qu'il y avait deux groupes procaryotiques et non un seul, remontant à des temps très reculés, proches du DACU lui-même. Woese nomma ces deux groupes « archébactéries » et « eubactéries. » Sa seconde découverte, peut-être encore plus surprenante, était que la lignée eucaryotique paraissait être tout aussi ancienne et avoir, elle aussi, été inaugurée à l'époque du DACU. Plus tard, Woese a renommé les trois groupes « *Archaea* », « *Bacteria* » et « *Eucarya* » et il a proposé de les classer en « domaines, » terme censé être situé plus haut dans la hiérarchie que même celui de « règne ». La Figure 14-1 montre une vue schématique de l'arbre fondé sur les séquences de cet ARNr.

L'arbre n'a pas d'échelle de temps. On doit, pour fixer la date de la première bifurcation, s'en remettre aux vestiges de vie préservés dans des terrains géologiques d'âge connu. Comme les premières formes de vie étaient forcément simples et que les formations géologiques ont subi des bouleversements considérables, de tels vestiges sont d'autant plus rares et difficiles à interpréter qu'ils sont plus anciens. Jusqu'à il y a peu, les données dont on disposait paraissaient indiquer que des formes microbiennes avancées étaient déjà présentes sur Terre il y a 3,5 milliards d'années, peut-être même 3,8 milliards d'années (Schopf, 1999). La signification de ces indices a depuis été mise en question (Brasier *et al.*, 2002 ; van Zullen *et al.*, 2002 ; Garcia-Ruiz *et al.*, 2003), mais il reste suffisamment de signes indépendants montrant que la vie remonte effectivement à au moins 3,5 milliards d'années avant notre ère (Schopf, 1999 ; Knoll, 2003 ; Furnes *et al.*, 2004).

La grande fissure procaryotique

Les découvertes de Woese ont eu un impact considérable sur notre appréciation du monde procaryotique. Alors qu'on retrouvait chez les *Bacteria* la plupart des organismes classiquement étudiés par les bactériologistes et les microbiologistes, les *Archaea* se révélaient comprendre de nombreux occupants précédemment inconnus des sols et des océans, adaptés à des environnements remarquablement divers. Parmi ces organismes se trouvent les méthanogènes, hôtes de nombreux milieux anaérobies où ils survivent de la transformation d'hydrogène et de dioxyde de carbone en méthane et eau, ainsi que les organismes dits « extrêmophiles », adaptés à des milieux particulièrement rudes, avec des extrêmes de température pouvant atteindre 110 °C[4] (thermophiles), d'acidité approchant de pH 1 (acidophiles) et de salinité allant jusqu'à la saumure saturée (halophiles).

---

4. Un travail récent indique que cette limite pourrait dépasser 120 °C et même atteindre 130 °C (Kashefi et Lovley, 2003).

Ces découvertes ont stimulé une somme considérable de recherches consacrées à l'étude des deux groupes procaryotiques, en particulier les *Archaea*, dont on a identifié de nombreuses espèces nouvelles. Confirmant le caractère distinct des deux groupes, ces recherches ont montré que les *Archaea* ont en commun un certain nombre de propriétés génétiques et biochimiques qui font défaut ou sont remplacées par d'autres chez les *Bacteria*, et *vice versa*.

Une des différences les plus frappantes entre les deux groupes concerne les phospholipides membranaires. Comme on l'a vu au chapitre X, les phospholipides des *Bacteria* contiennent des acides gras attachés au L-glycérol-3-phosphate par des liaisons esters, tandis que les molécules des *Archaea* contiennent des alcools isoprénoïdes combinés au D-glycérol-3-phosphate par des liaisons éthers.

Une autre différence caractéristique entre *Archaea* et *Bacteria* porte sur la paroi cellulaire, une structure protectrice rigide qui entoure la plupart des procaryotes. Chez les *Bacteria*, la paroi cellulaire est faite d'une substance complexe, dénommée « muréine », dans laquelle des sucres et des acides aminés, de configuration D aussi bien que L, sont unis en un réseau continu qui entoure complètement la cellule. La paroi cellulaire des *Archaea* n'est pas constituée de muréine ; elle consiste parfois en une substance similaire, ou pseudomuréine, mais ne contenant que des acides aminés L.

Confronté à l'existence des deux domaines procaryotiques, on est appelé à se demander ce qui peut avoir causé une divergence initiale suffisamment décisive pour créer deux branches nettement distinctes, capables chacune de déployer une grande variété de formes. Vu la concentration d'extrêmophiles parmi les *Archaea*, on est tenté de supposer que ce fut l'adaptation à un environnement rude, plus que probablement une chaleur excessive, qui constitua le critère sélectif séparant l'ancêtre plus résistant des *Archaea* du fondateur plus fragile de la lignée des *Bacteria*, relégué dans des milieux plus tempérés. Cette hypothèse est étayée par le fait que les plus anciens membres des *Archaea* sont tous thermophiles. Il est vrai qu'il en est de même des plus anciens parmi les *Bacteria*, mais la tolérance de ceux-ci à la chaleur est inférieure à celle des thermophiles archéens les plus résistants. Il existe, de plus, des indices que des thermophiles bactériens ont reçu un certain nombre de gènes de thermophiles archéens par transfert latéral (Aravind *et al.*, 1998 ; Nelson *et al.*, 1999 ; Forterre *et al.*, 2000).

La tolérance à la chaleur dépend de plusieurs facteurs, dont les phospholipides éthers de membranes déjà mentionnés, un contenu particulièrement élevé en G+C des ARNr et des ARNt (la liaison d'appariement est plus solide entre G et C qu'entre A et U) et une plus grande résistance des protéines à la dénaturation thermique, propriété aujourd'hui exploitée sur une grande échelle pour la production industrielle d'enzymes résistantes à la chaleur. La puissante technologie connue sous le sigle PCR (*polymerase chain reaction*, réaction de polymérase en chaîne), qui est utilisée universellement pour la séparation et l'amplification sélectives d'ADN, inclut une étape d'exposition à la chaleur grandement facilitée par le fait que l'on dispose d'une enzyme thermorésistante extraite d'organismes thermophiles.

D'un point de vue théorique, on penserait que l'adaptation à la chaleur doit se perdre plus facilement qu'elle ne s'acquiert, car la perte d'une seule propriété critique suffit à abolir la tolérance à la chaleur tandis que l'amélioration de cette qualité pourrait dépendre de l'acquisition concertée de plusieurs propriétés différentes indépendantes. Ce genre de raisonnement suggère que les *Archaea* doivent leur ségrégation originelle à leur résistance à une température excessive et qu'ils ont hérité cette particularité directement d'un DACU thermophile, laissant les *Bacteria* émerger plus tard, lorsqu'un environnement plus doux devint accessible.

On a vu qu'il existe de bonnes raisons de croire que le DACU a été le produit d'un goulet sélectif. En outre, le caractère thermophile de tous les organismes les plus anciens rend tentante la supposition que la chaleur excessive fut responsable de ce goulet. L'hypothèse d'un DACU thermophile est encore étayée par la notion implicite que cet organisme possédait des phospholipides membranaires de type éther. Une telle possibilité est en accord avec la proposition, solidement documentée par Ourisson et Nakatani (1994), selon laquelle les chaînes hydrophobes des premiers phospholipides membranaires étaient faites de dérivés terpénoïdes, et non d'acides gras. Pour ce qui est de savoir si la résistance à la chaleur pourrait avoir été acquise durant le long processus évolutif qui a conduit au DACU, ou si elle pourrait remonter jusqu'à un « berceau chaud », il s'agit là d'une question qui dépasse les limites de la conjecture instruite.

L'hypothèse que les *Archaea* sont nés directement d'un DACU thermophile n'est pas unanimement acceptée. Le chercheur français Patrick Forterre, en particulier, s'est fait le champion de la théorie selon laquelle les thermophiles archéens, comme les bactériens, auraient évolué à partir d'un DACU mésophile (adapté à un milieu tempéré) par un processus de « thermoréduction » (Forterre, 1995, 1999 ; Xu et Glansdorff, 2002). En accord avec cette théorie, une étude phylogénétique fondée sur le contenu en G+C des rRNA a conduit aussi à la conclusion que le DACU était mésophile (Galtier *et al.*, 1999).

Le protoeucaryote

L'aspect le plus contesté des études phylogénétiques concerne l'origine des eucaryotes. D'après l'arbre proposé par Woese sur la base des ARNr (voir Figure 14-1), la première bifurcation aurait mené à la séparation des *Archaea* et *Bacteria*, les *Eucarya* se détachant plus tard de la lignée archéenne. Après que les recherches se furent étendues à d'autres gènes codant pour des protéines, un certain nombre de gènes eucaryotiques apparurent comme apparentés à des gènes archéens, en accord avec les résultats de Woese ; mais d'autres se révélèrent plus proches de gènes bactériens. Ainsi, le génome reconstitué du « protoeucaryote, » le fondateur du domaine des *Eucarya*, encore appelé « urkaryote » par Woese, semble être une chimère de gènes archéens et bactériens.

La mixture n'est pas aléatoire. Les gènes eucaryotiques de caractère archéen sont associés en majeure partie avec la réplication, la transcription et la traduction. Par contre, ceux qui ont un caractère bactérien sont liés principalement au métabolisme et à d'autres tâches « ménagères ». Les premiers sont informationnels, les seconds opérationnels (Lake *et al.*, 1999). Une similitude particulièrement frappante entre eucaryotes et *Bacteria* concerne les phospholipides membranaires. Les eucaryotes, comme les *Bacteria*, construisent leurs membranes avec des phospholipides esters, au lieu des phospholipides éthers que l'on attendrait s'ils provenaient des *Archaea*.

Des explications très variées ont été proposées pour rendre compte du chimérisme génétique du protoeucaryote, sans qu'aucun consensus n'ait encore émergé. Le domaine est en agitation constante, et il ne m'est pas possible de lui rendre justice dans les limites du présent ouvrage. Je ne puis que mentionner quelques-unes des questions en discussion, appuyées d'un petit choix de références qui devraient permettre aux lecteurs intéressés d'approfondir le sujet.

Un premier groupe d'explications attribue le chimérisme observé à une sorte de confluence, par fusion cellulaire, symbiose ou endosymbiose[5], menant à la formation d'une cellule hybride douée d'un noyau archéen et d'un cytoplasme bactérien (Zillig, 1991 ; Gupta *et al.*, 1994 ; Margulis, 1996 ; Horiike *et al.*, 2001). La théorie de la « fusion des génomes » est fortement étayée par un travail récent de Rivera et Lake (2004), qui souligne que, si deux ancêtres, respectivement archéen et bactérien, se sont unis pour engendrer le premier eucaryote, l'arbre de la vie n'est plus un arbre, mais bien un anneau (voir Figure 14-2).

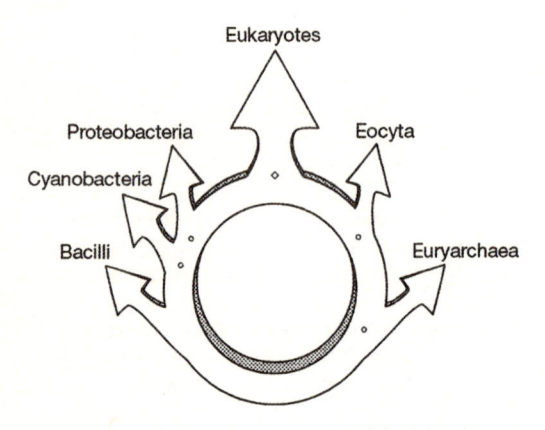

Figure 14-2 : **L'anneau de la vie.** Représentation de l'origine des eucaryotes par « fusion génomique » entre deux ancêtres bactérien et archéen. Les *Bacteria* sont à gauche, les *Archaea* à droite. La « racine » se situerait en bas, du côté bactérien. Selon Rivera et Lake (2004). © *Nature*, **431** (152-155), 2004.

---

5. Comme on l'expliquera au chapitre suivant, le terme « endosymbiose » désigne un processus par lequel une cellule est captée par une autre cellule au sein de laquelle elle évolue progressivement pour se transformer en organite. Par contre, le mot « symbiose » désigne une relation entre deux cellules ou organismes qui tirent tous deux avantage de leur association tout en conservant leur individualité. On verra que la transition de symbiose à endosymbiose fait l'objet de débats animés.

Les auteurs n'offrent cependant aucune explication du mécanisme par lequel des gènes archéens (informationnels) et bactériens (opérationnels) ont été retenus sélectivement dans le génome fusionné qu'ils imaginent.

Une variante de la théorie fusionnelle, connue sous le nom d'hypothèse « syntrophique » (Moreira et Lopez-Garcia, 1998), envisage le noyau de la chimère comme provenant d'un méthanogène archéen utilisateur d'hydrogène, et son cytoplasme comme un conglomérat de bactéries symbiotiques productrices d'hydrogène, apparentées aux δ-protéobactéries actuelles, qui se seraient assemblées autour de l'archéen central, pour ensuite s'unir par fusion, perdre leurs noyaux (tout en abandonnant de nombreux gènes au noyau archéen) et développer un système endomembranaire. Une autre variante, qui sera examinée plus en détail au chapitre XVII, repose également sur une symbiose dépendant d'hydrogène mais identifie le partenaire bactérien de ce processus d'hybridation à l'ancêtre procaryotique des mitochondries, supposé englobé par une cellule hôte archéenne (Martin et Müller, 1998 ; Vellai et Vida, 1999). Encore une autre variante suppose un protoeucaryote distinct qui aurait acquis ses gènes archéens et bactériens par deux événements endosymbiotiques distincts (Hartman et Fedorov, 2002).

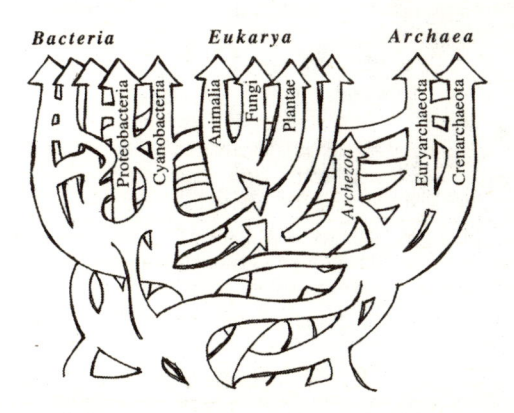

Figure 14-3 : **L'arbre réticulé de la vie.** De multiples transferts latéraux de gènes transforment l'arbre en réseau. Selon Doolittle (1999). © *Science*, **284**, 25 juin 1999.

Un autre type d'interprétation invoque le transfert de gènes latéral comme cause principale du chimérisme. Comme on l'a brièvement expliqué plus haut, le transfert de gènes latéral, ou horizontal, a lieu entre des cellules qui peuvent n'avoir aucun lien de parenté. Aujourd'hui clairement établi, ce phénomène peut se produire par plusieurs mécanismes. Il a lieu à grande échelle dans le monde procaryotique (Aravind *et al.*, 1998 ; Nelson *et al.*, 1999 ; Forterre *et al.*, 2000 ; Ochman *et al.*, 2000) et même entre eucaryotes unicellulaires (Anderson *et al.*, 2003). Défendue avec conviction par Woese, le fondateur du domaine (Woese, 1998, 2002), et par le biologiste canadien Ford Doolittle (1999, 2000), cette théorie a été adoptée par plusieurs autres chercheurs, au point, comme on le verra ci-dessous, d'estomper le concept même de DACU. Comme l'illustre la Figure 14-3, les transferts latéraux de gènes, s'ils sont suffisamment fréquents, transforment l'arbre de la vie en une forme réticulée, ou réseau.

Une théorie encore différente, préconisée, notamment, par le chercheur belge Nicolas Glansdorff (2000), met en vedette la paralogie génétique. Ce phénomène est la conséquence d'une duplication menant à la formation de deux copies du même gène (paralogues), dont chacune peut avoir ensuite une histoire évolutive distincte. Les preuves sont abondantes que de telles duplications se sont produites même avant l'émergence du DACU.

Il ne m'appartient pas, en tant que simple spectateur essayant, l'attention fixée sur les singularités, de démêler l'écheveau embrouillé de faits et de suppositions offert par la riche littérature sur la question, de prendre position dans une matière aussi controversée. Je me contenterai de quelques remarques de nature générale.

Il me semble d'abord que la phylogénie fondée sur l'ARNr, que Woese lui-même n'hésite pas à qualifier de « canonique », est probablement correcte. Ce n'est pas simplement un cas de « novice chanceux », mais bien le fruit d'un choix perspicace. Les ARN ribosomiaux remontent au tout début de la vie, ils ont subi peu de changements évolutifs et ils ont, en tant que pièces d'une machinerie complexe d'importance fondamentale, de fortes chances d'avoir été transférés exclusivement par héritage vertical direct. Cette relation fondamentale ne pourrait avoir été obscurcie par une circularisation ou une réticulation subséquente de l'arbre de la vie.

Deuxième point : il ne paraît pas possible, dans l'état actuel des connaissances, de dater, même approximativement, les bifurcations clés de la phylogénie canonique. Trop d'aléas pèsent encore sur l'interprétation des distances évolutives, surtout très anciennes. Cette incertitude est particulièrement grande en ce qui concerne le départ de la lignée menant aux eucaryotes.

Pour en venir au problème du chimérisme proprement dit, on ne doit pas oublier que les eucaryotes sont séparés du DACU par une histoire non seulement très longue, mais aussi jalonnée d'un grand nombre d'innovations remarquables qui ne se sont pas produites dans les lignées procaryotiques et qui ont impliqué au moins un événement endosymbiotique, source de nombreux gènes étrangers. Cette question sera examinée plus loin (voir chapitres 15 et 17).

Dernier point, souligné, entre autres, par Glansdorff (2000) et Wächtershäuser (2003), il convient d'attacher une attention particulière à la différence de composition des phospholipides membranaires chez, d'une part, les *Bacteria* et *Eucarya* et, de l'autre, les *Archaea*. Cette différence remonte à deux voies chirales distinctes, probablement inaugurées au niveau de la réduction du dihydroxyacétone-phosphate[6], et elle pourrait bien représenter un cas typique d'homochiralité imposée, vu que des membranes contenant les deux sortes de lipides sont probablement instables (un point, incidemment, qui pourrait être étudié expérimentalement). Une question qui se pose dans ce contexte est de savoir comment une sorte de phospholipides a pu être remplacée par une autre dans les membranes, ce qui a dû se passer au moins une fois, peut-être deux. Il pourrait être significatif à cet égard que les phospholipides esters aient la même origine que les lipides neutres, qui ne sont pas des constituants de membranes et servent uniquement à emmagasiner de l'énergie. Les deux types de molécules proviennent du L-glycérol-3-phosphate. Une lignée cellulaire qui fabriquerait des lipides neutres ne devrait subir qu'un petit changement génétique pour élaborer des phospholipides esters. On conçoit donc facilement qu'une telle capacité puisse être acquise par transfert de gènes horizontal, voire par évolution convergente. Un tel phénomène

---

6. Une étude phylogénétique récente (Boucher *et al.*, 2004) a effectivement montré que l'enzyme qui catalyse la formation de D-glycérol-3-phosphate à partir de dihydroxyacétone-phosphate (voir chapitre X, équation (2)) est une des rares enzymes impliquées dans la synthèse des lipides éthers à être exclusivement archéenne. Plusieurs autres enzymes varient au sein des *Archaea* ou sont apparentées à leurs homologues bactériens d'une manière qui indique de multiples transferts de gènes latéraux.

aurait fort bien pu se produire plus d'une fois, laissant la sélection naturelle faire pencher la balance en faveur de l'une ou l'autre structure homochirale membranaire, selon les conditions environnementales (Wächtershäuser, 2003).

Une vision nouvelle du DACU

Ces considérations ont grandement affecté la représentation du DACU que les défenseurs du transfert de gènes latéral tendent aujourd'hui à dépendre comme une sorte de communauté de cellules primitives qui échangeaient librement leurs gènes entre elles, au point d'y perdre complètement leur individualité. Comme l'écrit Woese (1998, p. 6 858), « l'ancêtre ne peut pas avoir été une lignée unique d'organismes. Il était communautaire, un conglomérat divers, lâchement texturé de cellules primitives, qui a évolué de façon unitaire et s'est éventuellement développé jusqu'à un stade où il s'est fragmenté en plusieurs communautés distinctes ». Cette vision du DACU a été reprise à leur manière par d'autres chercheurs (Kandler, 1994a, 1994b ; Doolittle, 1999 ; Martin, 1999 ; Koonin, 2003).

La question dépend en grande partie de la signification que l'on accorde au mot « dernier » dans l'expression « dernier ancêtre commun ». Tel qu'il est entendu dans cet ouvrage, ce mot désigne strictement la racine de l'arbre phylogénétique, c'est-à-dire la forme vivante qui, pour la première fois dans le développement de la vie, a engendré deux lignées distinctes se prolongeant toutes deux jusqu'à nos jours. Pour les défenseurs d'un ancêtre communautaire, le mot inclut toute la longue histoire, rappelée dans les chapitres précédents, qui aboutit à l'apparition du dernier ancêtre. Ainsi, Woese (1998) fait référence à des formes cellulaires primitives, ou « progénotes, » remontant presque jusqu'au monde de l'ARN et équipées d'une collection simple de petits gènes sujets à des mécanismes rudimentaires de réplication et de traduction, qu'il imagine progressant lentement, d'une manière proche de celle esquissée au chapitre VIII, vers des gènes et des protéines de longueur croissante par un processus itératif d'acquisition de systèmes de réplication de plus en plus précis. Les progénotes sont dépeints comme échangeant librement leurs gènes tout au long de ce processus, dans une sorte de « chaos ancestral commun ». Dans une veine similaire, Kandler (1994b) parle d'une « population multiphénotypique de précellules » impliquées dans de « fréquents échanges mutuels de patrons ».

En dehors de toute sémantique, il me semble qu'il manque à l'image « communautaire » du DACU le ressort de la progression évolutive, notamment la *sélection*. Le collectivisme est l'antithèse de la compétition, et la compétition est l'essence de la sélection darwinienne. La même objection a été faite par Forterre, cité comme ayant dit : « Songer au DACU en termes de communauté, c'est retirer l'idée de darwinisme des débuts de l'évolution » (Whitfield, 2004). Une caractéristique frappante des publications où la nouvelle vision du DACU est proposée est d'ignorer le rôle de la sélection dans les premiers stades de l'évolution. On y lit, par exemple, que, « dès le début, le cours de l'évolution cellulaire est une marche vers plus de complexité, d'intégration, de précision, de spécificité du plan cellulaire, etc. » ; que c'est « une tâche qui n'a pu être accomplie que par une évolution collective dans laquelle des plans cellulaires nombreux et variés évoluent simultanément et partagent leurs innovations les uns avec les autres » (Woese, 2002, p. 8 745). Mais le moteur de la marche, les mécanismes par lesquels les innovations utiles ont été séparées de celles, sans doute majoritaires, qui étaient ou inutiles ou nocives, ne sont pas mentionnés[7].

Au contraire, la nature de ces mécanismes a été, répété avec une insistance presque lassante, le *leitmotiv* de ce livre. La sélection, avons-nous vu, a dû émerger en même temps que l'ARN réplicable. Après une brève période où elle s'est exercée directement au niveau moléculaire, la sélection a dû rapidement devenir indirecte et fondée sur l'*utilité* des gènes ou de leurs produits. Toute l'histoire du développement de la synthèse et de l'allongement progressif des protéines, du code génétique, des enzymes qui vinrent à catalyser les premières réactions du métabolisme et toutes les autres améliorations qui ont conduit au DACU, furent, selon la reconstitution proposée dans cet ouvrage,

---

7. L'omission paraît voulue, comme l'indique cette déclaration de Woese : « Dans le monde moderne, l'innovation évolutive tend à s'établir par sélection agissant sur des organismes, tandis que dans un monde dominé par le transfert latéral de gènes, une innovation s'installe par "invasion" directe » (Woese, 1998, p. 6 858). Les deux régimes sont dépeints comme étant séparés par ce que Woese (2002) a appelé le « seuil darwinien », un « point critique » dans l'évolution du progénote qui marque un « changement de phase » depuis l'état communautaire à celui d'organisation cellulaire plus intégrée. Le passage de ce seuil se serait effectué très tardivement, après la séparation des *Bacteria*, qui auraient été les premiers à le passer, des *Archaea* et *Eucarya*, qui l'auraient fait plus tard (Woese, 2002).

dominées par des processus de sélection qui exigèrent la participation de protocellules concurrentes douées d'une individualité génétique nettement plus accusée que les progénotes ou précellules des modèles envisagés. Sans doute ces protocellules se livraient-elles dans une certaine mesure à des échanges génétiques par transfert latéral, mais elles ne peuvent l'avoir fait à l'échelle supposée, à moins que les premières phases de l'évolution n'aient pas résulté de la sélection naturelle, mais d'un autre mécanisme qui reste à identifier[8].

---

8. Woese a livré ce que l'on pourrait voir comme une échappatoire au dilemme dans une revue d'ensemble récente à forte connotation historique et philosophique, où il écrit notamment : « Il est évident que la nouveauté n'existe pas dans le vide ; elle doit avoir une valeur sélective dans un environnement donné. Pour cette raison, je ne vois pas d'alternative à la conclusion que l'évolution cellulaire a débuté d'une façon hautement multiple, à partir d'un grand nombre de points de départ ancestraux indépendants, non un seul. Une telle stratégie optimise automatiquement tant la quantité que la diversité des nouveautés générées parce qu'elle génère une grande variété de contextes sélectifs (Woese, 2004, p. 183) ». L'application de cette déclaration plutôt sybilline au mécanisme de la sélection d'enzymes discuté au chapitre III, par exemple, suggère la possibilité que des enzymes différentes pourraient être apparues simultanément dans des lignées protocellulaires différentes, plutôt que sériellement dans la même lignée, pour se propager ensuite aux autres lignées par transfert latéral des gènes en cause. Cette possibilité implique, néanmoins, que le transfert latéral de gènes entre protocellules primitives n'était, de loin, pas aussi fréquent que le prétendent ses partisans ; il doit, comme sa contrepartie moderne, avoir été suffisamment rare pour permettre à des lignées différentes de suivre des histoires évolutives distinctes, tracées individuellement par la sélection naturelle.

CHAPITRE XV

Eucaryotes

L'avènement des cellules eucaryotiques représente un des grands épisodes décisifs de l'histoire de la vie sur notre planète. Grâce à lui, la biosphère, longtemps composée exclusivement de simples procaryotes, s'est enrichie d'une profusion de micro-organismes considérablement plus complexes et, à terme, de tous les végétaux, mycètes et animaux. Sans cet événement, nous n'existerions pas.

On ignore quand exactement cet événement crucial a eu lieu. Nous avons vu au chapitre précédent qu'il existe des indications, fournies en grande partie par l'ARN ribosomial, que la lignée eucaryotique pourrait avoir commencé à se détacher des lignées procaryotiques tôt après l'époque du DACU, soit il y a 3,5 milliards d'années, peut-être même plus tôt. Mais la date d'apparition des premières cellules eucaryotiques typiques reste très incertaine. Les plus anciens fossiles eucaryotiques clairement identifiés remontent à 1,5 milliard d'années (Knoll, 2003). On a décrit des traces plus anciennes, mais leur nature eucaryotique est sujette à caution. Une date aussi reculée que 2,7 milliards d'années avant notre ère est suggérée par la présence de stéranes dans des terrains de cet âge (Brocks *et al.*, 1999). Ce groupe chimique comprend le cholestérol, les hormones stéroïdes et d'autres dérivés qui sont des constituants universels, encore que non entièrement exclusifs, des eucaryotes. Il y a donc, entre le DACU et le dernier ancêtre commun de tous les eucaryotes un fossé d'au moins 800 millions d'années, sur lesquelles les archives fossiles sont entièrement muettes. Tout ce dont on dispose pour combler ce fossé, c'est l'information que les organismes actuels peuvent offrir sur leur histoire. On verra que ces indices sont loin d'être négligeables, mais encore fort incomplets et ouverts à des interprétations discordantes et âprement discutées.

Ce que l'on sait avec un degré considérable de confiance, par contre, c'est que ce long et mystérieux parcours a débouché sur une singularité. Il a produit un nouveau type de cellule doué de toute une série de propriétés caractéristiques, ancêtre de tous les eucaryotes actuels, tant unicellulaires que multicellulaires. Avant de considérer l'origine de ces nouvelles cellules, examinons d'abord les principales caractéristiques qui différencient les cellules eucaryotiques des procaryotiques.

Les signes distinctifs des cellules eucaryotiques

Les cellules eucaryotiques sont, comme les cellules procaryotiques, des entités entourées d'une membrane et contenant un suc aqueux, ou cytosol, riche en enzymes, où sont situés notamment les ribosomes, sièges de la synthèse protéique. Mais les cellules eucaryotiques diffèrent de leurs parentes procaryotiques par nombre de traits caractéristiques, représentés schématiquement sur la Figure 15-1 : 1) une taille considérablement plus grande (20 micromètres de diamètre moyen contre 1 micromètre, ce qui correspond à un volume presque dix mille fois supérieur) ; 2) une membrane périphérique spécialisée d'une manière beaucoup plus riche et sélective dans les échanges de matière (transporteurs) et d'information (récepteurs) avec l'extérieur ; 3) un système cytomembranaire interne fonctionnant dans la capture (endocytose) et la digestion (lysosome) de matériaux extracellulaires (import) et dans la fabrication (réticulum endoplasmique, appareil de Golgi) et l'expulsion (exocytose) de produits de sécrétion (export) ; 4) un cytosquelette (constitué principalement de fibres d'actine et de microtubules), connecté à des éléments moteurs actionnés par l'ATP (myosine, dynéine, kinésine) ; 5) des chromosomes de structure complexe, ségrégués, avec les principaux systèmes de réplication et de transcription de l'ADN et de remaniement d'ARN, à l'intérieur d'une enceinte (noyau) séparée du restant de la cellule (cytoplasme) par une enveloppe membraneuse (enveloppe nucléaire) que renforcent des composants cytosquelettiques (lamina) et percée de pores permettant des échanges sélectifs avec le cytoplasme ;

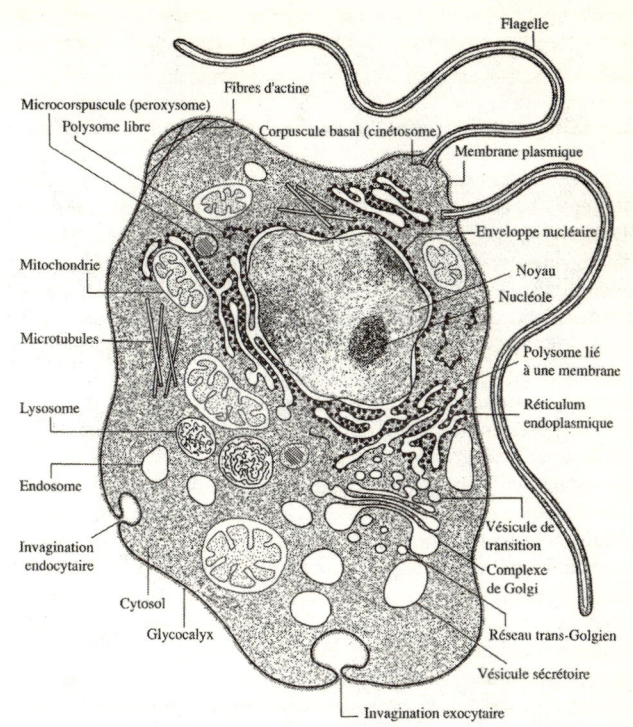

Figure 15-1 : **Les principales caractéristiques des cellules eucaryotiques.** Empruntée à de Duve (1990, p. 78), l'image représente un protiste hypothétique possédant tous les composants des cellules eucaryotiques modernes, à l'exception des chloroplastes, qui sont présents uniquement dans des algues unicellulaires et dans des cellules végétales. © De Boeck Université, *Construire une cellule*, 1990.

et 6) des organites limités par des membranes impliquées dans la consommation d'oxygène (peroxysomes, mitochondries) et, uniquement chez les algues unicellulaires et les végétaux verts, dans la photosynthèse productrice d'oxygène (chloroplastes). En outre, les cellules eucaryotiques se divisent par un mécanisme complexe (mitose) dépendant de la construction d'un échafaudage spécialisé (fuseau) de microtubules.

Tout cela est aujourd'hui bien connu et peut se trouver dans n'importe quel traité moderne de biologie cellulaire. Les structures et fonctions des diverses parties des cellules sont à présent comprises en détail et ne doivent plus nous préoccuper dans ce chapitre, qui sera consacré uniquement aux origines et aux singularités.

L'origine des cellules eucaryotiques

On croit généralement que les caractéristiques principales des cellules eucaryotiques furent acquises après l'apparition du DACU, par une entité douée d'un type d'organisation essentiellement procaryotique. Cette opinion n'est plus partagée unanimement aujourd'hui. Comme on l'a vu au chapitre précédent, certains chercheurs imaginent un DACU plus proche des eucaryotes, dont les procaryotes seraient les descendants, plutôt que les ancêtres. D'aucuns font même remonter l'origine des eucaryotes au monde de l'ARN.

Ces conceptions sont fondées surtout sur des considérations phylogénétiques et sont rarement associées à des tentatives d'expliquer comment les propriétés caractéristiques des cellules eucaryotiques ont pu être acquises. Un coup d'œil sur la Figure 15-1 suffit à faire apprécier l'ampleur de cette tâche. Ce qu'il faut expliquer, c'est la formation de toute la structure complexe illustrée par la figure, à partir d'une forme ancestrale qui, même si elle n'était pas comparable aux procaryotes actuels, devait de toute façon partager avec ceux-ci une organisation cellulaire rudimentaire. C'est pourquoi, dans la discussion qui suit, je prendrai comme hypothèse de départ que les cellules eucaryotiques sont nées, comme le veut l'hypothèse classique, toujours retenue par de nombreux chercheurs, d'entités ancestrales de type procaryotique. Il sera toujours temps de voir ensuite dans quelle mesure les modèles proposés peuvent être adaptés à des formes ancestrales différentes.

Les mécanismes impliqués dans la fameuse transition procaryote-eucaryote font depuis longtemps l'objet d'abondantes spéculations, surtout suite aux progrès décisifs de la biologie cellulaire dans les années 1950. Mais la question n'a vraiment pris son essor qu'après 1967, date à laquelle la biologiste américaine Lynn Margulis, sous le nom de Lynn Sagan (elle était à l'époque l'épouse du célèbre et médiatique physicien Carl Sagan), raviva la théorie ancienne, mais abandonnée, de l'origine procaryotique des mitochondries et des chloroplastes (Sagan, 1967). Accueillie d'abord avec scepticisme, cette théorie a maintenant atteint le statut de fait établi. On possède des preuves incontestables que les mitochondries et les chloroplastes descendent d'organismes qui furent jadis des procaryotes vivant librement et qui furent adoptés en tant qu'*endosymbiontes* – littéralement « vivant ensemble à l'intérieur » – par certaines cellules hôtes. On a aussi envisagé une origine similaire pour les peroxysomes, mais cette possibilité n'a pas été confirmée ni, d'ailleurs, réfutée.

On a beaucoup appris sur la nature des ancêtres procaryotiques des organites eucaryotiques, sur leur adoption endosymbiotique et leur intégration dans l'économie de leurs cellules hôtes, questions qui seront toutes traitées au chapitre XVII. Mais la nature des cellules hôtes elles-mêmes et les mécanismes par lesquels elles sont arrivées à héberger les endosymbiontes restent matières à incertitude et sujets de nombreux débats. Essentiellement deux théories principales ont été proposées. On peut les décrire sous les étiquettes de « phagocyte primitif » et de « rencontre fatidique. »

L'hypothèse du « phagocyte primitif »

Déjà avant que la théorie de l'endosymbionte ne fût proposée, les chercheurs avaient réfléchi sur l'origine de certaines propriétés eucaryotiques mises en lumière par les nouvelles techniques de microscopie électronique et de fractionnement tissulaire. Dans mes propres travaux, j'avais été particulièrement intrigué par l'origine des lysosomes, qui venaient d'être reconnus comme des organites digestifs apparemment présents dans toutes les cellules eucaryotiques et impliqués dans la dégradation de matériaux extracellulaires captés par endocytose et dans celle de matériaux intracellulaires ségrégués par autophagie (de Duve, 1963). Dans une revue d'ensemble datant de 1966, écrite en collaboration avec mon collègue belge Robert Wattiaux (de Duve et Wattiaux, 1966), nous fîmes la supposition illustrée sur la Figure 15-2. Comme hypothèse de départ, nous supposions l'existence d'un procaryote hétérotrophe dépourvu de paroi cellulaire, qui dépendait, comme les organismes du même genre aujourd'hui, de la digestion extracellulaire d'aliments par des exo-enzymes sécrétées. Tout aurait commencé chez cet organisme, suggérions-nous, par une modification génétique conduisant à une expansion excessive de sa membrane périphérique. Conséquence nécessaire de ce phénomène, la membrane se serait repliée en invaginations de plus en plus profondes aboutissant parfois, par simple fusion membranaire, à la formation de vésicules intracellulaires contenant des matériaux extracellu-

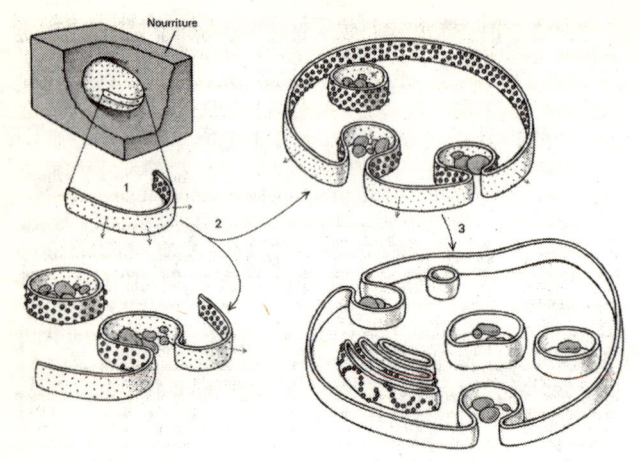

Figure 15-2 : **Mécanisme hypothétique expliquant l'origine évolutive d'un phagocyte primitif à partir d'un ancêtre procaryotique :** (1) comme beaucoup de bactéries hétérotrophes actuelles, l'ancêtre bactérien supposé utilise pour se nourrir la digestion extracellulaire des aliments par des exoenzymes synthétisées et déchargées à l'extérieur par des ribosomes liés à la membrane plasmique ; (2) les invaginations de la membrane plasmique, dans une bactérie dépourvue de paroi, créent des formes primitives de poches digestives intracellulaires, dans lesquelles les particules alimentaires intériorisées (endocytose primitive) sont digérées par les exo-enzymes retenues à l'intérieur ; (3) la différenciation du système membranaire intracellulaire relègue les ribosomes dans une partie du RE et conduit à la formation de différents domaines membranaires. La taille de la cellule augmente considérablement. Illustration empruntée à de Duve (1987, p. 98).

laires pris au piège, une préfiguration de l'endocytose. Les particules alimentaires entraînées par ce phénomène auraient été digérées à l'intérieur des vésicules par des exo-enzymes qui auraient continué à être déversées cotraductionnellement à travers la membrane, mais pour aboutir dans les vésicules plutôt qu'à l'extérieur de la cellule. Combinant originellement les propriétés d'endosomes, d'éléments du réticulum endoplasmique rugueux et de lysosomes, les vésicules postulées se seraient ultérieurement différenciées de manière à donner naissance aux diverses parties du système cytomembranaire eucaryotique[1].

---

1. Pour une description plus détaillée du modèle, voir de Duve (1996a, 1996b, 2002).

Ce modèle présente plusieurs aspects séduisants. Le processus que l'on postule aurait pu dépendre d'un changement génétique simple, conduisant, par exemple, à une synthèse accrue de phospholipides. Et, surtout, il inclut un puissant mécanisme plausible pour sa propre sélection. Comme nous l'écrivions, « les avantages de ce développement sont obvies. Il délivra l'hétérotrophie de la nécessité écologique d'un environnement confiné et relativement stagnant ; en même temps, il rendit disponibles des surfaces membranaires accrues pour des échanges nutritifs plus efficaces avec les régions profondes de la cellule, favorisant ainsi une croissance et une organisation cellulaires plus poussées » (de Duve et Wattiaux, 1966, p. 471-472). J'ai répété le même message ultérieurement en termes plus lyriques : « Avant cette acquisition, les cellules n'avaient que la digestion extracellulaire pour bénéficier de l'activité digestive de leurs exo-enzymes. À défaut d'autres moyens de subsistance, elles étaient pratiquement condamnées à résider au sein de leur source alimentaire, comme des vers dans un morceau de fromage. Et les voilà libres de parcourir le monde et de poursuivre activement leurs proies, vivant de bactéries phagocytées et d'autres matériaux ingurgités. Ce développement pourrait bien avoir marqué le commencement de l'émancipation cellulaire » (de Duve, 1987, p. 98).

Une idée semblable fut proposée indépendamment par le microbiologiste Roger Stanier, qui écrivait en 1970 : « Le pouvoir d'endocytose aurait conféré à ses premiers bénéficiaires un nouveau moyen biologique d'obtenir des aliments : la prédation aux dépens d'autres cellules » (Stanier, 1970, p. 27). Le défenseur le plus engagé de cette théorie fut – et le demeure – le biologiste britannique Thomas Cavalier-Smith (2002), qui fit la même suggestion, indépendamment lui aussi, y ajoutant le point important que le développement du système membranaire a dû aller de pair avec le développement coévolutif des éléments cytosquelettiques et moteurs requis pour diriger les mouvements de membranes. Il écrivait en 1975, époque où il croyait que la cellule ancestrale était une cyanobactérie : « Une pré-algue phagocytaire pouvait photosynthétiser de jour ou durant l'été arctique, et phagocyter la nuit ou durant l'hiver arctique (ou dans n'importe quel environnement obscur) » (Cavalier-Smith, 1975, p. 463). Les images varient, mais l'idée principale reste la même.

Il importe de souligner que notre modèle est *antérieur* à l'hypothèse de l'endosymbionte. Son objectif était de rendre compte du développement de quelques-unes des principales caractéristiques de l'organisation eucaryotique, en particulier les lysosomes, ce que le modèle fait effectivement. Ôtez les organites consommateurs d'oxygène de la Figure 15-1, et il vous reste une entité dont on peut concevoir la naissance par le mécanisme proposé. Le nom de « phagocyte primitif » a été donné à cette forme ancestrale hypothétique parce que le pouvoir de se nourrir par phagocytose et de digérer la nourriture captée dans des sites intracellulaires était considéré comme la propriété cardinale de l'organisme en question. Le modèle est étayé par plusieurs arguments.

Il y a, d'abord, les nombreuses indications de parenté entre les cytomembranes eucaryotiques et les membranes cellulaires procaryotiques. Les deux hébergent de nombreux systèmes phylogénétiquement apparentés, y compris des mécanismes de translocation de protéines qui vont jusqu'à reconnaître leurs systèmes de signalisation réciproques. Les preuves sont donc abondantes que le système cytomembranaire eucaryotique est né par expansion et internalisation d'une membrane cellulaire procaryotique, comme on le suppose. Un aspect accessoire du modèle est qu'il pourrait même rendre compte de la genèse du noyau eucaryotique. On sait que, chez les procaryotes, le chromosome est accroché à la membrane cellulaire. Si le pan de membrane impliqué dans cet accrochage avait été internalisé de la manière suggérée, il se serait retrouvé à l'intérieur de la cellule comme un sac membraneux contenant le chromosome, la forme la plus primitive d'un noyau (de Duve, 1990). Un vestige laissé par ce processus pourrait être le fait que, dans les cellules actuelles, l'enveloppe nucléaire est assemblée à partir de vésicules de réticulum endoplasmique.

L'origine procaryotique des membranes eucaryotiques étant admise, un avantage significatif du modèle proposé est qu'il rend compte de la transition que ce fait implique par une succession continue d'intermédiaires viables plausibles, avec comme fil conducteur le passage de la digestion extracellulaire à la digestion intracellulaire. Les seules innovations majeures requises – cela est vrai de toute hypothèse que l'on pourrait proposer – concernent certaines protéines cytosquelettiques, qui doivent provenir de molécules ancestrales procaryotiques qui restent à identifier (Nogales *et al.*, 1998 ; Van den Ent *et al.*, 2001).

Le plus grand mérite de l'hypothèse du phagocyte primitif est d'assurer sans discontinuer une puissante assise sélective à la transformation que l'on postule. Il n'est pas douteux que le pouvoir de capter de la nourriture et de la digérer en un site intracellulaire a dû représenter un atout immense pour n'importe quel organisme unicellulaire hétérotrophe. En outre, la pression de sélection aurait été maintenue d'une façon ininterrompue durant ce qui a dû, de toute évidence, être un long processus graduel, car chaque étape aurait comporté un avantage évolutif.

Aucun autre mécanisme n'a été proposé jusqu'à présent pour expliquer ces développements cruciaux, de sorte que l'hypothèse du phagocyte primitif mérite d'être prise en considération quel que soit le mécanisme que l'on envisage pour l'adoption d'endosymbiontes. Le fait est, néanmoins, que l'hypothèse semble presque faite sur mesure pour rendre compte de ce phénomène. La phagocytose est le mécanisme universel par lequel les cellules eucaryotiques capturent des micro-organismes. Dans la plupart des cas, les captifs sont tués et digérés dans des lysosomes. Il leur arrive occasionnellement d'échapper à ce sort et de se développer dans des vésicules du système cytomembranaire ou dans le cytosol, avec le plus souvent comme conséquence la maladie et la mort des cellules affectées. Exceptionnellement, hôte et proie établissent une relation de tolérance mutuelle qui tend à devenir symbiotique dans la mesure où chaque partenaire de la relation fournit un avantage pour la survie de l'autre. Beaucoup d'exemples de ce genre sont connus. Il ne manque plus que le temps pour que l'endosymbionte soit de plus en plus asservi par la cellule hôte, suite, notamment, à des transferts massifs de gènes (voir chapitre XVII).

L'hypothèse du phagocyte primitif reçut ce qui paraissait être une confirmation décisive des premières phylogénies, qui indiquaient que les branches inférieures de l'arbre eucaryotique étaient occupées par plusieurs groupes de micro-organismes dépourvus de mitochondries, dont les diplomonades, les microsporidies et les trichomonades. C'était là, clama-t-on, des descendants du phagocyte primitif qui se sont détachés de la lignée parentale avant l'adoption endosymbiotique des mitochondries.

Cette explication fut plus tard sévèrement ébranlée par diverses observations[2] suggérant fortement que les protistes sans mitochondries ont jadis contenu de tels organites et les ont perdus ultérieurement au cours de l'évolution. On a identifié plu-

---

2. Un exposé détaillé de ce sujet important dépasserait le cadre de ce livre. Les lecteurs intéressés trouveront des informations supplémentaires ainsi que le gros de la bibliographie sur la question dans Martin et Müller (1998), Martin *et al.* (2003) et Tovar *et al.* (2003).

sieurs gènes originaires des mitochondries dans les génomes nucléaires des organismes en question, où ils ont vraisemblablement été incorporés par transfert à partir des endosymbiontes avant la disparition de ceux-ci (voir chapitre XVII). On a même décelé dans le cytoplasme de certains de ces organismes des petites structures membranaires soupçonnées être des vestiges de mitochondries et appelées « mitosomes » pour cette raison. De plus, un de ces organismes, notamment une microsporidie, s'est révélé avoir été situé par erreur au bas de l'arbre et appartenir en réalité au groupe des mycètes. Enfin, il y a les données, que nous examinerons plus en détail au chapitre XVII, indiquant que les organites connus sous le nom d'« hydrogénosomes » pourraient être apparentés aux mitochondries. En raison de ces diverses observations, on admet généralement à présent qu'aucun organisme eucaryotique n'est connu, parmi ceux qui ont été adéquatement explorés, qui n'ait pas dans son ascendance un ancêtre qui fut un jour équipé de mitochondries ou d'organites apparentés, la conclusion étant que, si le phagocyte primitif a jamais existé, il n'a laissé aucun descendant d'une lignée qui n'a jamais contenu d'endosymbiontes. En d'autres termes, l'adoption de mitochondries signale la singularité eucaryotique. Aux yeux de nombreux observateurs, ces faits rendent caduque l'hypothèse du phagocyte primitif, qui serait « une vue fondée plus sur la tradition que sur l'évidence » (Martin *et al.*, 2003).

Ainsi, semblent dire ces observateurs, citant T. H. Huxley, une belle hypothèse a-t-elle été tuée par un vilain fait. En réalité, parler de mort est une grossière exagération. Il est évident que les nouvelles découvertes ne fournissent aucune raison de rejeter une hypothèse qui n'a rien perdu de sa vraisemblance, mais seulement ce que l'on prenait erronément pour une confirmation. Comme l'a dit Carl Sagan, l'absence de preuve n'est pas une preuve d'absence. Il convient de garder à l'esprit que le monde des protistes est encore fort mal connu. Peut-être un descendant du phagocyte primitif est-il encore caché quelque part, attendant d'être découvert[3].

Il n'est pas inutile de rappeler à ce propos que l'hypothèse du phagocyte primitif n'a pas été proposée pour rendre compte

---

3. Il est intéressant de noter à ce propos que l'on a décrit récemment des structures membranaires et ce qui pourrait être l'ébauche d'un noyau dans des microbes dénommés « planctomycètes » (Lindsay *et al.*, 2001). Je dois à Nicolas Glansdorff d'avoir attiré mon attention sur cette observation intéressante qui, soit dit en passant, est plutôt citée à l'appui de l'hypothèse d'un DACU de type eucaryotique.

de l'adoption d'endosymbiontes mais bien pour expliquer comment certaines parmi les principales propriétés eucaryotiques, en particulier le système cytomembranaire et le cytosquelette, pourraient s'être développées au cours de l'évolution. Le fait est qu'aucune autre hypothèse plausible n'a été proposée jusqu'à présent pour rendre compte de ces changements d'une immense portée. Ils sont, ou bien ignorés entièrement, ou bien escamotés par quelques mots qui n'offrent aucune explication, que ce soit en termes de mécanisme ou de sélection.

On doit mentionner une étude récente de Hartman et Fedorov (2002), qui a enrichi la question de données nouvelles d'un grand intérêt. Comparant un ensemble de 2 136 séquences protéiques trouvées dans des banques de données, ces auteurs ont identifié un total de 347 protéines « qui se trouvent dans des cellules eucaryotiques mais ne présentent aucune homologie significative avec des protéines d'*Archaea* ou de *Bacteria* ». Nombre de ces protéines sont associées aux systèmes cytomembranaire et cytosquelettique. Les auteurs interprètent leurs résultats comme démontrant l'existence précoce d'une cellule phagocytaire qui serait l'ancêtre de tous les eucaryotes. Appelée « chronocyte », cette cellule ancestrale se serait, selon eux, séparée des lignées procaryotiques déjà dans le monde de l'ARN et aurait continué à fonctionner avec un génome ARN jusqu'à ce que la capture d'un procaryote archéen la nantisse d'un noyau endosymbiotique fondé sur l'ADN[4].

Cette notion, déjà proposée il y a de nombreuses années par Hartman (1984) et adoptée également plus tard par le groupe de Sogin (Sogin *et al.*, 1996), est encore plus radicale que le modèle du DACU de Woese évoqué au chapitre précédent (Woese, 1998). S'il devait se vérifier, le modèle proposé pour le chronocyte nous obligerait non seulement à réexaminer complètement nos vues sur le DACU et la première bifurcation, mais aussi à réviser beaucoup de nos idées concernant le potentiel évolutif de gènes ARN. Les arguments avancés jusqu'à présent à l'appui du modèle sont cependant loin d'être suffisamment convaincants pour justifier un tel bouleversement.

On doit noter, d'abord, que les résultats dont il est fait état n'ont, en eux-mêmes, rien de fort surprenant, vu qu'il est manifeste que le développement des eucaryotes a dû impliquer de

---

4. Le modèle d'un protoeucaryote fondé sur l'ARN proposé par Poole *et al.* (1999) mérite d'être rappelé dans ce contexte.

nombreuses innovations qui ne se sont pas produites dans les lignées procaryotiques. Ce qui peut surprendre, et constitue le principal argument des auteurs, c'est l'absence de parenté obvie entre les séquences en question et des séquences procaryotiques. Compte tenu des durées énormes couvertes par les événements – au moins 800 millions d'années, comme nous l'avons vu – et du fait que des innovations peuvent diverger plus rapidement de leurs lignées parentales que la simple continuation fonctionnelle de celles-ci, on ne peut exclure la possibilité que les protéines partagent une origine commune avec des protéines procaryotiques mais que les traces de cette parenté ont été en grande partie effacées. On se rappellera que des traces d'une origine procaryotique ont déjà été découvertes pour certaines protéines eucaryotiques typiques (Nogales *et al.*, 1998 ; Van den Ent *et al.*, 2001). D'autres pourraient fort bien être découvertes dans l'avenir.

Même ces réserves étant faites, on doit reconnaître que les résultats réunis par les auteurs indiquent fortement que les protéines en question ont une origine très ancienne, d'autant plus que de nombreuses espèces distinctes partagent la même propriété. Comme on le soulignera ci-dessous, cette ancienneté, en indiquant que les principales caractéristiques des cellules eucaryotiques ont été acquises tôt, plaide en faveur de l'hypothèse du « phagocyte primitif ». Par contre, l'affirmation que cette cellule pourrait avoir fonctionné avec un génome ARN repose jusqu'à présent sur des arguments très minces ; elle demandera une corroboration beaucoup plus solide avant d'être acceptée. Pour citer Carl Sagan une fois encore, les affirmations extraordinaires exigent des preuves extraordinaires.

L'hypothèse de la « rencontre fatidique »

On doit cette hypothèse à Lynn Margulis, qui la proposa dans son article historique sur l'origine endosymbiotique des organites (Sagan, 1967). Dans cette publication et d'autres subséquentes, elle décrit la rencontre supposée comme l'attaque d'un procaryote non identifié, qui devint la cellule hôte, par un « prédateur féroce », également de nature procaryotique et identifié comme étant peut-être apparenté à *Bdellovibrio*, destiné à devenir l'endosymbionte (Margulis, 1981 ; Magulis et Sagan, 1986). Elle écarte l'hypothèse alternative d'une capture endocytaire de l'endosymbionte en alléguant que « la pinocytose et la phagocytose n'ont jamais été observées chez des procaryotes » (Margulis, 1981) ; et elle suggère, au contraire, que ce fut l'acquisition de mitochondries qui permit le développement de la phagotrophie. C'est ainsi qu'elle attribue bien à la phagocytose la capture subséquente des ancêtres des chloroplastes. Quant aux autres propriétés eucaryotiques, elle met l'accent principal sur ce qu'elle appelle les « undulipodia », les appendices moteurs, caractérisés par le même arrangement de microtubules, qui comprennent les cils et les flagelles eucaryotiques. Ces appendices auraient, selon elle, été acquis suite à une autre « rencontre fatidique », impliquant un organisme apparenté aux spirochètes actuels, qui sont des procaryotes mobiles parmi lesquels on trouve les agents de la syphilis et de la maladie de Lyme. Cette hypothèse, qui confond deux types de flagelles dépourvus de la moindre parenté, a peu de partisans aujourd'hui.

C'est une preuve de l'autorité que Margulis a gagnée comme championne de la théorie de l'endosymbionte – et aussi de son pouvoir de persuasion charismatique – que le modèle de la rencontre fatidique a été largement accepté, en dépit du fait qu'il est en grande partie gratuit. La théorie a même gagné beaucoup de crédit au cours des dernières années suite aux observations, mentionnées au chapitre précédent, qui suggèrent que le génome eucaryotique est une association chimérique de deux génomes, archéen et bactérien. Les défenseurs de la théorie de la fusion admettent tous que le phénomène a été déclenché par une rencontre entre deux procaryotes qui aurait conduit à une relation endosymbiotique. Une forme particulièrement persuasive de la théorie de la « rencontre fatidique » combine la fusion des génomes avec l'origine des mitochondries (Martin et Müller, 1998). Il est remarquable qu'aucun des partisans de cette théorie ne s'étende sur le passage supposé d'une relation symbiotique, qui est un phénomène courant, à l'adoption endosymbiotique, qui est extrêmement rare, ni, surtout, sur le développement des principales propriétés des cellules eucaryotiques. Cette question sera examinée plus en détail au chapitre XVII, après un bref regard sur un protagoniste majeur du jeu des endosymbiontes : l'oxygène.

Entre-temps, il importe de souligner une différence fondamentale entre les deux théories que l'on oppose. Les modèles fondés sur l'hypothèse de la rencontre fatidique supposent tous que les propriétés typiques des cellules eucaryotiques furent acquises *après* la capture des premiers endosymbiontes, ce phénomène étant considéré comme l'événement déclencheur de toute la transformation de la vie procaryotique en sa forme eucaryotique. Au contraire, le phagocyte primitif est envisagé comme s'étant développé *avant* la capture des premiers endosymbiontes et comme ayant joué directement un rôle dans cette capture. On ne pourrait surestimer l'importance de cette différence. En particulier, la première hypothèse suppose des protéines beaucoup plus anciennes que la seconde. Ce point est d'un intérêt critique pour les données de séquences discutées plus haut (Hartman et Fedorov, 2002).

CHAPITRE XVI

Oxygène

Les preuves sont nombreuses, révélées par l'analyse de terrains très anciens, que l'atmosphère terrestre initiale était presque totalement dépourvue d'oxygène et que sa teneur actuelle est due à la forme avancée de photosynthèse accomplie par les cyanobactéries et les chloroplastes des algues unicellulaires et des végétaux verts, processus par lequel des électrons sont extraits de l'eau à l'aide d'énergie lumineuse, avec libération d'oxygène moléculaire. En accord avec cette explication, la quantité d'oxygène (O_2) de l'atmosphère équivaut à la quantité totale de carbone (en provenance de CO_2) immobilisée dans la biomasse et dans des dépôts fossiles par la photosynthèse productrice d'oxygène (Figure 16-1). Cet équilibre, établi sur des centaines de millions d'années, est aujourd'hui menacé par le retour excessif de biocarbone à l'atmosphère dû à l'augmentation de la consommation humaine de combustible.

Un corollaire obvie des données géochimiques est que les premières formes de vie étaient anaérobies et le sont restées jusqu'à l'époque, il y a quelque 2,2 milliards d'années, où la teneur en oxygène de l'atmosphère a commencé à s'élever (Bekker *et al.*, 2004). Selon une hypothèse propagée par Lynn Margulis sous le nom dramatique d'« holocauste à oxygène », la montée de l'oxygène atmosphérique aurait provoqué une extinction massive des formes de vie qui existaient à l'époque. On sait, en effet, que, chez les organismes vivants, l'oxygène donne facilement naissance à des dérivés toxiques, dont le radical hydroxyle (OH), l'ion superoxyde (O_2^-) et le peroxyde d'hydrogène, ou eau oxygénée

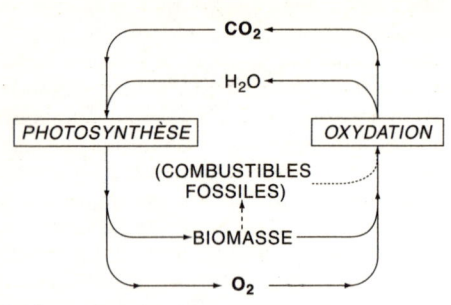

Figure 16-1 : **Équivalence entre oxygène atmosphérique et carbone organique immobilisé.** La quantité d'oxygène produite par la scission photosynthétique de l'eau est équivalente à la quantité de carbone provenant de CO_2 immobilisée dans la biomasse et les dépôts fossiles grâce à ce processus. Les oxydations métaboliques et la consommation de combustibles utilisent de l'oxygène et restituent une quantité équivalente de carbone au CO_2 atmosphérique. La combustion croissante de bois et, surtout, de combustibles fossiles est en train de perturber cet équilibre, entraînant une diminution du taux atmosphérique d'oxygène (imperceptible dans les circonstances présentes) et une augmentation (hautement significative) de la teneur atmosphérique en CO_2 (qui a doublé au cours du dernier siècle), avec comme conséquence un échauffement climatique dû à l'effet de serre. On note que les contributions de la chimiotrophie et de la photosynthèse primitive au carbone entreposé ne sont pas équilibrées par une quantité équivalente d'oxygène atmosphérique, mais bien par des oxydes minéraux.

(H_2O_2), qui tous peuvent causer des dégâts considérables, comme le montrent les anaérobies stricts actuels – le bacille de la gangrène gazeuse est un exemple – qui sont tués par l'oxygène. Tous les organismes aérobies sont protégés contre ces effets par des enzymes spécifiques, telles que la superoxyde-dismutase, les peroxydases et la catalase.

Selon le scénario de l'holocauste à oxygène, l'apparition de ce gaz a créé un des goulets les plus étroits de toute l'histoire de la vie, n'épargnant que les organismes qui trouvèrent refuge dans une niche abritée de l'oxygène et ceux, rares mais immensément importants, qui purent acquérir à temps des moyens de défense adéquats. De ces survivants aurait émergé, croit-on, un groupe qui transforma progressivement la simple protection en ce qui devait devenir la plus puissante source d'énergie biologique : l'utilisation de l'oxygène moléculaire comme accepteur final des électrons transférés par des mécanismes couplés à l'assemblage d'ATP.

Dans une version fort prisée de ce scénario, à laquelle j'ai moi-même souscrit (de Duve, 1996a, 2002), le phagocyte primitif – ou tout autre organisme qui serait devenu la cellule hôte des endosymbiontes – ainsi que tous les organismes qui l'ont précédé ou accompagné sont imaginés comme ayant été des anaérobies obligatoires qui furent pratiquement exterminés par l'oxygène lorsque celui-ci apparut. D'après cette version, seules les formes qui acquirent des organites utilisateurs d'oxygène réussirent à se faufiler à travers le goulet. C'est ce phénomène qui aurait permis aux eucaryotes de survivre et de donner naissance, finalement, à la partie la plus visible et la plus diversifiée de la biosphère, y compris l'espèce humaine.

Cette théorie intellectuellement attrayante a été ébranlée au cours des dernières années par diverses indications suggérant que l'oxygène n'a peut-être pas été aussi rare sur la Terre primitive que ne l'envisage le scénario en question (Lane, 2002). Il y a eu d'abord la découverte, par le chercheur américain J. William Schopf, de microfossiles vieux de 3,5 milliards d'années, qu'il a identifiés comme provenant de cyanobactéries (Schopf, 1999). Cette identification et même l'origine biologique des microfossiles présumés ont cependant été depuis contestées (Brasier *et al.*, 2002). La controverse n'est toujours pas résolue, mais l'origine cyanobactérienne des traces est généralement considérée comme fort douteuse et n'est plus revendiquée par Schopf. Mais il n'est pas que la photosynthèse qui soit considérée comme responsable de la production d'oxygène en ces temps reculés. Il est largement admis que de petites quantités de ce gaz étaient générées continuellement par la scission de l'eau sous l'effet des rayons ultraviolets, l'hydrogène libéré étant subséquemment perdu dans l'espace.

Le principal problème cependant n'est pas de savoir si de l'oxygène était ou n'était pas produit, mais bien quel niveau il a atteint dans l'atmosphère et, surtout, dans les eaux qui hébergeaient les organismes vivants de l'époque. Cela dépend de l'efficacité des pièges à oxygène existants, c'est-à-dire des systèmes capables de fixer cette substance chimiquement. Le piège principal était probablement le fer ferreux (Fe^{++}), présent en grandes quantités dans les océans primitifs et facilement oxydé en fer ferrique (Fe^{+++}) par l'oxygène moléculaire, avec formation d'un oxyde ferroferrique mixte hautement insoluble, qui finit par donner naissance à un minéral appelé « magnétite ». La preuve qu'une telle réaction a pu avoir lieu à grande échelle est fournie par l'existence de formations géologiques riches en magnétite – connues sous le nom de « formations de fer rubanées » en raison de leur structure stratifiée – dont l'âge se situe entre 3,5 et 2 milliards d'années.

La plupart des chercheurs pensent que le piège ferreux a longtemps conservé l'efficacité nécessaire pour protéger la vie anaérobie contre la toxicité de l'oxygène et que ce dernier n'est devenu menaçant qu'après que ce piège a été saturé et, surtout, après que des cyanobactéries eurent commencé à se développer en abondance, libérant des quantités croissantes d'oxygène par leur activité photosynthétique. Le piège n'a cependant pas pu être efficace au point qu'il n'y ait pas d'oxygène du tout. Fait intéressant, il existe aujourd'hui des bactéries adaptées à une telle situation, combinant la sensibilité à des taux d'oxygène relativement élevés propre aux anaérobies stricts avec le pouvoir de tolérer des taux très bas de ce gaz et même d'en profiter (Baughn et Malamy, 2004). Nommés « nanaérobies » (parce qu'ils croissent dans des concentrations nanomolaires d'oxygène), ces organismes doivent leur pouvoir d'utiliser l'oxygène à une cytochrome-oxydase sans doute caractérisée, comme les autres enzymes de ce type, par une haute affinité pour ce gaz. La phylogénie moléculaire de cette enzyme paraît remonter presque jusqu'au DACU, ce qui suggère que la vie débutante pourrait bien avoir été « nanaérobie » plutôt que strictement anaérobie. Cette possibilité est en accord avec d'autres observations indiquant que l'utilisation biologique de l'oxygène pourrait bien avoir commencé très tôt (Castrasena et Saraste, 1995), sans pour cela, cependant, que l'on doive considérer l'« holocauste à oxygène » comme un mythe. On se rappellera que les nanaérobies actuels sont tués par l'oxygène atmosphérique, tout comme les anaérobies stricts.

Un autre argument suggère, cependant, que la montée de l'oxygène atmosphérique qui eut lieu il y a environ 2,2 milliards d'années pourrait ne pas avoir eu des conséquences aussi mortelles qu'on a cru. On possède des données qui indiquent que la partie inférieure des premiers océans pourrait avoir été maintenue en grande partie anoxique par une abondance de bactéries productrices de sulfure, même pendant que leur partie supérieure s'enrichissait progressivement en oxygène (Canfield, 1998 ; Anbar et Knoll, 2002 ; Knoll, 2003 ; Arnold *et al.*,

2004). Ainsi, un écosystème anaérobie foisonnant pourrait avoir prospéré en profondeur, alors que des organismes aérobies pullulaient au-dessus. Les occasions n'auraient pas manqué, entre les deux régions, pour une transition graduelle d'une forme de vie à l'autre.

CHAPITRE XVII

Endosymbiontes

Comme on l'a vu au chapitre XV, on est loin d'un accord sur la façon dont les futures cellules hôtes et les futurs endosymbiontes pourraient s'être engagés dans leur relation initiale. Ce qui a suivi, par contre, est assez bien compris, du moins dans ses grandes lignes, grâce à certains traits communs aux deux cas d'endosymbiose historiquement établis. Qu'il s'agisse des mitochondries ou des chloroplastes, essentiellement les deux mêmes types d'événements sont intervenus dans l'adoption des organites.

Dans les deux cas, les endosymbiontes ont perdu la majeure partie de leurs gènes, dont certains ont été transférés au noyau de la cellule hôte et intégrés dans le génome de cette dernière d'une manière qui permettait leur réplication et leur transcription par les mécanismes locaux. Détail intéressant, il arrive que de tels gènes ou leurs vestiges demeurent dans le noyau alors que les organites eux-mêmes sont perdus ou dégénérés. Ce sont de telles données qui révélèrent que les ancêtres d'eucaryotes dépourvus de mitochondries ont contenu jadis de tels organites. On a vu que cette découverte a été brandie contre l'hypothèse du phagocyte primitif.

Le second phénomène est la translocation dans l'endosymbionte de protéines produites sous le contrôle de gènes qui ont été transférés de celui-ci au noyau de la cellule hôte. De telles protéines sont synthétisées, comme le sont les protéines de la cellule hôte, par des ribosomes cytosoliques instruits par des messages ARN transcrits dans le noyau. Si les protéines jouent un rôle essentiel dans l'endosymbionte, leur translocation doit être fonctionnelle avant que le gène en question ne soit définitivement perdu par l'endosymbionte et installé dans le noyau.

Ces mécanismes et les avantages sélectifs qui ont pu promouvoir leur développement ont été discutés dans des ouvrages précédents (de Duve, 1996a, 2002)[1]. Je n'y reviendrai pas dans ce chapitre, consacré à la singularité du processus d'adoption et à ses causes possibles.

Mitochondries et hydrogénosomes

Les mitochondries sont les « centrales d'énergie » des cellules eucaryotiques. Entourées par deux membranes, elles hébergent dans leur membrane interne, qui se déploie en de multiples replis, ou crêtes, les chaînes respiratoires phosphorylantes responsables de la génération oxydative d'ATP dans la grande majorité des eucaryotes. Les données acquises indiquent clairement que toutes les mitochondries descendent d'un endosymbionte ancestral unique, qui provient lui-même d'anciennes bactéries apparentées le plus étroitement aux α-protéobactéries actuelles.

Dès que l'on commença de soupçonner ce fait, la question se posa de savoir quel avantage évolutif aurait pu favoriser l'association observée entre les endosymbiontes et leurs cellules hôtes. La première réponse à cette question a été faite dans le cadre de l'hypothèse de l'holocauste à oxygène. On supposa que la cellule hôte était un anaérobie obligatoire qui eût été exterminé par l'oxygène s'il n'avait été sauvé de ce sort par des endosymbiontes capables d'utiliser ce gaz.

Plaidait néanmoins contre cette possibilité le fait que les mitochondries, tout comme leurs plus proches parents bactériens, possèdent la chaîne respiratoire protonmotrice la plus efficiente et la plus perfectionnée de tout le monde vivant. Il paraissait peu probable qu'un organisme strictement anaérobie eût pu survivre durant tout le temps qu'il a fallu à un procaryote voisin pour acquérir des systèmes aussi sophistiqués, attendant, si l'on peut dire, dans des coulisses abritées de l'oxygène, le moment où l'adoption des champions de l'exploitation de ce gaz permette au héros de faire une entrée triomphante sur la scène aérobie. En raison de cette objection, j'ai suggéré, comme une explication plus probable, que les sauveteurs furent les peroxy-

---

1. Pour des détails plus récents, on consultera avec profit Dyall *et al.* (2004a).

somes, dont les enzymes consommatrices d'oxygène ont le caractère primitif qu'on attendrait (de Duve, 1996a, 2002).

Il n'est pas possible, dans l'état actuel des connaissances, d'imaginer comment ce sauvetage aurait pu s'effectuer, car on ignore l'origine des peroxysomes. Quelle que soit la manière dont ces organites sont apparus, il est clair qu'ils auraient pu protéger les cellules hôtes primitives contre la toxicité de l'oxygène jusqu'à ce que les ancêtres des mitochondries fussent adoptés comme endosymbiontes. Mais, dans ce cas, quel a pu être l'avantage que les cellules ont tiré de l'acquisition de mitochondries ? L'efficacité énergétique semble fournir la réponse la plus plausible à cette question. En effet, si, comme on doit le supposer, les cellules hôtes dépendaient pour assurer leurs besoins en ATP de systèmes primitifs du genre phosphorylation au niveau de substrats, l'acquisition des systèmes hautement efficients de phosphorylation au niveau de transporteurs présents dans les mitochondries aurait entraîné un gain énorme (de presque vingt fois) de rendement énergétique, manifestement un avantage sélectif décisif.

Cette théorie s'est heurtée récemment à des observations indiquant que les mitochondries sont très probablement apparentées aux hydrogénosomes. Découverts dans mon laboratoire à la Rockefeller University par Miklos Müller (1993), les hydrogénosomes sont des organites entourés de membranes qui furent identifiés pour la première fois dans *Trichomonas vaginalis*, un protiste facultativement anaérobie, parasite du tractus génital féminin. Ces organites se caractérisent par le pouvoir de générer de l'ATP dans des conditions anaérobies par un processus lié à la production d'hydrogène moléculaire ; d'où leur nom. Les hydrogénosomes peuvent aussi fonctionner dans des conditions aérobies, auquel cas l'hydrogène est dévié oxydativement vers la formation d'eau. Des organites doués de ces propriétés ont été trouvés dans un petit nombre de protistes phylogénétiquement distants et dans quelques mycètes, ce qui indique des origines multiples.

Au cours des dernières années, on a trouvé, entre les hydrogénosomes et les mitochondries, un certain nombre de parentés génétiques (Martin et Muller, 1998 ; Müller et Martin, 1999 ; Dyall *et al.*, 2004a, Sutak *et al.*, 2004) qui ont conduit à la conclusion que les deux types d'organites descendent d'un ancêtre commun qui combinait vraisemblablement une machinerie oxydative de haute efficacité au pouvoir de survivre dans des conditions anaérobies par un processus générateur d'hydrogène. Ces découvertes remarquables ont ajouté une nouvelle dimension au problème de l'endosymbiose : à côté de l'efficience aérobie, la cellule hôte pouvait tirer un second avantage évolutif de ses endosymbiontes, notamment le pouvoir d'assembler l'ATP dans des conditions anaérobies par un mécanisme associé à la production d'hydrogène.

Une théorie fondée sur ce second processus a été proposée par Martin et Müller (1998) dans un article fort remarqué, déjà cité au chapitre XV. La théorie postule l'union d'un procaryote archéen, autotrophe, utilisateur d'hydrogène, peut-être semblable aux méthanogènes d'aujourd'hui, avec un procaryote bactérien hétérotrophe, générateur d'hydrogène, en une association mutuellement avantageuse fondée sur l'échange d'hydrogène pour de la nourriture. Originellement symbiotique, le lien entre les deux partenaires se serait modifié progressivement pour devenir endosymbiotique, l'archéen devenant l'hôte, et la bactérie le pensionnaire, ancêtre commun des hydrogénosomes et des mitochondries.

Notons que la prémisse de départ de cette hypothèse est un phénomène bien connu. Des associations symbiotiques entre procaryotes producteurs et utilisateurs d'hydrogène se rencontrent abondamment dans la nature. L'original de la proposition réside dans le passage supposé d'une relation symbiotique à une relation endosymbiotique et, particulièrement, dans le développement, à la faveur de ce passage, d'un organite qui serait l'ancêtre commun des mitochondries et des hydrogénosomes. À cet égard, le modèle diffère d'une manière fondamentale de celui, fondé également sur un transfert d'hydrogène, qui fut proposé en même temps par Moreira et Lopez-Garcia (1998). Dans ce dernier modèle, élaboré pour rendre compte du chimérisme génétique des eucaryotes (voir chapitre XIV), les rôles sont inversés. Des méthanogènes archéens deviennent les endosymbiontes, tandis que ce sont des bactéries (apparentées aux δ-protéobactéries, un groupe différent des ancêtres des mitochondries) qui deviennent les cellules hôtes.

Le trait central de l'hypothèse de Martin et Müller, explication de son succès, c'est qu'elle fait remonter à un événement unique, placé sous le signe d'avantages sélectifs mutuels, l'émergence de deux caractères clés des cellules eucaryotiques : leur patrimoine génétique chimérique, en partie archéen, en partie bactérien, et la possession d'endosymbiontes bactériens supposés provenir d'un ancêtre qui combinait les propriétés des mitochondries et des hydrogénosomes. Selon cette hypothèse, les propriétés caractéristiques des hydrogénosomes furent perdues dans la plupart des cas pour laisser des mitochondries typiques ou, parfois, seulement quelques-uns de leurs gènes. Dans quelques cas sélectionnés, qui, selon les phylogénies, se seraient produits indépendamment plus d'une fois, les propriétés mitochondriales furent perdues, laissant des hydrogénosomes.

Dans le contexte animé, rappelé au chapitre XIV, des investigations phylogénétiques et des débats sur l'origine chimérique du génome eucaryotique, le modèle de l'hydrogène a attiré un intérêt considérable. Il présente, néanmoins, des faiblesses et gagnerait à être amendé.

D'abord, la transition de symbiose à endosymbiose n'est pas expliquée par le modèle. Alors que de nombreux exemples de symbiose entre procaryotes sont connus, un seul cas d'endosymbiose apparente a été décrit (von Dohlen *et al.*, 2001). Cité comme preuve qu'« il est possible d'établir une endosymbiose avec un hôte procaryotique non phagocytaire » (Martin et Russell, 2003), ce cas unique fait peu de poids à côté des nombreux cas d'authentique capture d'endosymbiontes par phagocytose, d'autant plus que l'hôte n'est même pas un procaryote libre, mais bien lui-même un endosymbionte.

Une autre faiblesse du modèle de l'hydrogène, déjà soulignée au chapitre XV, c'est que, comme tous les modèles fondés sur l'hypothèse de la rencontre fatidique, il ne donne aucune explication satisfaisante du développement d'importantes propriétés eucaryotiques, en particulier le système cytomembranaire et le cytosquelette, sans compter le noyau, avec toutes les fonctions clés associées à ces structures. Ces difficultés sont encore accrues du fait que les membranes de la cellule hôte putative devaient contenir des lipides éthers qui ont dû être remplacés par des lipides esters, vraisemblablement sous le contrôle de gènes originaires de l'endosymbionte (Martin et Russell, 2003).

Finalement, le modèle de l'hydrogène repose exclusivement sur la faculté de l'endosymbionte de générer de l'hydrogène dans des conditions anaérobies ; il néglige complètement les atouts aérobies de cet organisme qui ne peuvent cependant pas avoir perdu leur valeur du simple fait qu'ils étaient associés à une propriété anaérobie utile. Or ces atouts devaient manifestement exister au moment où le lien endosymbiotique a été créé. Il est inconcevable que l'endosymbionte générateur d'hydrogène ait pu acquérir ultérieurement la machinerie de respiration phosphorylante perfectionnée qui caractérise les mitochondries. Si, comme le suppose le modèle, l'association endosymbiotique est née dans un milieu anaérobie, on doit admettre que la machinerie respiratoire est restée inactive pendant tout le temps requis par l'établissement de cette association, tout en conservant son intégrité fonctionnelle, prête à reprendre son activité et à s'avérer à nouveau utile au moment du passage à un milieu oxygéné, qui a dû nécessairement se produire à un moment donné. On voit difficilement comment un système aussi complexe aurait pu être préservé pendant un temps prolongé sans pression sélective.

L'existence de zones aérobie et anaérobie séparées par une interface, évoquée au chapitre précédent, offre une échappatoire possible. Il est concevable que la relation endosymbiotique ait été scellée dans des conditions strictement anaérobies, comme le veut l'hypothèse, mais que la proximité d'une zone oxygénée ait offert au pouvoir respiratoire de l'endosymbionte des occasions de s'avérer utile en débarrassant le milieu de l'oxygène qui aurait pu s'infiltrer (Martin et Müller, 1998).

Il y a d'autres possibilités. Un phagocyte primitif équipé de peroxysomes, comme on l'a supposé plus haut, pourrait faire l'affaire comme cellule hôte pour autant qu'il tirât un avantage d'un apport anaérobie d'hydrogène. On peut concevoir encore une association symbiotique entre deux endosymbiontes au sein d'une troisième cellule servant d'hôte. Il est intéressant, à ce propos, que l'on trouve effectivement, dans un protiste parasite présent dans l'intestin postérieur de certaines blattes, des archéens endosymbiotiques producteurs de méthane en contact étroit avec des hydrogénosomes qui, contrairement aux autres organites de ce groupe, ont la particularité de contenir encore de petites quantités d'ADN (Akhmanova *et al.*, 1998).

Enfin, on ne peut exclure au stade actuel que la connexion par l'hydrogène ne soit une fausse piste et qu'un autre avantage mutuel ait favorisé la relation endosymbiotique entre les ancêtres des mitochondries et des hydrogénosomes et leurs cellules hôtes. En fait, le fondement même du nouveau modèle, qui est l'origine commune des mitochondries et des hydrogénosomes, reste encore discutable (Akhmanova *et al.*, 1998 ; Dyall *et al.*, 2004a, 2004b). Le principal problème est que les hydrogénosomes semblent être apparus plus d'une fois au cours de l'évolution, avec des attributs génétiques pouvant différer d'une lignée à une autre (Horner *et al.*, 2000 ; Hackstein *et al.*, 2001 ; Voncken *et al.*, 2002). De telles particularités sont difficilement conciliables avec une origine unique à partir d'un ancêtre qui possédait déjà les propriétés caractéristiques des hydrogénosomes (en plus de celles des mitochondries). Une autre possibilité, qui mérite certainement d'être prise en considération, est que l'ancêtre des mitochondries ne possédait pas au départ les propriétés des hydrogénosomes et qu'il les a acquises ultérieurement par transfert latéral de gènes dans le cadre d'une adaptation à des conditions anaérobies, processus qui aurait pu se produire plus d'une fois dans des lignées différentes. Les gènes en question, qui pourraient ne pas avoir été les mêmes dans chaque cas, auraient pu provenir d'un autre endosymbionte (Dyall *et al.*, 2004a). Il est même concevable que ce fut cet endosymbionte qui donna naissance aux hydrogénosomes et qu'il acquit des mitochondries les gènes qu'il a en commun avec ces dernières (Dyall *et al.*, 2004b). De tels transferts de gènes auraient pu se produire directement entre endosymbiontes ou par l'intermédiaire du noyau[2].

Qu'en est-il maintenant de la singularité ? D'après certains défenseurs de l'hypothèse de la rencontre fatidique, elle serait le fait d'un coup de chance extraordinaire (mécanisme 6). Ainsi, pour Martin et ses collaborateurs (Martin *et al.*, 2003, p. 197), « l'origine des mitochondries fut un événement d'une rareté indicible ». C'est là une déclaration d'une lourde portée philosophique, car elle implique que toute la biosphère visible, y compris notre propre espèce, doit son existence à un « événement d'une rareté indicible ».

D'autres explications restent néanmoins possibles, surtout si l'on admet l'hypothèse du phagocyte primitif. Avec de telles cellules, en effet, les rencontres elles-mêmes entre hôtes et pensionnaires potentiels auraient été monnaie courante, comme elles le sont aujourd'hui. Ce sont les événements qui ont suivi et conduit finalement à la transformation de bactéries phagocytées en endosymbiontes authentiques qui ont dû être responsables de la singularité. Même si l'explication nous échappe, il reste possible que la capture endosymbiotique ait été pour les cellules

---

2. J'ai été grandement aidé dans mes efforts pour clarifier cette question hautement spécialisée par une correspondance abondante avec Patricia Johnson, à qui je dois beaucoup de gratitude. Il me faut remercier également Johannes Hackstein qui m'a aimablement fourni de précieuses informations. Ces collègues ne peuvent cependant aucunement être tenus pour responsables des erreurs que j'ai pu commettre en résumant les données publiées et en essayant de les ordonner d'une manière sensée.

hôtes une condition indispensable de survie dans les conditions de milieu existantes, créant par le fait même un goulet sélectif (mécanisme 2). On peut envisager aussi l'intervention d'un goulet de type restrictif (mécanisme 3), étant donné les nombreuses conditions qui ont dû être satisfaites pour que l'intégration de l'endosymbionte réussisse. On doit cependant se rappeler que les mêmes conditions ont été réalisées au moins deux fois (mitochondries et chloroplastes) et ne peuvent donc pas avoir été exceptionnellement rigoureuses[3]. Enfin, il y a aussi la possibilité d'un « pseudo-goulet » (mécanisme 4), tel qu'une seule parmi toutes les nombreuses lignées similaires qui auraient pu être commencées ait fini par survivre pour devenir l'ancêtre commun de tous les eucaryotes, tandis que toutes les autres auraient été victimes des extinctions naturelles qui émondent inévitablement les arbres phylogénétiques. Sans l'aide de fossiles et avec des lignées génétiques embrouillées d'une manière inextricable par des transferts latéraux, des paralogies, des héritages endosymbiotiques cachés et d'autres complications, la solution du problème pourrait bien ne jamais être trouvée ; mais on ne peut qu'essayer. À ce propos, le fait que le même problème est soulevé par les chloroplastes, mais dans un contexte d'apparence plus simple, pourrait fournir quelques indications suggestives.

Chloroplastes

En principe, le cas des chloroplastes est plus clair. Ces organites photosynthétiques proviennent indubitablement d'ancêtres cyanobactériens qui furent adoptés en tant qu'endosymbiontes par des cellules qui possédaient déjà des mitochondries (et des peroxysomes). On admet généralement que ces cellules hôtes avaient acquis les principales propriétés des cellules eucaryotiques à l'époque de cet événement, quelle que fût la nature de la cellule hôte qui accueillit les mitochondries, et que la capture des cyanobactéries ancestrales eut lieu par phagocytose. Il n'y a donc pas de controverse comme à propos des mitochondries. Quant aux avantages sélectifs résultant de l'association, ils sont

---

3. Cet argument n'est pas entièrement concluant, car il est possible que des cellules qui ont réussi à adopter un type d'endosymbionte puissent plus facilement en adopter un second, tirant avantage, par exemple, du système de translocation protéique développé dans le processus précédent et en modifiant simplement les signaux de ciblage (Dyall *et al.*, 2004a).

évidents. Des cellules hétérotrophes qui dépendaient pour survivre d'un apport continu de nourriture pouvaient désormais se reposer sur leurs captifs photosynthétiques pour leur approvisionnement en aliments, avec, comme seule exigence, de la lumière et quelques éléments minéraux.

Pourquoi, dès lors, ce phénomène ne s'est-il produit qu'une seule fois ? Ou, du moins, pourquoi un seul phénomène de ce type a-t-il produit une progéniture qui a survécu jusqu'à nos jours ? La question est récente. On a cru à un moment donné que les choloroplastes étaient les produits d'au moins trois événements endosymbiotiques distincts, ayant conduit séparément à la formation des algues rouges, brunes et vertes, dont seules les dernières auraient évolué ensuite pour donner naissance aux végétaux multicellulaires. La tendance actuelle, cependant, est en faveur d'une origine monophylétique de tous les chloroplastes, en dépit du fait que de multiples processus d'adoption endosymbiotique aient pu avoir lieu, mais impliquant des cellules contenant des chloroplastes, ou même les produits d'un événement antérieur de ce type, mais non des cyanobactéries libres (Palmer, 2003).

Utilisant le rasoir d'Ockham, on est tenté de supposer que la singularité relève d'une explication similaire dans le cas des mitochondries et dans celui des chloroplastes, et qu'elle est liée d'une certaine manière au processus d'adoption endosymbiotique d'un procaryote qui vivait librement avant cela. On songe à l'optimisation sélective comme une possibilité attrayante, vu que de nombreuses combinaisons différentes de gènes de la cellule hôte et de l'endosymbionte peuvent être mises à l'essai au cours d'un processus d'adoption de ce genre. Dans une telle éventualité, les organites seraient non pas les fruits de coups de hasard improbables, mais bien des produits raffinés de la sélection naturelle.

Autres endosymbiontes

Les biologistes ont été longtemps intrigués par les nombreuses associations symbiotiques qui existent dans la nature. Au cours des dernières décennies, cet intérêt s'est étendu à toutes sortes d'associations endosymbiotiques impliquant, comme entités adoptées, non seulement des procaryotes et des organites provenant de procaryotes, mais aussi des cellules eucaryotiques et des parties de telles cellules. L'endocytobiologie est devenue une discipline à part entière, avec ses sociétés, ses journaux et ses colloques spécialisés. Même un bref résumé de ce domaine fascinant sortirait des limites de cet ouvrage. Je ne puis que mentionner quelques exemples directement liés à l'origine des cellules eucaryotiques.

Comme je l'ai dit plus haut, Margulis a postulé une origine endosymbiotique pour les *cils* et les *flagelles* eucaryotiques, mais cette hypothèse n'est pas considérée comme vraisemblable par une majorité de chercheurs.

Par contre, l'origine des *peroxysomes* reste un lancinant problème non résolu. Lors d'une réunion organisée en 1968, j'ai passé en revue les propriétés biochimiques des divers membres de la famille des peroxysomes identifiés à l'époque dans des cellules végétales et animales et dans des protistes, et je suis arrivé à la conclusion que l'ancêtre commun dont ils étaient probablement tous les descendants fut une entité douée d'un riche métabolisme qui aurait bien pu provenir par endosymbiose d'un procaryote aérobie primitif, mais sans conserver la moindre trace de cette origine, ayant abandonné au noyau de sa cellule hôte tous ceux de ses gènes qui ont été conservés (de Duve, 1969). À ma connaissance, cette possibilité reste ouverte, mais manque de support empirique.

On doit espérer que les études phylogénétiques de l'avenir aideront à clarifier ce problème. Les peroxysomes sont des organites importants présents dans la grande majorité des cellules eucaryotiques. Leurs machineries oxydatives centrées sur l'eau oxygénée suggèrent qu'ils ont pu jouer un rôle important dans la protection des premiers eucaryotes contre la teneur croissante de l'atmosphère en oxygène. Aucun modèle prétendant rendre compte de l'origine des cellules eucaryotiques ne peut être complet s'il n'offre pas une explication de l'origine et de la fonction évolutive de ces curieux organites.

Finalement, on doit prêter attention à la possibilité que le *noyau* eucaryotique provienne d'un endosymbionte archéen ancestral. On ne doit pas confondre cette possibilité, qui est une des explications proposées pour rendre compte du chimérisme génétique des cellules eucaryotiques (voir chapitre XV), avec le fait bien établi que les endosymbiontes ont abandonné une fraction importante de leurs gènes au noyau de la cellule hôte, avec comme résultat un certain degré de « fusion » entre les deux génomes. Ce dont il est question ici, c'est la théorie, défendue notamment par Hartman (1984 ; Hartman et Fedorov, 2002), selon laquelle le noyau eucaryotique a appartenu à un procaryote archéen qui fut adopté comme endosymbionte par une cellule phagocytaire hypothétique, ou « chronocyte », douée d'un génome ARN. L'auteur n'offre aucune explication concernant la manière dont le système génétique fondé sur l'ADN de l'endosymbionte aurait pu s'intégrer dans une économie fondée sur l'ARN.

On doit mentionner encore, dans le même contexte, le modèle « syntrophique », cité plus haut, de Moreira et Lopez-Garcia (1998), selon lequel l'enveloppement d'un ancêtre archéen utilisateur d'hydrogène par des bactéries productrices de ce gaz aurait conduit à une relation endosymbiotique où l'archéen aurait donné naissance au noyau, et les bactéries au cytoplasme. À part une vague allusion au développement d'un système endomembranaire à partir des membranes périphériques des bactéries enveloppantes, les auteurs du modèle discutent à peine la question, cependant cruciale, de la manière dont les partenaires de l'association supposée auraient pu évoluer en concentrant les gènes informationnels de l'un et les gènes opérationnels de l'autre dans le seul noyau dérivé de l'endosymbionte archéen (voir chapitre XIV).

CHAPITRE XVIII

Multicellulaires

L'histoire des organismes multicellulaires représente la dernière étape de la longue saga de la vie sur Terre. Mieux connue que les précédentes, grâce aux archives fossiles, elle fait l'objet de nombreux exposés et traités savants que le lecteur désireux de détails consultera avec profit. Pour ce qui est du présent chapitre, il sera focalisé sur le seul objectif que je me suis donné dans cet ouvrage, notamment les singularités, un aspect qui a attiré étonnamment peu l'attention des spécialistes. Et, cependant, les singularités constituent un trait marquant des chemins qui ont mené aux organismes multicellulaires d'aujourd'hui. Pour autant qu'on sache, tous les végétaux terrestres, tous les mycètes et tous les animaux descendent chacun d'un seul ancêtre commun. Chaque nouveau groupe important apparu plus tard au cours de l'évolution de la vie semble remonter à un organisme souche unique.

Les fondateurs

L'époque exacte à laquelle des cellules eucaryotiques ont pour la première fois formé des associations multicellulaires demeure incertaine, en grande partie parce que de nombreuses associations de ce genre peuvent avoir existé sans laisser de traces fossiles reconnaissables. Il semble néanmoins probable que des protistes unicellulaires ont pullulé et évolué sur Terre durant plusieurs centaines de millions d'années avant de donner naissance aux organismes multicellulaires dont les descendants nous entourent aujourd'hui. Pourquoi tellement de temps ?

Une réponse plausible à cette question est qu'il ne s'agit pas ici d'associations dans le sens habituel du terme, c'est-à-dire d'entités composées de deux ou plusieurs populations cellulaires génétiquement différentes qui se sont unies sous la pression de la sélection naturelle et qui sont maintenues ensemble par les bénéfices mutuels qu'elles tirent d'avoir joint leurs forces. Il existe de nombreuses colonies symbiotiques de ce genre, même dans le monde procaryotique. Les vrais organismes multicellulaires proviennent d'une cellule *unique* – soit haploïde, soit, plus fréquemment, diploïde et née de la fécondation d'une cellule haploïde par une autre – qui, au cours de divisions successives, produit des types cellulaires différenciés distincts qui possèdent tous le *même* génome mais en expriment chacun des parties différentes. La clé du développement de tels organismes réside dans le pouvoir de diriger la *transcription* de façon telle que des ensembles de gènes différents soient bloqués ou activés dans des descendants différents de la cellule mère. En outre, ces phénomènes doivent être eux-mêmes coordonnés dans le temps et dans l'espace de manière qu'en résultent des ensembles de cellules différenciées organisées harmonieusement en tissus, organes, systèmes et, pour finir, organismes entiers.

Une explication concevable, qui pourrait rendre compte en même temps de l'apparition tardive de ces organismes multicellulaires et de leur origine singulière, est qu'ils doivent leur formation à des événements extrêmement improbables exigeant un fantastique coup de chance pour se produire (mécanisme 6). Plaide contre cette explication le fait que la multicellularité fondée sur la différenciation cellulaire a été developpée en au moins trois occasions majeures distinctes, par des algues vertes dans le cas des végétaux terrestres[1], par des levures primitives dans celui des mycètes et par une variété de protistes mobiles (choanoflagellates) dans celui des animaux.

En outre, on ne voit pas pourquoi des circonstances spéciales seraient nécessaires pour engager des cellules filles à rester ensemble après leur naissance. Elles pourraient demeurer groupées pour la simple raison qu'elles partagent un habitacle commun, comme c'est le cas de cellules végétales ou de mycètes.

---

1. Les algues marines rouges et brunes seraient elles-mêmes issues de deux autres événements distincts.

Ou encore les cellules pourraient coller les unes aux autres par des molécules d'adhésion cellulaire, comme c'est le cas des cellules animales. Dès lors, on peut s'attendre à ce que le « choix » des cellules entre rester groupées et gagner leur liberté dépende des avantages relatifs que leur procurent les deux états explorés à la faveur de diverses mutations. Le myxomycète *Dictyostelium* offre un exemple intéressant d'alternance entre les deux états soumis à une régulation environnementale. En période d'abondance, les cellules se comportent comme des protistes amiboïdes libres menant avec succès leur existence individuelle. Sous l'effet d'un stress, causé, par exemple, par un manque de nourriture, les cellules se groupent en un corps frugifère qui, parfois par reproduction sexuée, produit des spores qui servent à préserver l'espèce dans l'attente de jours meilleurs. Fait révélateur, le signal de détresse qui appelle au groupement est donné par la sécrétion d'AMP cyclique, un dérivé de l'ATP d'importance majeure doué de multiples fonctions régulatrices, qui, en l'occurrence, agit en allumant des gènes codant pour des protéines d'adhésion cellulaire. On imagine aisément comment certaines mutations affectant des gènes régulateurs de transcription impliqués dans la différenciation cellulaire peuvent conférer un avantage sélectif à une association cellulaire donnée, qui serait ainsi stabilisée.

Pour les raisons ci-dessus, on est tenté de penser que la création d'une association favorable entre deux et, plus tard, plusieurs types de cellules différenciées issues de la même cellule mère a été un événement assez banal qui a pu avoir lieu plus d'une fois dans chaque règne. S'il en a été ainsi, on peut se demander d'où proviennent les singularités observées dans le monde vivant aujourd'hui.

On se rappellera pour commencer qu'il est question d'événements qui ont eu lieu il y a au moins 600 millions d'années, laissant comme seuls indices, à côté de rares fossiles, les produits terminaux des lignées qui ont survécu pendant ces longues durées pour nous donner une vague idée de ce qu'ont pu être leurs ancêtres. Bien d'autres lignées ont pu naître, pour disparaître plus tard sans laisser de traces suite à divers événements fortuits sans rapport les uns avec les autres. Il s'agirait alors de ce que j'ai appelé des « pseudo-goulets » (mécanisme 4), explication d'autant plus plausible que le monde vivant d'aujourd'hui est loin de comprendre des représentants de tous les intermédiaires évolutifs qui ont existé. Ce qu'il nous offre, c'est un échantillonnage fragmentaire constitué des lignées qui, pour une raison ou une autre, ont échappé à l'extinction et se prolongent jusqu'aujourd'hui.

On ne peut cependant pas exclure la possibilité que les singularités proviennent d'un véritable goulet. Il est certes concevable que la vie en évolution ait pu, comme en de nombreuses autres circonstances évoquées dans ce livre, explorer un large éventail de possibilités et aboutir, à chaque étape, à une combinaison de gènes optimale, ou presque, pour les conditions qui régnaient (goulet sélectif, mécanisme 2). À un tel processus, on doit ajouter les contraintes imposées par des restrictions internes (goulet restrictif, mécanisme 3). Comme on le verra, les restrictions de ce genre ont tendance à augmenter au cours de l'évolution, au fur et à mesure que les génomes deviennent plus complexes.

Les organismes souches

L'arbre de la vie a grandi, tout comme les vrais arbres, par la combinaison d'allongements et de bifurcations de branches. Ces événements sont façonnés par la reproduction, que canalisent les changements génétiques et les conditions environnementales. Chez les procaryotes et les eucaryotes unicellulaires, qui se multiplient par division binaire, les choses sont relativement simples. L'allongement de branches reproduit les génomes existants, soit sans changement, soit sous une forme progressivement modifiée par des mutations, sous le contrôle de la sélection naturelle. Les bifurcations ont lieu lorsqu'une cellule mutante se détache de la lignée principale et amorce une nouvelle branche, souvent adaptée à un environnement différent.

Les choses sont plus compliquées pour les organismes qui se reproduisent sexuellement. La reproduction n'agit pas sur les génomes entiers. Elle brasse continuellement les gènes existants en de nouvelles combinaisons produites au cours de la méiose et de la fécondation, laissant la sélection naturelle éliminer les moins avantageuses. Des gènes modifiés sont introduits dans ce pool par des cellules germinales mutantes qui ont pris part à un phénomène de fécondation fructueux. Des bifurcations se créent lorsque des variants génétiques se séparent de la population parentale et inaugurent une nouvelle lignée, grâce, le plus souvent mais pas toujours, à l'isolement dans un environnement différent.

L'examen des reconstructions phylogénétiques révèle deux types différents de bifurcations. Dans l'un, les plans de corps existants ne souffrent que des modifications mineures, souvent associées à un plus grand succès évolutif dans un milieu donné mais sans impact à long terme sur l'évolution de la vie. Dans cette forme d'évolution, que les traités désignent généralement sous le nom de « microévolution » et que j'aime appeler « horizontale », il y a simplement création de diversité au sein de groupes existants. Plus d'un million d'espèces distinctes d'insectes existent probablement, depuis les fourmis et les cafards jusqu'aux lucioles et aux mantes religieuses ; mais toutes sont des insectes, descendants d'une forme insecte ancestrale unique. De même, les morues, les raies, les hippocampes et les barracudas proviennent tous par évolution horizontale d'une même espèce ancestrale de poissons.

Un type beaucoup plus rare de bifurcation est créé lorsque le changement génétique en cause amorce une série de modifications successives qui conduisent à un plan de corps profondément remanié. C'est ainsi qu'il est arrivé qu'une ancienne espèce de poisson, plutôt qu'évoluer horizontalement pour former d'autres poissons, subit un changement qui ouvrit une voie conduisant vers le premier amphibien primitif, par une longue succession d'étapes au cours desquelles fut acquis un certain nombre de traits qui permirent aux organismes qui en étaient pourvus de poursuivre leur existence hors de l'eau. De même, une espèce d'amphibiens a mené au premier reptile, un reptile au premier mammifère, et ainsi de suite. Dénommé « macroévolution » dans les traités, « évolution verticale » dans ma terminologie, ce processus relie les organismes fondateurs – ou organismes souches – de tous les grands phylums par une ligne continue – le tronc de l'arbre ou, plus correctement, sa branche maîtresse animale – à partir de laquelle les branches latérales créées par l'évolution horizontale se déploient en un nombre croissant de ramifications. L'évolution des végétaux et des mycètes présente une structure similaire.

Afin d'éviter que cette image ne prête à un malentendu, on doit souligner que les branches maîtresses se reconnaissent *rétrospectivement* ; elles peuvent inclure de nombreux intermédiaires qui auraient été pris pour des produits de l'évolution horizontale à l'époque où ils sont apparus. Par exemple, les dipneustes, poissons à branchies et à poumons que l'on rencontre notamment dans certains lacs africains, apparaissent comme des produits typiques de l'évolution horizontale adaptés à des alternances d'humidité et de sécheresse. Seule notre connaissance des animaux contemporains nous permet de les identifier comme probablement apparentés aux ancêtres des amphibiens. Une façon plus correcte de considérer ces événements, par conséquent, est de voir l'évolution horizontale comme étendant ses ramifications dans toutes sortes de directions à partir de l'organisme souche et aboutissant presque invariablement à des formes spécialisées, bien adaptées à leur environnement mais sans grand potentiel évolutif, selon toute apparence des culs-de-sac évolutifs. Exceptionnellement, l'histoire subséquente révèle que le produit du processus était en réalité un organisme souche d'où est parti un ensemble de voies évolutives entièrement nouvelles. D'horizontal, le processus est devenu vertical.

Cette considération paraît suggérer qu'il n'y a pas de différence fondamentale entre les deux types d'évolution sur le plan des mécanismes, mais seulement sur celui des résultats. Si l'on compare, par exemple, les voies qui, du poisson ancestral, ont mené, d'une part, au premier hippocampe et, de l'autre, à l'organisme souche des amphibiens, on peut supposer qu'il s'est produit dans les deux cas une série de mutations successives ayant défini un ensemble de traits de plus en plus particuliers aboutissant à deux formes spécialisées. Les mécanismes sont fondamentalement les mêmes. Il reste qu'il doit cependant y avoir une différence qui rende compte du fait que les potentiels évolutifs des deux produits soient aussi dissemblables, avec des perspectives d'avenir totalement différentes.

Cette différence concerne principalement la nature des gènes qui subissent les mutations critiques. Les modifications qui inaugurent les rares ramifications destinées à évoluer verticalement ont pour cibles des maîtres gènes – des gènes homéotiques, par exemple – qui contrôlent le plan de développement de l'organisme. Un tel changement, clairement identifié, est lié à une augmentation du nombre de types cellulaires différenciés distincts, un paramètre caractéristique de l'évolution verticale, dans le règne végétal comme dans le règne animal. Partant de deux, ce nombre a régulièrement grandi au cours de l'évolution, pour atteindre plusieurs dizaines chez les végétaux et plus de deux cents chez les animaux.

Une propriété commune aux évolutions horizontale et verticale est ce que l'on peut appeler l'« effet entonnoir », un rétrécissement progressif du choix des directions ouvertes à l'évolution ultérieure. Que le produit final soit un hippocampe ou un amphibien primitif, il est clair que l'évolution est devenue de plus en plus restreinte – et engagée – au fur et à mesure de sa progression. Ces contraintes sont imposées tant de l'extérieur que de l'intérieur. Dans de nombreux cas, l'adaptation à un type d'environnement donné tend à limiter la capacité des organismes de survivre dans d'autres environnements. En outre, la structure des génomes et les particularités des mécanismes génétiques peuvent contribuer à rétrécir encore plus le déroulement des processus évolutifs. Ainsi, on sait que la mutabilité des gènes est très variable, au point qu'il existe dans les génomes certaines régions hypermutables, probablement sélectionnées en vertu d'avantages spéciaux (Caporale, 2003). De plus, comme on l'a déjà mentionné, certains gènes, tels les gènes homéotiques et d'autres codant pour des facteurs de transcription, exercent un contrôle beaucoup plus important sur le développement et sont, de ce fait, des cibles privilégiées pour les mutations qui influencent l'évolution. Avec le progrès des connaissances sur l'organisation des génomes, bien d'autres facteurs de ce genre, de nature trop spécialisée pour être mentionnés ici, commencent à être mis en lumière.

Il nous faut maintenant jeter un coup d'œil sur le développement évolutif des plus remarquables parmi tous les organismes multicellulaires, les humains modernes.

CHAPITRE XIX

Homo

Jalonnée par quelques découvertes – depuis les hommes de Pékin et de Java qui ont fait la célébrité de Pierre Teilhard de Chardin jusqu'à Lucy et, dernière en date, la naine de Flores (voir note 2) – qui ont enflammé l'imagination du grand public, l'histoire de nos origines est devenue l'objet d'intenses recherches et discussions. Elle se caractérise, comme on le verra dans ce chapitre, par plusieurs singularités remarquables.

Un survol de l'évolution humaine

On a réuni dans la Figure 19-1 quelques indices qui éclairent la voie ancienne, encore mal connue, par laquelle notre espèce a évolué à partir du dernier ancêtre que nous avons en commun avec les chimpanzés, nos plus proches parents dans le monde actuel. On a représenté sur ce graphique, pour quelques-uns des hominidés les mieux connus, les temps approximatifs de leur existence et la taille estimée de leur cerveau, qui est le paramètre le plus changeant de ce développement crucial. Plusieurs traits de ce graphique méritent d'être soulignés.

Deux singularités, d'abord, jalonnent le parcours. La première remonte à l'époque, entre cinq et sept millions d'années avant notre ère, où la lignée humaine s'est séparée de celle qui a conduit aux chimpanzés. D'après les données actuelles, toutes les branches d'hominidés connues émanent de cette lignée unique. La seconde singularité, solidement établie par les données moléculaires, signale l'origine, il y a environ deux cent mille ans, de tous les humains modernes du monde à partir d'un groupe ancestral unique, souvent réduit dans la presse populaire à un seul couple, que certains commentateurs n'hésitent pas à identifier aux Adam et Ève de la Bible.

Cette interprétation résulte d'un malentendu. Il est vrai que tous les êtres humains actuels descendent d'un seul ancêtre féminin et d'un seul ancêtre masculin. Ces identifications sont fondées sur le séquençage comparé de deux variétés particulières d'ADN : du côté féminin, l'ADN mitochondrial, qui est transmis exclusivement par voie maternelle (les mitochondries de l'œuf fécondé proviennent uniquement de l'ovocyte) ; et, du côté masculin, les gènes associés au chromosome Y, qui est transmis de père en fils.

Ces faits ne signifient cependant pas que les deux ancêtres formaient un couple. Ils appartenaient à une population endogame dont on estime qu'elle a pu comprendre jusqu'à plusieurs milliers d'individus de chaque sexe. Avec le temps, au fil des générations, il est nécessairement arrivé, pour toutes sortes de raisons, que certaines femelles ne produisent pas de filles, avec comme conséquence que leur ADN mitochondrial n'a pas été perpétué. Les gènes du chromosome Y des mâles qui n'eurent pas de fils subirent le même sort. En fin de compte, au bout d'un temps qui, d'après la théorie, équivaut à deux fois le temps de génération multiplié par le nombre de membres de même sexe du groupe[1], une seule lignée aura échappé à ce phénomène d'attrition aléatoire progressive. On a donc ici un parfait exemple de singularité due à un pseudo-goulet (mécanisme 4), mais s'appliquant uniquement à certains gènes, non à une espèce ou un phylum.

On notera encore sur la Figure 19-1 la grande largeur – jusque bien au-delà d'un million d'années – et les chevauchements considérables des barres représentant les durées d'existence des espèces selon les archives fossiles. Ces caractéristiques indiquent que les espèces illustrées ne sont pas de véritables intermédiaires dans le trajet du préchimpanzé à l'humain, mais sont issues de tels intermédiaires ; elles appartiennent à des branches latérales qui se sont détachées de la branche principale et ont fini par s'éteindre. Leurs traits, par conséquent, ne reflètent pas néces-

---

1. À titre d'exemple, une population qui aurait vécu il y a 200 000 ans, avec un temps de génération de 20 ans, aurait pu contenir jusqu'à 5 000 individus du même sexe et ne plus contenir aujourd'hui de descendants que d'un seul. Ce nombre pourrait avoir été inférieur, bien entendu. La valeur critique est l'époque où toutes les lignées sauf une se sont éteintes.

HOMO – XIX   253

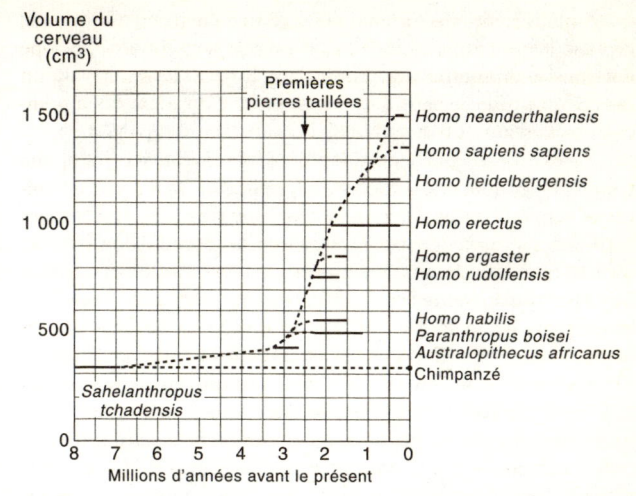

```
Volume du
 cerveau
  (cm³)

                         Premières
                      pierres taillées
                              ↓
1 500 —                                   ─── Homo neanderthalensis
                                          ─ ─ Homo sapiens sapiens
                                          ─── Homo heidelbergensis

1 000 —                                   ─── Homo erectus

                                          ─── Homo ergaster
                                          ─── Homo rudolfensis

  500 —                                   ─── Homo habilis
                                          ─── Paranthropus boisei
                                          ─── Australopithecus africanus
                                          ─── Chimpanzé
        Sahelanthropus
         tchadensis

    0 └──┬──┬──┬──┬──┬──┬──┬──┬──
         8  7  6  5  4  3  2  1  0
         Millions d'années avant le présent
```

Figure 19-1 : **L'évolution humaine.** Les barres horizontales représentent le volume observé du cerveau (ordonnée) et l'époque d'existence (abscisse) d'un certain nombre d'espèces d'hominidés et de préhominidés (données empruntées à Carroll (2003)). La courbe interrompue représente l'allure possible de l'expansion du cerveau, estimée d'après les données.

sairement ceux des intermédiaires, encore que certaines de leurs propriétés, la taille du cerveau, par exemple, ont dû presque certainement être héritées plutôt que tardivement acquises par évolution. La plus récente de ces branches latérales est représentée par les Neandertaliens, qui ont disparu il y a à peine 35 000 ans et coexistèrent pendant un temps avec les authentiques humains de l'époque, souvent désignés sous le nom de « Cro-Magnon[2] ».

---

2. Ce livre était déjà écrit lorsque survint la nouvelle de la découverte (Brown *et al.*, 2004 ; Mirazon Lahr et Foley, 2004 ; Morwood *et al.*, 2004), sur l'île indonésienne de Flores, d'os fossiles vieux d'à peine 18 000 ans, présentant des caractères d'hominidés manifestes et entourés d'outils de pierre et de restes animaux indicateurs de chasse et de dépeçage. L'aspect surprenant de cette découverte est que l'individu en question, probablement de sexe féminin, était, avec une taille d'à peine un mètre et une capacité cranienne d'à peine 380 cm³, plus petit que la célèbre australopithèque Lucy, qui remonte à près de trois millions d'années. Les auteurs de cette découverte étonnante admettent comme l'hypothèse la plus probable que cette espèce, à laquelle ils ont donné le nom de « *Homo florensis* », pourrait être issue de représentants d'*Homo erectus* qui se seraient établis sur l'île il y a quelque 800 000 ans et auraient évolué vers le nanisme (phénomène connu comme se produisant sur des îles isolées), pour survivre longtemps après que la population ancestrale d'*erectus* se serait éteinte.

Une estimation grossière du véritable chemin parcouru est représentée sur le graphique par la courbe en pointillé, qui a été dessinée avec comme hypothèse que la trace la plus ancienne décelée pour une espèce donnée est proche du point où la branche en question s'est détachée de la branche principale. Bien que fort simplifiée, la courbe résultante est très révélatrice, indiquant d'abord que la taille du cerveau n'a augmenté que très modérément pendant les premiers trois millions d'années de l'hominisation, à peu près jusqu'à l'époque de la fameuse Lucy et des curieuses créatures dont les traces de pas ont été découvertes par Mary Leaky dans les cendres pétrifiées de Laetoli, en Tanzanie septentrionale. De nombreux chercheurs pensent que les caractères les plus importants acquis durant cette phase furent liés à la marche bipède – établie par les traces de pas de Laetoli – et à l'utilisation corrélative accrue des mains pour la préhension et d'autres fonctions, peut-être favorisées par la sélection naturelle en réponse à un changement d'habitat, de la forêt à la savane.

Puis, il y a environ trois millions d'années, a eu lieu une période d'expansion cérébrale rapide, qui conduisit, en quelque deux millions d'années, à un quasi-triplement du volume du cerveau. Ce phénomène étonnant, qui ne s'explique que pour une faible part par l'augmentation de la taille corporelle, a coïncidé avec la fabrication d'outils de pierre de plus en plus perfectionnés. Il est difficile de ne pas voir une corrélation causale entre les deux phénomènes, liée peut-être à une interaction mutuellement renforçante entre le cerveau et les mains menant, d'une part, à une dextérité plus grande et, de l'autre, à une capacité accrue de créer des formes en fonction d'un but et de transmettre les savoir-faire acquis. Certains des caractères intellectuels clés propres aux humains pourraient avoir commencé à se développer durant cette période. Mais il importe de retenir que les individus concernés n'étaient pas véritablement humains. Ce point est parfois oublié quand on parle de l'âge de pierre.

Finalement, après une période de ralentissement, il semble s'être produit une nouvelle augmentation, plus modeste, de la taille du cerveau, associée à l'efflorescence de l'évolution culturelle et, peut-être, à l'apparition d'un langage articulé[3]. Il peut

---

3. L'inflexion illustrée pourrait bien être un artefact dû au procédé utilisé pour dessiner la courbe. Il suffirait qu'*Homo heidelbergensis* soit apparu plus tôt qu'indiqué pour que la courbe s'aplatisse progressivement sans coupure secondaire.

paraître surprenant, à cet égard, que les Neandertaliens, qui atteignirent un niveau culturel nettement inférieur à celui de leurs contemporains de Cro-Magnon et qui pourraient même, selon une théorie, ne pas avoir été capables de parler, aient eu un plus gros cerveau que les humains modernes. Ce trait pourrait s'expliquer en partie par une masse corporelle plus grande. De plus, la dimension du cerveau, même corrigée pour le poids corporel, n'est qu'un indice grossier de la capacité mentale. Ce qui compte, c'est le câblage du cerveau et, en particulier, le développement du cortex cérébral.

Le cas des Neandertaliens soulève le problème de la contribution possible des espèces plus primitives à la genèse d'*Homo sapiens*. On sait qu'à une époque qui se situe entre deux et un million d'années avant notre ère des populations d'*Homo erectus* ont commencé à migrer hors d'Afrique, où elles sont nées, pour envahir de vastes régions d'Europe et d'Asie, où leurs restes fossiles ont été découverts[4]. Selon une théorie, connue sous le nom de « modèle multirégional », ces populations évoluèrent localement et indépendamment en humains modernes. Une version atténuée de cette théorie admet la possibilité que ces populations furent aidées dans cette évolution par croisement avec des envahisseurs plus récents. En opposition au modèle multirégional, la théorie de l'origine unique, parfois dénommée « hors d'Afrique », soutient que les humains modernes sont nés d'une racine unique, il y a quelque 200 000 ans, en Afrique, d'où ils ont rayonné vers toutes les parties du monde, et que les autres populations, que ce soit en Afrique ou ailleurs, se sont éteintes.

Cette controverse, qui frisa un temps la bagarre, est aujourd'hui réglée d'une façon qui satisfait la majorité (Lewin, 1996). Nous avons vu plus haut que les données moléculaires étayent la théorie de l'origine unique sans ambiguïté. Même les Neandertaliens, qui ont coexisté avec les Cro-Magnon pendant un certain temps, ce qui soulevait la possibilité de croisement entre les deux, semblent ne pas avoir apporté une contribution significative au patrimoine humain récent, comme l'indiquent les séquences d'ADN mitochondrial extrait d'ossements Neandertaliens fossiles et, plus récemment, de vestiges de Cro-Magnon du même âge (Caramelli *et al.*, 2003). Ces conclusions ont été confirmées dernièrement par la découverte, en Éthiopie, de restes fossiles d'*Homo sapiens* datant de 154 000-160 000 ans,

---

4. Voir note 2.

appartenant indubitablement à la lignée humaine moderne et différant nettement de précurseurs neandertaliens du même âge (White *et al.*, 2003). Il semble donc bien que, comme on l'a représenté sur le graphique, les deux groupes se soient séparés il y a plusieurs centaines de milliers d'années et ne se soient jamais mélangés.

Mécanismes

Ce qu'il y a de plus frappant dans la Figure 19-1, c'est l'allure véritablement vertigineuse – en termes de cinétique évolutive – à laquelle le cerveau a augmenté de volume au cours de la phase rapide d'hominisation, atteignant en à peine deux millions d'années trois fois la taille qu'il avait mis un temps trois cents fois plus long à atteindre au cours de l'évolution animale : une accélération par un facteur de presque mille ! On doit noter, cependant, que cela reste un accroissement très faible en termes absolus : à peine une dizaine de millimètres cubes – pas plus qu'une tête d'épingle – par génération à la période de plus grande expansion. On doit noter aussi l'extrême lenteur du processus dans le cadre de l'histoire de l'humanité. Il a fallu des centaines de millénaires, soit de nombreux multiples de toute l'époque historique, simplement pour passer d'une pierre grossièrement taillée à une fine lame, un crochet ou une pointe de flèche ! Il est évident que les outils primitifs n'ont pas, comme les nôtres, progressé par évolution culturelle ; ils sont les témoins de la lente évolution biologique liée à l'expansion du cerveau.

Un autre trait frappant est la forme sigmoïde de la partie principale de la courbe, une caractéristique typique d'un processus autocatalytique qui se heurte à une limite supérieure. Le caractère autocatalytique du début indique un mécanisme dans lequel chaque incrément de volume du cerveau augmentait la probabilité d'un incrément suivant. Deux possibilités viennent à l'esprit pour expliquer un tel processus. Le goulet pourrait avoir été sélectif (mécanisme 2) et causé par les nécessités croissantes, que seul un meilleur cerveau pouvait satisfaire, d'un environnement exigeant dont il n'était plus possible de s'échapper. Ou il pourrait avoir été restrictif (mécanisme 3) et créé par des contraintes internes de plus en plus strictes. Les deux facteurs pourraient, bien entendu, avoir été impliqués en même temps à des degrés divers.

Quels que fussent les facteurs externes et internes responsables du goulet, un fait d'importance centrale reste à expliquer : il a fallu, pour que se produise la progression observée, que les modifications génétiques nécessaires aient bien lieu à chaque étape. On invoque souvent un coup de chance incroyable (mécanisme 6) pour rendre compte de ce fait, avec, comme corollaire implicite ou explicite, le caractère hautement improbable de l'émergence de l'humanité. La Figure 19-1 dément une telle interprétation, car elle illustre le fait, d'ailleurs évident, qu'un grand nombre d'étapes successives, et non une seule, a dû être responsable de l'expansion du cerveau. Comme on l'a déjà souligné dans l'Introduction, un unique coup de chance fantastique est parfaitement plausible, mais non une succession de tels phénomènes. On se trouve presque forcé d'admettre que le système a pu explorer à chaque étape un éventail de mutations suffisamment large pour inclure le changement génétique requis avec un haut degré de probabilité. Cette conclusion est surprenante, vu le petit nombre d'individus et de générations en cause ; elle renforce l'hypothèse de contraintes internes, suggérant que le facteur responsable de l'allure exponentielle de la courbe réside dans la structure même du génome, de telle sorte que chaque mutation entraînant une expansion du cerveau augmente la probabilité d'une nouvelle mutation du même genre.

Comme on l'a déjà mentionné, l'aplatissement progressif subséquent de la courbe indique que le processus débridé d'expansion cérébrale a été progressivement freiné par un facteur limitant. Il est tentant de supposer que cette limite a été imposée par l'incompatibilité croissante entre le volume crânien fœtal en expansion et les dimensions du bassin féminin. On a beaucoup écrit sur les difficultés de la parturition humaine et sur l'état relativement prématuré des nouveau-nés, en comparaison avec de nombreux animaux. Une théorie largement acceptée (néoténie) attribue ces traits à la sélection naturelle, qui les aurait favorisés comme des prix à payer pour l'avantage d'un cerveau plus grand et, vraisemblablement, plus performant. Si cette explication est correcte, la seconde vague d'expansion du cerveau, pour autant qu'elle soit authentique[5], qui a mené aux Neandertaliens et aux humains modernes pourrait signaler l'un ou l'autre événement clé dans l'acquisition de la néoténie.

---

5. Voir note 3.

Cette interprétation se heurte à une difficulté majeure : pourquoi une seule fois ? Si l'hominisation a été aussi étroitement canalisée, pourquoi aucune des branches latérales de l'histoire de l'humanité ne manifeste-t-elle la moindre tendance à évoluer semblablement ? On a vu que cette possibilité, défendue par les partisans de la théorie multirégionale, paraît être exclue par les données que l'on possède. C'est d'autant plus surprenant que certaines branches se sont prolongées sur des durées immenses (jusqu'à 1,7 million d'années dans le cas de *H. erectus*), apparemment sans avoir jamais subi de changement qui eût entraîné une augmentation de leur volume cérébral.

Aucune réponse simple à cette question ne vient à l'esprit, sinon que la question se pose pour presque n'importe quel cas d'évolution horizontale. Peut-être les branches latérales n'ont-elles jamais eu à relever les défis qui auraient fait d'un cerveau plus performant un atout presque indispensable. Après tout, les chimpanzés et les gorilles s'accommodent parfaitement de leurs dons mentaux limités dans leur habitat naturel, encore qu'ils n'y puissent réussir peut-être plus très longtemps face aux menaces humaines. Une autre possibilité est que les branches latérales ont évolué d'une façon qui a rapidement fermé la porte génétique à une plus grande expansion du cerveau. Ce problème, soulignons-le, n'est pas fondamentalement différent de ceux que nous avons rencontrés dans le chapitre précédent, lorsque nous avons discuté d'autres singularités. Pourquoi, par exemple, d'autres dipneustes n'ont-ils pas évolué indépendamment pour donner naissance à des amphibiens ? Le simple fait que des humains sont en cause ne change pas nécessairement les éléments fondamentaux d'un problème évolutif.

Où allons-nous ?

La discussion ci-dessus soulève la question intéressante de l'avenir de l'espèce humaine (de Duve, 2002). De toute évidence, il est inconcevable que l'histoire puisse une fois encore se répéter. Avec plus de six milliards d'individus remplissant tous les recoins de notre planète, il n'existe aucune possibilité de voir quelque part un groupe de *super-sapiens* prolonger verticalement la courbe de la Figure 19-1, laissant *sapiens* s'étirer horizontalement et dériver vers l'extinction comme l'ont fait toutes les autres branches latérales.

Il n'est pas imaginable non plus que l'ensemble de l'humanité puisse jamais évoluer vers l'acquisition de meilleurs cerveaux sous l'égide de la seule sélection naturelle agissant sur des mutations fortuites. Même si notre cerveau devait être perfectible – ce qu'il est fort probablement –, nos sociétés actuelles ne pourraient pas fournir une occasion qui permettrait à la sélection naturelle de favoriser les changements génétiques adéquats. Si, par exemple, une combinaison prometteuse avait été présente dans le génome de Moïse, de Michel-Ange, de Beethoven, de Darwin, d'Einstein ou de n'importe qui d'autre, d'ailleurs, rien n'aurait permis à cette combinaison de se propager à la faveur de quelque avantage sélectif. Au contraire, nos sociétés paraissent plutôt favoriser la tendance opposée, pour autant qu'elles aient une influence.

Reste, cependant, à considérer l'éventualité que l'intervention humaine puisse, sinon remplacer la sélection naturelle, du moins contribuer de plus en plus à l'orienter. Les humains ont commencé à modifier leur environnement dès le moment où ils ont inauguré la sédentarité, l'agriculture, l'élevage et, plus récemment, la médecine et l'industrie. L'impact humain sur l'environnement a peut-être même débuté plus tôt si, comme le pensent de nombreux anthropologues, la chasse fut responsable de la disparition de mammifères préhistoriques tels que les mammouths, les aurochs et les tigres à dents de sabre. La biologie moderne a énormément accru ce pouvoir, ouvrant la possibilité que les humains prennent de plus en plus leur sort en main et utilisent les connaissances qu'ils ont acquises et les technologies issues de ces connaissances pour diriger l'évolution biologique, y compris la leur.

En dépit des précautions et des prohibitions que l'on érige dans diverses parties du monde pour endiguer le développement des nouvelles biotechnologies et, particulièrement, leurs applications humaines, on ne voit pas comment le mouvement qui vient d'être lancé pourrait jamais s'arrêter entièrement. Il y aura toujours un endroit, une époque, où les générations futures tenteront de façonner notre avenir génétique à l'aide d'outils de plus en plus efficaces, fiables et dépourvus de risques. Mais feront-elles les bons choix ? C'est loin d'être certain. Les décisions en question demanderont une forte dose de sagesse collective, un trait que la sélection naturelle ne semble pas avoir favorisé au même titre que l'intelligence, créant un déséquilibre qui pourrait bien s'avérer fatal pour l'espèce humaine.

Le fait est que l'on doit envisager sérieusement l'éventualité que notre lignée finisse comme toutes les autres de la Figure 19-1, mais sans l'émergence d'un rameau prometteur au sommet. Dans l'évolution biologique, l'extinction est la règle, plutôt que l'exception. Le cerveau qui a fait notre succès pourrait causer notre perte, simplement du fait qu'il n'a pas les qualités requises pour gérer ses propres créations. Si cela devait se produire, peut-être restera-t-il assez de ruines pour que l'évolution recommence sa marche vers le haut dans des conditions plus favorables.

Même si *Homo sapiens* devait être perdu irrémédiablement, avec toutes ses technologies et ses civilisations, il resterait encore amplement le temps pour que l'aventure recommence, avec, peut-être, une fin plus heureuse. D'après les cosmologues, la Terre devrait demeurer apte à héberger la vie durant au moins 1,5 milliard d'années, peut-être même jusqu'à l'époque, dans cinq milliards d'années, où l'expansion du Soleil rendra la planète définitivement inhabitable. Il y a donc tout le temps pour qu'un nouveau voyage vers un meilleur cerveau soit inauguré dans cinq, cinquante ou cinq cents millions d'années, longtemps après la disparition d'*Homo sapiens*. Un tel voyage pourrait commencer à partir d'un autre primate, voire d'une branche animale inférieure, et finir par dépasser le niveau humain actuel grâce à une combinaison plus harmonieuse de gènes favorisant l'intelligence et la sagesse. Une telle perspective n'offre, bien entendu, qu'une piètre consolation aux humains d'aujourd'hui. Mais elle devrait servir d'avertissement. On ne peut qu'espérer que nos descendants apprendront, de préférence sur les conseils de la raison mais, sinon, sous la pression de la sélection naturelle, à mieux utiliser leurs cerveaux que ne l'ont fait leurs ancêtres.

CHAPITRE XX

Évolution

À l'exception de la frange créationniste – plus qu'une frange, malheureusement, dans certaines parties du monde – qui ajoute plus de foi à des mots écrits il y a quelque trois mille ans qu'à des vestiges fossilisés d'anciennes formes de vie, à des mesures de désintégration isotopique ou à des séquences moléculaires, le *fait* de l'évolution biologique est admis par tous ceux qui sont informés des données sous-jacentes et par les nombreuses personnes éduquées qui, sans être elles-mêmes spécialistes, accordent de la valeur à la démarche scientifique et sont prêtes à faire confiance à ses conclusions, surtout lorsqu'elles sont unanimement cautionnées par ceux qui ont la compétence d'en apprécier les fondements.

Les *mécanismes* de l'évolution, par contre, sont toujours objets de débats entre experts, mais ces débats portent plus sur des détails et, même, sur des questions de sémantique que sur le processus général de l'évolution. L'accord est largement acquis sur les grands principes, énoncés pour la première fois par Darwin, de continuité par hérédité, de variation par modifications génétiques, de compétition entre variants pour les ressources disponibles et de criblage par la sélection naturelle en fonction de la capacité des organismes de survivre et de se reproduire dans les conditions environnementales existantes. En outre, le caractère essentiellement accidentel des modifications génétiques responsables de la variété et leur défaut d'intentionnalité ou de prévision sont considérés comme établis d'une manière concluante par la biologie moléculaire moderne. Seule une petite minorité de scientifiques conteste la validité de la théorie néo-darwinienne, ne l'acceptant que pour l'évolution horizontale mais non pour l'évolution verticale, dont certains événements clés auraient, selon cette opinion, que récusent la plupart des biologistes, été guidés par un principe finaliste de nature inconnue, l'agent du « dessein intelligent[1] ».

Ce qui reste la principale pomme de discorde, c'est la *probabilité* des événements évolutifs, objet de controverses animées engageant non seulement les spécialistes eux-mêmes, mais aussi quantité de représentants d'autres disciplines scientifiques, des théoriciens de toute nature, des enseignants, des sociologues, des politiciens, des juristes, des moralistes, des philosophes et même des théologiens, qui tous s'intéressent aux implications que notre compréhension de l'évolution biologique entraîne dans leurs domaines ou leurs occupations respectifs.

Hasard ou nécessité ?

Il est juste de reconnaître que la doctrine dominante à propos de cette question est ce que j'ai appelé l'« évangile de la contingence », qui doit le crédit dont il jouit tant à la logique apparemment impeccable de ses fondements qu'au talent de persuasion et à la célébrité de certains de ses défenseurs, des figures emblématiques telles que Jacques Monod et François Jacob en France ou Stephen Jay Gould aux États-Unis. L'argument est simple : le cours de l'évolution est déterminé par des mutations qui sont, c'est démontré, des fruits du hasard et dont il se fait, de nouveau par hasard, qu'elles ont lieu dans un environnement propice à la survie et la reproduction des organismes mutants. Le hasard multiplié par le hasard – le hasard au carré, si l'on peut dire – se trouve à l'origine des millions de bifurcations qui ont dessiné l'arbre de la vie : la conclusion paraît s'imposer d'une manière inéluctable que le cours de l'évolution a suivi des voies imprévisibles, non reproductibles, gouvernées par la contingence. Si l'on devait « rejouer la bande », pour reprendre l'image

---

1. Une discussion détaillée de l'hypothèse du « dessein intelligent » sortirait du cadre de ce livre. Les lecteurs désireux d'en savoir plus sur ce sujet liront avec profit l'ouvrage critique que lui a consacré Kenneth Miller (1999), un biochimiste qui possède, en outre, la particularité intéressante de s'affirmer catholique pratiquant. Voir aussi ma discussion de l'espace des séquences, chapitre VIII.

inoubliable proposée par Gould, le résultat serait nécessairement tout à fait différent.

Avec toute la prudence que commande ma situation de simple spectateur, intéressé mais n'appartenant pas au cercle des initiés, je me permets d'attirer l'attention sur ce qui me paraît être une faille possible dans cette argumentation : les événements évolutifs ne sont pas nécessairement improbables du fait qu'ils dépendent du hasard. À ma connaissance, ce point, encore qu'allant de soi, n'a pas reçu l'attention qu'il mérite. Le plus souvent, la tendance des biologistes a été de mettre à égalité caractère fortuit et improbabilité, sinon explicitement, du moins implicitement. Comme je l'ai souligné, ici et ailleurs (de Duve, 1996a, 2002), ce raisonnement confond de manière erronée la notion d'aléatoire avec celle de possibilité illimitée. C'est manifestement faux. Le hasard joue toujours à l'intérieur de certaines limites, qu'il s'agisse du nombre de faces d'une pièce ou d'un dé, de celui des cases d'une roulette, de celui des billets vendus par une loterie ou, en l'occurrence, de celui des mutations possibles.

Comme je l'ai déjà mentionné dans l'Introduction, le hasard n'exclut pas l'inévitabilité ou, pour être plus précis, la quasi-inévitabilité, car il faut toujours laisser la porte ouverte à l'exception insolite. Ce qui compte, c'est le rapport entre le nombre d'occasions offertes pour qu'un événement donné se produise et la probabilité de cet événement. Comme l'illustrent les calculs du Tableau I-1 (p. 13), un événement fortuit est sûr de se produire avec une probabilité de 99,9 % s'il lui est donné pour ce faire un nombre d'occasions égal à environ sept fois l'inverse de sa probabilité. Même un numéro de loterie de sept chiffres avec une chance sur dix millions de sortir est presque assuré de gagner si l'on procède à 69 millions de tirages.

L'exemple de la loterie illustre aussi les limitations de l'argumentation. Il est peut-être vrai en théorie que le hasard n'exclut pas l'inévitabilité. Mais, en pratique, cela n'est vrai que dans la mesure où le nombre requis d'occasions est réaliste. Ainsi, la théorie de la contingence pourrait bien être correcte en raison de simples restrictions physiques. Si le nombre des mutations possibles dans une situation donnée dépasse de beaucoup le nombre des mutations qui peuvent se produire en réalité, compte tenu du nombre d'individus impliqués et du temps disponible, l'aléatoire dominera manifestement. Une perception intuitive qu'il a dû en être ainsi dans de nombreux cas pourrait bien se trouver souvent derrière la doctrine de la contingence.

Le calcul a montré que cette restriction ne s'applique pas aux mutations ponctuelles (remplacements d'une base par une autre) dues à des erreurs de réplication. Comme l'indique le Tableau I-1, il faut environ 20 milliards de divisions cellulaires pour qu'une mutation donnée de ce type se produise avec une probabilité de 99,9 %. Ce chiffre peut paraître énorme mais, en fait, il équivaut au nombre de divisions de cellules souches qui ont lieu dans notre moelle osseuse en l'espace d'environ deux heures au cours du renouvellement des globules rouges. On doit cependant reconnaître que les mutations ponctuelles jouent probablement un rôle mineur dans l'évolution. Les mutations véritablement importantes pourraient avoir des probabilités plus faibles de se produire. Même ainsi, étant donné le grand nombre d'individus impliqués dans l'évolution et les longues durées de temps disponibles, le nombre d'occasions offertes pourrait souvent être suffisant pour compenser de si faibles probabilités. Une exploration étendue, sinon exhaustive, de l'espace mutationnel pourrait bien avoir eu lieu dans de nombreuses situations évolutives, avec comme conséquence l'optimisation sélective (dans les conditions existantes), exactement comme cela semble s'être passé pour les espaces de séquences de l'ARN et des protéines (voir chapitres VII et VIII).

Cette assertion pourrait sembler purement subjective et gratuite, ou même inspirée par une idée préconçue[2], si elle n'était étayée par de nombreuses observations. L'une de celles-ci concerne la résistance à des agents chimiques, qui est devenue un danger majeur depuis l'introduction des antibiotiques, des agents chimiothérapiques et des divers genres de pesticides. En moins d'un demi-siècle, quantité de microbes pathogènes, tant procaryotiques qu'eucaryotiques, ainsi que de nombreux végétaux, mycètes et animaux indésirables, sont devenus résistants aux substances chimiques créées pour les éradiquer. Il arrive que des cellules cancéreuses le deviennent en l'espace de quelques mois. De toute évidence, les traits génétiques responsables de la résistance ne se sont pas développés en réponse aux agents – excepté par hasard, si ceux-ci se trouvaient être mutagènes –, encore moins dans le but de leur échapper. Les traits faisaient partie de l'éventail offert par le champ mutationnel et

---

2. Les critiques n'ont pas manqué de me faire le reproche de préjugé idéologique, mais sans s'adresser au raisonnement scientifique qui étaye mon attitude (Szathmary, 2002 ; Lazcano, 2003).

ils ont émergé par sélection naturelle, par suite de l'introduction des agents dans l'environnement.

Le mimétisme est un autre exemple. Tout le monde connaît le cas de ces animaux qui ressemblent à tel point à leur milieu environnant qu'ils en deviennent presque invisibles et éludent ainsi les attaques de prédateurs. Il est évident que ces traits ne se sont pas développés dans un but de couverture protectrice. Ils n'ont pas non plus été copiés. Il n'existe pas de mécanismes pour un tel phénomène. Comme pour la résistance aux agents chimiques, les traits responsables du mimétisme faisaient partie du champ mutationnel et ont émergé par sélection naturelle. On peut dire la même chose de la biodiversité en général. Souvent présentée comme preuve de contingence, la diversité des formes vivantes peut aussi être considérée comme une illustration de la richesse du champ mutationnel. C'est le cas encore de l'observation fréquente que la mutagenèse aléatoire suffit pour réaliser un but spécifiquement défini. Un exemple, que j'ai cité antérieurement (de Duve, 2002, p. 134), en est la multiplication par un facteur vingt du rendement en pénicilline obtenu peu après la Seconde Guerre mondiale par le simple « bombardement en tapis » de cultures de *Penicillium notatum* par des rayons X.

La conclusion que j'ai tirée de ces divers faits est que les mutations furent rarement un facteur limitant de l'évolution. Il peut y avoir des exceptions, bien entendu. Mais, au total, il paraît probable que les « choix » évolutifs furent effectués le plus souvent par l'environnement, qui a fait que la sélection naturelle sorte certains caractères génétiques spécifiques d'un vaste champ de possibilités (goulet sélectif, mécanisme 2). Le cas le plus extrême d'une telle situation est l'optimisation sélective, qui se produit lorsque les systèmes en évolution ont l'occasion de soumettre la quasi-totalité des changements génétiques possibles au tamisage par la sélection naturelle, de sorte qu'une adaptation optimale aux conditions environnementales soit réalisée. Des exemples probants d'un tel processus ont déjà été rencontrés dans notre examen des premiers événements de l'origine de la vie. L'exquise adaptation de beaucoup d'êtres vivants à leur milieu pourrait avoir procédé d'un mécanisme similaire.

Un autre facteur important dont on doit tenir compte est l'effet entonnoir causé par les multiples contraintes externes et internes qui rétrécissent le champ mutationnel au fur et à mesure que l'évolution procède dans une certaine direction. De nombreux évolutionnistes ont souligné l'accélération progressive des processus évolutifs qui semble se produire une fois qu'une sorte d'engagement a été pris. L'expansion du cerveau humain, discutée au chapitre précédent, est un exemple typique d'un tel phénomène.

Il découle de toutes ces considérations que les chemins de l'évolution furent fréquemment quasi obligatoires, certaines conditions environnementales étant données, plutôt que contingents et non répétables, comme le veut l'opinion courante. Le nombre croissant de cas d'évolution convergente illustre ce point d'une manière particulièrement impressionnante. Les fourmilliers, les félins qui dépendent de la chasse et les herbivores tributaires de leur vélocité, pour ne citer que quelques exemples, ont acquis des spécialisations très semblables dans des parties du monde très différentes (Conway-Morris, 1998, 2003). Il en est de même des mammifères souterrains (Nevo, 1999). Il ne semble pas y avoir beaucoup de solutions différentes au problème, par exemple, de subsister en mangeant des fourmis ou de vivre sous terre. Fait plus remarquable, sous une pression sélective suffisante, la même solution peut être trouvée à répétition. Le principal défenseur de cette thèse, Simon Conway Morris, l'a assise sur une analyse solidement documentée et, selon toute apparence, objective et impartiale (Conway Morris, 2003), qui serait, cependant, plus convaincante si l'auteur n'avait pas, en même temps, pris sur l'origine de la vie la position presque contradictoire qu'il pourrait s'agir d'un événement hautement improbable, peut-être unique dans l'Univers tout entier. Il n'a pas manqué de lier les deux théories en une conception théologique centrée sur l'humain (voir note 2, chapitre XII).

L'environnement au pouvoir ?

Si les vues esquissées ci-dessus sont correctes, le rôle principal dans l'évolution appartient souvent à l'environnement. C'est lui qui, dans de nombreux cas, prend les vraies décisions, par le biais de la sélection naturelle, dans le vaste éventail des choix offerts par le champ mutationnel. Les exemples mentionnés plus haut illustrent clairement ce fait. Sans agents chimiques, les pathogènes ne leur deviendraient pas résistants. Il ne pourrait y avoir des phasmes s'il n'y avait pas de tiges, ni des mantes ressemblant à des feuilles en l'absence de feuilles vertes, ni des soles sans un fond de mer sablonneux, et ainsi de suite.

En réalité, une bonne partie de la biodiversité peut être vue comme le résultat de réponses des organismes à des conditions environnementales spécifiques. Il pourrait en être de même de nombreuses étapes clés de l'évolution verticale. Que l'on songe, par exemple, aux conditions particulières qui pourraient avoir été requises pour conférer un avantage sélectif aux dipneustes et à leurs successeurs sur la voie des amphibiens.

De telles considérations mettent en exergue la seconde intervention de la contingence dans l'évolution. Aux yeux de nombreux observateurs, le rôle des caprices environnementaux, plus encore que la nature fortuite des mutations, signifie que l'histoire de la vie a suivi des lignes totalement imprévisibles, assurées de ne pas se répéter si « la bande venait à être rejouée ». Dans un sens, le point est banal et ne fait que réaffirmer la contingence de l'histoire en général. Pascal le disait déjà lorsqu'il écrivait : « Le nez de Cléopâtre : s'il eût été plus court, toute la face de la terre aurait changé. » Ou, pour nous situer dans un contexte plus proche de notre sujet : « Si, vers le 1er mai 1755, un autre des spermatozoïdes de Léopold Mozart était arrivé le premier à l'ovule produit par Anna Maria Pertl, l'une des plus belles musiques du monde n'aurait jamais été composée » (de Duve, 1996a, p. 438).

De même, on a souvent fait remarquer que, si un gros astéroïde n'était pas tombé sur la péninsule du Yucatan il y a quelque 65 millions d'années, il y aurait peut-être toujours des dinosaures tandis que les mammifères continueraient à mener une existence précaire à l'ombre des grands reptiles. Ou encore, si la grande vallée du Rift n'avait pas, il y a environ sept millions d'années, fendu l'Afrique orientale du nord au sud par une entaille qui séparait la savane de la forêt, nos ancêtres primates pourraient encore se trouver juchés dans leurs arbres, parfaitement satisfaits de leur cerveau de 350 cm^3.

Pour les individus, l'argument de contingence historique est irréfutable. Cléopâtre et Mozart sont indubitablement uniques et irremplaçables. En ce qui concerne les événements évolutifs majeurs, par contre, on peut se demander s'ils doivent à des facteurs environnementaux fortuits le *fait* de s'être produits ou seulement le *moment* où ils se sont produits. Il se pourrait, par exemple, que les mammifères devaient obligatoirement, pour toutes sortes de raisons, déplacer un jour les dinosaures et que la chute de l'astéroïde n'a fait que précipiter une issue qui se serait produite de toute façon. Dans la même veine, si nos ancêtres n'avaient pas été isolés dans la savane – en supposant que ce facteur ait joué un rôle clé dans l'hominisation –, une autre circonstance environnementale aurait bien pu, tôt ou tard, fournir au cerveau primate l'occasion d'exprimer sa tendance intrinsèque à l'expansion.

En conclusion, des événements qui, selon la doctrine prévalente, doivent leur production à la conjonction de deux circonstances fortuites improbables – la bonne mutation au bon endroit – pourraient devoir être réinterprétés dans le contexte de la notion, proposée ici, d'organismes continuellement sujets à une grande variété de changements génétiques et attendant, si l'on peut dire, que l'environnement fournisse les conditions dans lesquelles un trait donné se révélera utile. Il n'est pas déraisonnable de supposer, étant donné la manière dont les milieux terrestres se modifient continuellement, que de nombreuses étapes de l'évolution, favorisées par des conditions environnementales particulières, se seraient produites de toute façon à l'un ou l'autre endroit ou moment.

Pour conclure

La vision de l'histoire de la vie sur Terre qui se dégage de l'analyse offerte dans ce livre met plus l'accent sur l'inévitabilité – et la singularité – que celle préconisée par de nombreux penseurs contemporains. Partant des produits universels de la chimie cosmique, la vision proposée attribue le premier développement de la vie à des phénomènes strictement chimiques qui, en vertu de cette nature, devaient obligatoirement se produire dans les conditions physico-chimiques qui existaient à l'endroit où ils ont eu lieu, ne laissant pratiquement aucune place au hasard.

La chimie déterministe continuant à jouer son rôle jusqu'à ce jour, l'information fit son entrée avec l'ARN réplicable et, plus tard, l'ADN, introduisant de ce fait même les éléments conjoints de continuité et de variabilité qui constituent les piliers de la sélection naturelle. C'est à partir d'ici que la version proposée diffère le plus significativement des scénarios plus courants, par l'importance qu'elle accorde à l'optimisation sélective. Cette notion, que l'on pourrait considérer comme une version forte du darwinisme, ajoute au concept classique de sélection naturelle l'occasion d'offrir à ce processus un éventail quasi complet d'options à départager.

Dans son essence, la notion d'optimisation sélective repose sur l'évaluation *quantitative* des probabilités et des occasions. Ce qui compte, c'est la dimension des espaces disponibles, qu'il s'agisse de séquences moléculaires ou de mutations, relativement à ce que l'on pourrait appeler le « pouvoir de couverture » des systèmes en évolution. Pour les défenseurs du « dessein intelligent », la grandeur des espaces dépasse à ce point l'étendue des pouvoirs de couverture que les endroits occupés par la vie au sein des espaces n'ont pu être atteints qu'avec un agent extérieur de nature inconnue comme guide.

Selon la doctrine conventionnelle de contingence, le déséquilibre est moins exorbitant mais encore de loin trop considérable pour qu'une exploration exhaustive fût possible. Les coups de chance ont cependant souvent réussi parce que de nombreux endroits compatibles avec la survie existaient dans les espaces. De coup de chance en coup de chance, le processus a suivi un parcours erratique, imprévisible, qui n'est qu'un seul parmi des myriades de chemins possibles.

L'optimisation sélective va plus loin, en postulant des espaces limités et des pouvoirs de couverture du même ordre de grandeur, de sorte que l'endroit optimal ou quasi optimal de l'espace a pu être atteint sans guide.

Que l'on ne se méprenne pas, je suis loin de prétendre que l'évolution a été entièrement gouvernée par ce mécanisme, ce qui rendrait son cours strictement déterministe et reproductible. Mes modèles laissent toute latitude à la contingence historique dans les cas de pseudo-goulets, par exemple, et dans les nombreux autres cas où soit l'optimisation sélective n'a pas été possible, soit plusieurs options différentes et équivalentes étaient ouvertes. Certains phénomènes cruciaux, tels que l'origine du code génétique, le mimétisme ou l'évolution convergente, indiquent néanmoins que la notion d'optimisation sélective pourrait avoir une portée considérable. À ce titre, elle mérite autant d'attention que les explications plus conventionnelles des phénomènes évolutifs.

Cette vision inclut implicitement la notion que l'histoire de la vie sur Terre a été déterminée, du moins dans ses grandes lignes, par les conditions environnementales qui entourèrent sa naissance et son évolution. Un corollaire en est que la vie naîtrait et évoluerait de la même manière si les conditions qui ont régné sur notre planète devaient se reproduire. D'où il s'ensuit que la probabilité de trouver ailleurs la vie et, peut-être, la pensée consciente équivaut à la probabilité qu'ont les conditions nécessaires d'être réalisées. Pour autant que l'on accepte cette prémisse, les vastes ressources de l'astronomie, de la cosmologie et des sciences spatiales peuvent être mobilisées pour la recherche d'habitats possibles. Malheureusement, les ressources pourraient s'avérer insuffisantes, et la réponse pourrait être hors d'atteinte.

Même avec les techniques et les instruments les plus perfectionnés que l'on puisse imaginer, nous ne serons jamais capables, à moins de pouvoir contourner les lois de la physique, de fouiller plus qu'une fraction infinitésimale de l'Univers pour y chercher des signes de vie et de pensée, ou même de simple habitabilité. Pour que de tels signes puissent être découverts, il faudrait, ou bien que les phénomènes que nous cherchons soient extrêmement fréquents, ou bien qu'un coup de hasard fantastique en ait placé un second échantillon à notre portée[1]. Si la recherche devait s'avérer infructueuse, comme cela paraît fort vraisemblable, cet échec n'offrirait en rien la preuve de la singularité de la vie et de la pensée, ni même de leur rareté. Il nous sera toujours loisible, en contemplant les cieux, de rêver d'autres mondes.

---

1. Je ne songe pas ici à Mars ni aux autres parties du système solaire, qui pourraient héberger des formes de vie apparentées à la vie terrestre. Bien entendu, toute trace de vie extraterrestre serait d'un énorme intérêt. Mais, pour que la découverte ait un rapport avec la question posée, la preuve d'une origine indépendante devrait être apportée. Une chiralité opposée serait un indice particulièrement probant.

Bibliographie

A. AKHMANOVA, F. VONCKEN, T. VAN HALEN, A. VAN HOEK, B. BOXMA, G. VOGELS, M. VEENHUIS et H. H. P. HACKSTEIN (1998). A hydrogenosome with a genome. *Nature*, **396**, 527-528.

A. D. ANBAR et A. H. KNOLL (2002). Proterozoic ocean chemistry and evolution : A bioinorganic bridge. *Science*, **297**, 1137-1142.

J. O. ANDERSSON, A. M. SJÖGREN, L. A. M. DAVIS, T. M. EMBLEY et A. J. ROGER (2003). Phylogenetic analyses of diplomonad genes reveal frequent lateral gene transfers affecting eukaryotes. *Cur. Biol.*, **13**, 94-104.

L. ARAVIND, R. L. TATUSOV, Y. I. WOLF, D. R. WALKER et E. V. KOONIN (1998). Evidence for massive gene exchange between archaeal and bacterial hyperthermophiles. *Trends Genet.*, **14**, 442-444.

G. L. ARNOLD, A. D. ANBAR, J. BARLING et T. W. LYONS (2004). Molybdenum isotope evidence for widespread anoxia in mid-proterozoic oceans. *Science*, **304**, 87-90.

G. ARRHENIUS, B. GEDULIN et S. MOJZSIS (1993). Phosphate in models for chemical evolution. *In Chemical Evolution and Origin of Life* (C. PONNAMPERUMA et J. CHELA-FLORES, éds.), 25-50. Hampton VA : A. Deepak Publ.

M. BALTER (2000). Evolution on life's fringes. *Science*, **289**, 1866-1867.

M. BALTSCHEFFSKY et H. BALTSCHEFFSKY (1992). Inorganic pyrophosphate and inorganic pyrophosphatases. *In Molecular Mechanisms in Bioenergetics* (L. ERNSTER, éd.), 331-348. Amsterdam : Elsevier.

A. BAR-NUN, E. KOCHAVI et S. BAR-NUN (1994). Assemblies of free amino acids as possible prebiotic catalysts. *J. Mol. Evol.*, **39**, 116-122.

A. D. BAUGHN et M. H. MALAMY (2004). The strict anaerobe *Bacteroides fragilis* grows in and benefits from nanomolar concentrations of oxygen. *Nature*, **427**, 441-444.

A. BEKKER, H. D. HOLLAND, P.-L. WANG, D. RUMBLE III, H. J. STEIN, J. L. HANNAH, L. L. COETZEE et N. J. BEUKES (2004). Dating the rise of atmospheric oxygen. *Nature*, **427**, 117-120.

M. P. BERNSTEIN, J. P. DWORKIN, S. A. SANDFORD, G. W. COOPER et L. J. ALLAMANDOLA (2002). Racemic amino acids from the ultraviolet photolysis of interstellar ice analogues. *Nature*, **416**, 401-403.

O. BOTTA et J. L. BADA (2002). Extraterrestrial organic compounds in meteorites. *Surv. Geophys.*, **23**, 411-467.

O. BOTTA, D. P. GLAVIN, G. KMINEK et J. L. BADA (2002). Relative amino acids concentrations as a signature for parent body processes of carbonaceous chondrites. *Orig. Life Evol. Biosph.*, **32**, 143-164.

Y. BOUCHER, M. KAMEKURA et W. F. DOOLITTLE (2004). Origins and evolution of isoprenoid lipid biosynthesis in Archaea. *Mol. Microbiol.*, **52(2)**, 515-527.

A. BRACK (2003). La chimie de l'origine de la vie. *In Les Traces du vivant* (M. GARGAUD, D. DESPOIS, J.-P. PARISOT, et J. REISSE, éds.), 61-81. Pessac : Presses universitaires de Bordeaux.

M. D. BRASIER, O. R. GREEN, A. P. JEPHCOAT, A. K. KLEPPE, M. J. VAN KRANENDONK, J. F. LINDSAY, A. STEELE et V. GRASSINEAU (2002). Questioning the evidence for Earth's oldest fossils. *Nature*, **416**, 76-81.

J. J. BROCKS, G. A. LOGAN, R. BUICK et R. E. SUMMONS (1999). Archaean molecular fossils and the early rise of eukaryotes. *Science*, **285**, 1033-1036.

P. BROWN, T. SUTIKNA, M. J. MORWOOD, R. P. SOEJONO, E. WAYHU SAPTOMO et R. AWE DUE (2004). A new small-bodied hominin from the late Pleistocene of Flores, Indonesia. *Nature*, **431**, 1055-1061.

R. CAMMACK (1983). Evolution and diversity in the iron-sulfur proteins. *Chem. Scr.*, **21**, 87-95.

D. E. CANE, éd. (1997). Polyketide and nonribosomal polypeptide biosynthesis. *Chem. Rev.*, **97**, 2463-2706 (contient 13 articles sur le sujet).

D. E. CANFIELD (1998). A new model for Proterozoic ocean chemistry. *Nature*, **396**, 450-453.

L. H. CAPORALE (2003). Foresight in genome evolution. *Amer. Sci.*, **91**, 234-241.

D. CARAMELLI, C. LALUEZA-FOX, C. VERNES, M. LARI, A. CASOLI, F. MALLEGNI, B. CHIARELLI, I. DUPANLOUP, J. BERTRANPETIT, G. BARBUJANI et G. BERTORELLE (2003). Evidence for a genetic discontinuity between Neandertals and 24,000-year-old anatomically modern Europeans. *Proc. Natl. Acad. Sci. U.S.A.*, **100**, 6593-6597.

S. B. CARROLL (2003). Genetics and the making of *Homo sapiens*. *Nature*, **422**, 849-857.

J. CASTRESANA et M. SARASTE (1995). Evolution of energetic metabolism : the respiration early hypothesis. *Trends Biol. Sci.*, **20**, 443-448.

T. CAVALIER-SMITH (1975). The origin of nuclei and eukaryotic cells. *Nature*, **256**, 463-468.

T. CAVALIER-SMITH (2002). The phagotrophic origin of eukaryotes and phylogenetic classification of Protozoa. *Int. J. Syst. Evol. Microbiol.*, **52**, 297-354.

T. R. CECH (1986). RNA as an enzyme. *Sci. Am.*, **255** (No. 5), 64-75.

A. CHAKRABARTI, R. R. BREAKER, G. F. JOYCE et D. W. DEAMER (1994). Production of RNA by a polymerase protein encapsulated within phospholipid vesicles. *J. Mol. Evol.*, **39**, 555-559.

S. CONWAY MORRIS (1998). *The Crucible of Creation*. Oxford : Oxford University Press.

S. CONWAY MORRIS (2003). *Life's Solution*. Cambridge : Cambridge University Press.

J. R. CRONIN et S. PIZZARELLO (1997). Enantiomeric excesses in meteoritic amino acids. *Science*, **275**, 951-955.

C. CUNCHILLOS et G. LECOINTRE (2002). Early steps of metabolism evolution inferred by cladistic analysis of amino acid catabolic pathways. *C. R. Biol.*, **325**, 119-129.

C. CUNCHILLOS et G. LECOINTRE (2005). Integrating the universal metabolism into a phylogenetic analysis. *Mol. Biol. Evol.*, **22**, 1-11.

D. W. DEAMER (1998). Membrane compartments in prebiotic evolution. In *The Molecular Origins of Life* (A. BRACK, éd.), 189-205. Cambridge : Cambridge University Press.

C. DE DUVE (1963). The lysosome concept. *In Ciba Foundation Symposium on Lysosomes* (A. V. S. DE REUCK and M. P. CAMERON, eds.), 1-31. London : Churchill.

C. DE DUVE (1969). Evolution of the peroxisome. *Ann. N. Y. Acad. Sci.*, **168**, 369-381.

C. DE DUVE (1987). *Une visite guidée de la cellule vivante*. Bruxelles : De Boeck-Wesmael ; Paris : Pour la Science.

C. DE DUVE (1988). The second genetic code. *Nature*, 333, 117-118.

C. DE DUVE (1990). *Construire une cellule*. Bruxelles : De Boeck-Wesmael ; Paris : InterÉditions.

C. DE DUVE (1993). The RNA world : before and after ? *Gene*, 135, 29-31.

C. DE DUVE (1996a). *Poussière de vie*. Paris : Fayard.

C. DE DUVE (1996b). La naissance des cellules complexes. *Pour la Science*, 224 (No. 6), 92-102.

C. DE DUVE (1998). Clues from present-day biology : The thioester world. In *The Molecular Origins of Life* (A. BRACK, éd.), 219-236. Cambridge : Cambridge University Press.

C. DE DUVE (2001). The origin of life : energy. In *Frontiers of Life*. Vol. I, 153-168, San Diego, CA : Academic Press.

C. DE DUVE (2002). *À l'écoute du vivant*. Paris : Odile Jacob (2002).

C. DE DUVE (2003). A research proposal on the origin of life. *Orig. Life Evol. Biosph.*, 33, 1-16.

C. DE DUVE (2005). The onset of selection. *Nature*, 433, 581-582.

C. DE DUVE et R. WATTIAUX (1966). Functions of lysosomes. *Annu. Rev. Physiol.*, 28, 435-492.

F. M. DEVIENNE, C. BARNABÉ, M. COUDERC et G. OURISSON (1998). Synthesis of biological compounds in quasi-interstellar conditions. *C. R. Acad. Sci. Paris*, Série IIc, 1, 435-439.

F. M. DEVIENNE, C. BARNABÉ et G. OURISSON (2002). Synthesis of further biological compounds in interstellar-like conditions. *C. R. Chimie*, 5, 651-653.

R. E. DICKERSON et I. GEIS (1969). *The Structure and Action of Proteins*. Menlo-Park, CA : Benjamin/Cummings Publishing Company.

M. DI GIULIO (2003). The early phases of genetic code origin : conjectures on the evolution of coded catalysis. *Orig. Life Evol. Biosph.*, 33, 479-489.

W. F. DOOLITTLE (1999). Phylogenetic classification and the universal tree. *Science*, 284, 2124-2128.

W. F. DOOLITTLE (2000). The nature of the universal ancestor and the evolution of the proteome. *Cur. Op. Struct. Biol.*, 10, 355-358.

S. D. DYALL, M. T. BROWN et P. J. JOHNSON (2004a). Ancient invasions : from endosymbionts to organelles. *Science*, 304, 253-257.

S. D. DYALL, W. YAN, M. G. DELGADILLO-CORREA, A. LUNCEFORD, J. A. LOO, C. F. CLARKE et P. J. JOHNSON (2004b). Non-mitochondrial complex I proteins in a *Trichomonas* hydrogenosomal oxidoreductase complex. *Nature*, 431, 1103-1107.

P. EHRENFREUND, W. IRVINE, L. BECKER, J. BLANK, J. R. BRUCATO, L. COLANGELI, S. DERENNE, D. DESPOIS, A. DUTREY, H. FRAAIJE, A. LAZCANO, T. OWEN, F. ROBERT. An International Space Science Institute ISSI-Team (2002). Astrophysical and astrochemical insights into the origin of life. *Rep. Prog. Phys.*, 65, 1427-1487.

M. EIGEN et P. SCHUSTER (1977). The hypercycle : A principle of self-organization. Part A : Emergence of the hypercycle. *Naturwissenschaften*, 64, 541-565.

M. EIGEN et R. WINKLER-OSWATITSCH (1981). Transfer-RNA, an early gene. *Naturwissenschaften*, 68, 282-292.

A. ESCHENMOSER (1999). Chemical etiology of nucleic acid structure. *Science*, 284, 2118-2124.

P. FORTERRE (1995). Thermoreduction, a hypothesis for the origin of prokaryotes. *C. R. Acad. Sci. III*, 318, 415-422.

P. FORTERRE (1999). Where is the root of the universal tree of life ? *BioEssays*, 21, 871-879.

P. FORTERRE, C. BOUTHIER DE LA TOUR, H. PHILIPPE et M. DUGUET (2000). Reverse gyrase from hyperthermophiles : Probable transfer of a thermoadaptation trait from Archaea to Bacteria. *Trends Genet.*, 16, 152-154.

S. W. FOX (1988). *The Emergence of Life*. New York : BasicBooks.

S. J. FREELAND, T. WU et N. KEULMANN (2003). The case for an error minimizing standard genetic code. *Orig. Life Evol. Biosph.*, 33, 457-477.

N. FUJII (2002). D-Amino acids in living higher organisms. *Orig. Life Evol. Biosph.*, 32, 103-127.

H. FURNES, N. R. BANERJEE, K. MUEHLENBACHS, H. STAUDIGEL et M. DE WIT (2004). *Science*, 304, 578-581.

N. GALTIER, N. TOURASSE et M. GOUY (1999). A nonhyperthermophilic common ancestor to extant life forms. *Science*, 283, 220-221.

J. M. GARCIA-RUIZ, S. T. HYDE, A. M. CARNERUP, A. G. CHRISTY, M. J. VAN KRANENDONK et N. J. WELHAM (2003). Self-assembled silica-carbonate structures and detection of ancient microfossils. *Science*, 302, 1194-1197.

B. GEDULIN et G. ARRHENIUS (1994). Sources and geochemical evolution of RNA precursor molecules – the role of phosphate. *In Early Life on Earth, Nobel Symposium 84* (S. BENGTSON, éd.), 91-110. New York : Columbia University Press.

W. GILBERT (1986). The RNA World. *Nature*, 319, 618.

W. GILBERT, M. MARCHIONNI et G. MCKNIGHT (1986). On the antiquity of introns. *Cell*, 46, 151-154.

N. GLANSDORFF (2000). About the last common ancestor, the universal life-tree, and lateral gene transfer : a Reappraisal. *Mol. Microbiol.*, 38(2), 177-185.

M. GOGARTEN-BOEKELS, E. HILARIO et J. P. GOGARTEN (1995). The effects of heavy meteorite bombardment on the early evolution – the emergence of the three domains of life. *Orig. Life Evol. Biosph.*, 25, 251-264.

S. GRIBALDO et H. PHILIPPE (2002). Ancient phylogenetic relationships. *Theor. Pop. Biol.*, 61, 391-408.

R. S. GUPTA, K. AITKEN, M. FALAH et B. SINGH (1994). Cloning of *Giardia lamblia* heat shock protein HSP70 homologs : Implications regarding origin of eukaryotic cells and endoplasmic reticulum. *Proc. Natl. Acad. Sci. U.S.A.*, 91, 2895-2899.

J. H. P. HACKSTEIN, A. AKHMANOVA, F. VONCKEN, A. VAN HOEK, T. VAN ALEN, B. BOXMA, S. Y. MOON-VAN DER STAAY, G. VAN DER STAAY, J. LEUNISSEN, M. HUYNEN, J. ROSENBERG et M. VEENHUIS (2001). Hydrogenosomes : convergent adaptations of mitochondria to anaerobic environments. *Zoology*, 104, 290-302.

M. M. HANCZYC, S. M. FUJIKAWA et J. W. SZOSTAK (2003). Experimental models of primitive cellular compartments : Encapsulation, growth, and division. *Science*, 302, 618-622.

H. HARTMAN (1984). The origin of the eukaryotic cell. *Speculations Sci. Technol.*, 7(2), 77-81.

H. HARTMAN et A. FEDOROV (2002). The origin of the eukaryotic cell : A genomic investigation. *Proc. Natl. Acad. Sci. U.S.A.*, 99, 1420-1425.

T. HORIIKE, K. HAMADA, S. KANAYA et T. SHINOZAWA (2001). Origin of eukaryotic cell nuclei by symbiosis of Archaea in Bacteria is revealed by homology-hit analysis. *Nat. Cell Biol.*, 3, 210-214.

D. S. HORNER, P. G. FOSTER et T. M. EMBLEY (2000). Iron hydrogenases and the evolution of anaerobic eukaryotes. *Mol. Biol. Evol.*, 17(11), 1695-1709.

C. HUBER et G. WÄCHTERSHÄUSER (1998). Peptides by activation of amino acids by CO on (Ni,Fe)S surfaces : Implications for the origin of life. *Science*, 281, 670-672.

E. IMAI, H. HONDA, K. HATORI, A. BRACK et K. MATSUNO (1999). Elongation of oligopeptides in a simulated submarine hydrothermal system. *Science*, 283, 831-833.

W. K. JOHNSTON, P. J. UNRAU, M. S. LAWRENCE, M. E. GLASNER et D. P. BARTEL (2001). RNA-catalyzed RNA polymerization : Accurate and general RNA-templated primer extension. *Science*, 292, 1319-1325.

A. JORISSEN et C. CERF (2002). Asymmetric photoreactions as the origin of biomolecular homochirality : A critical review. *Orig. Life Evol. Biosph.*, **32**, 129-142.

G. F. JOYCE (2002).The Antiquity of RNA-based evolution. *Nature*, **418**, 214-221.

G. F. JOYCE et L. E. ORGEL (1993). Prospects for the understanding of the origin of the RNA world. *In The RNA World* (R. F. GESTELAND et J. F. ATKINS, éds.), 1-25. Cold Spring Harbor Laboratory Press.

O. KANDLER (1994a). Cell wall biochemistry in Archaea and its phylogenetic implications. *J. Biol. Phys.*, **20**, 165-169.

O. KANDLER (1994b). The early diversification of life. *In Early Life on Earth, Nobel Symposium 84* (S. BENGTSON, éd.), 152-160. New York : Columbia University Press.

K. KASHEFI et D. R. LOVLEY (2003). Extending the upper temperature limit for life. *Science*, **301**, 934.

M. KATES (1992). Archaebacterial lipids : Structure, biosynthesis and function. *In The Archaebacteria : Biochemistry and Biotechnology* (M. J. DANSON, D. W. HOUGH et G. G. LUNT, éds.), 51-72. Biochem. Soc. Symp. 58. London : Portland Press.

A. D. KEEFE et S. L. MILLER (1995). Are polyphosphates or phosphate esters prebiotic reagents ? *J. Mol. Evol.*, **41**, 693-702.

A. D. KEEFE, G. L. NEWTON et S. L. MILLER (1995). A possible prebiotic synthesis of pantetheine, a precursor of coenzyme A. *Nature*, **373**, 683-685.

A. H. KNOLL (2003). *Life on a Young Planet.* Princeton, NJ : Princeton University Press.

V. KOLB, S. ZHANG, Y. XU et G. ARRHENIUS (1997). Mineral-induced phosphorylation of glycolate ion – A Metaphor in chemical evolution. *Orig. Life Evol. Biosph.*, **27**, 485-503.

E. V. KOONIN (2003). Comparative genomics, minimal gene-sets and the last universal common ancestor. *Nature Rev. Microbiol.*, **1**, 127-136.

A. KORNBERG, N. N. RAO et D. AULT-RICHÉ (1999). Inorganic polyphosphate : A molecule of many functions. *Annu. Rev. Biochem.*, **68**, 89-125.

I. S. KULAEV (1979). *The Biochemistry of Inorganic Polyphosphates.* New York : Wiley.

J. A. LAKE, R. JAIN et M. C. RIVERA (1999). Mix and match in the tree of life. *Science*, **283**, 2027-2028.

N. LANE (2002). *Oxygen.* Oxford : Oxford University Press.

A. LAZCANO (2003). Just how pregnant is the universe ? *Science*, **299**, 347-348.

L. LEMAN, L. ORGEL et M. REZA GHADIRI (2004). Carbonyl sulfide-mediated prebiotic formation of peptides. *Science*, **306**, 283-286.

R. LEWIN (1996). *Patterns in Evolution.* New York : Scientific American Books.

M. R. LINDSAY, R. I. WEBB, M. STROUS, M. S. JETTEN, M. K. BUTLER, R. J. FORDE et J. A. FUERST (2001). Cell compartmentalisation in planctomycetes : novel types of structural organisation for the bacterial cell. *Arch. Microbiol.*, **175** (No. 6), 413-429.

P. L. LUISI (2002). Some open questions about the origin of life. *In Fundamentals of Life* (G. PALYI, C. ZUCCHI et L. CAGLIOTI, éds.), 289-301. Paris : Elsevier.

D. A. MAC DONAILL (2003). Why nature chose A, C, G, and U/T : An error-coding perspective of nucleotide alphabet composition. *Orig. Life Evol. Biosph.*, **33**, 433-455.

L. MARGULIS (1981). *Symbiosis in Cell Evolution.* San Francisco : W. H. Freeman & Co.

L. MARGULIS (1996). Archaeal-eubacterial mergers in the origin of Eukarya : phylogenetic classification of life. *Proc. Natl. Acad. Sci. U.S.A.*, **93**, 1071-1076.

L. MARGULIS et D. SAGAN (1986). *Micro-Cosmos.* New York : Summit Books.

W. Martin (1999). Mosaic bacterial chromosomes : a challenge en route to a tree of genomes. *BioEssays*, 21, 99-104.

W. Martin et M. Müller (1998). The hydrogen hypothesis for the first eukaryote. *Nature*, 392, 37-41.

W. Martin, C. Rotte, M. Hoffmeister, U. Theissen, G. Gelius-Dietrich, S. Ahr et K. Henze (2003). Early cell evolution, eukaryotes, anoxia, sulfide, oxygen, fungi first (?), and a tree of genomes revisited. *Life*, 55 (No. 4-5), 193-204.

W. Martin et M. J. Russell (2003). On the origins of cells : a hypothesis for the evolutionary transitions from abiotic geochemistry to chemoautotrophic prokaryotes, and from prokaryotes to nucleated cells. *Phil. Trans. R. Soc. London B*, 358, 59-85.

S. L. Miller (1953). A production of amino acids under possible primitive earth conditions. *Science*, 117, 528-529.

K. Miller (1999). *Finding Darwin's God*. New York : HarperCollins.

M. Mirazon Lahr et R. Foley. Human evolution writ small. *Nature*, 431, 1043-1044.

P. A. Monnard, C. L. Apel, A. Kanavarioti et D. W. Deamer (2004). Influence of ionic inorganic solutes on self-assembly and polymerization processes related to early forms of life : Implications for a prebiotic aqueous medium. *Astrobiol.*, 2 (No. 2), 139-152.

D. Moreira et P. Lopez-Garcia (1998). Symbiosis between methanogenic archaea and δ-proteobacteria as the origin of eukaryotes : the syntrophic hypothesis. *J. Mol. Evol.*, 47, 517-530.

H. J. Morowitz (1999). A theory of biochemical organization, metabolic pathways, and evolution. *Complexity*, 4 (No. 6), 39-53.

M. J. Morwood, R. P. Soejono, R. G. Roberts, T. Sutikna, C. S. M. Turney, K. E. Westaway, W. J. Rink, J.-x. Zhao, G. D. Van den Bergh, R. Awe Due, D. R. Hobbs, M. W. Moore, M. I. Bird et L. K. Fifield (2004). Archaeology and age of a new hominin from Flores in eastern Indonesia. *Nature*, 431, 1087-1091.

M. Müller (1993). The hydrogenosome. *J. Gen. Microbiol.*, 139, 2879-2889.

M. Müller et W. Martin (1999). The genome of *Rickettsia prowazekii* and some thoughts on the origin of mitochondria and hydrogenosomes. *BioEssays*, 21, 377-381.

G. M. Munoz Caro, U. J. Meierhenrich, W. A. Schutte, B. Barbier, A. Arcones Segovia, H. Rosenbauer, W. H.-P. Thiemann, A. Brack et J. M. Greenberg (2002). Amino acids from ultraviolet irradiation of interstellar ice analogues. *Nature*, 416, 403-406.

K. E. Nelson, R. A. Clayton, S. R. Gill, M. L. Gwinn, R. J. Dodson, D. H. Haft, E. K. Hickey, J. D. Peterson, W. C. Nelson, K. A. Ketchum, L. McDonald, T. R. Utterback, I. A. Malek, K. D. Linher, M. M. Garrett, A. M. Stewart, M. D. Cotton, M. S. Pratt, C. A. Phillips, D. Richardson, J. Heidelberg, G. G. Sutton, R. D. Fleischmann, J. A. Eisen, O. White, S. L. Salzberg, H. O. Smith, J. C. Venter et C. M. Fraser (1999). Evidence for lateral gene transfer between Archaea and Bacteria from genome sequence of *Thermotoga maritima*. *Nature*, 399, 323-329.

E. Nevo (1999). *Mosaic Evolution of Subterranean Mammals*. Oxford : Oxford University Press.

E. Nogales, K. H. Downing, L. A. Amos et J. Löwe (1998). Tubulin and FtsZ form a distinct family of GTPases. *Nature Struct. Biol.*, 5, 451-458.

H. Ochman, J. G. Lawrence et E. A. Groisman (2000). Lateral gene transfer and the nature of bacterial evolution. *Nature*, 405, 299-304.

H. Ogasawara, A. Yoshida, E. Imai, H. Honda, K. Hatori et K. Matsuno (2000). Synthesizing oligomers from monomeric nucleotides in simulated hydrothermal environments. *Orig. Life Evol. Biosph.*, 30, 519-526.

Y. Ogata, E. Imai, H. Honda, K. Hatori et K. Matsuno (2000). Hydrothermal circulation of sea water through hot vents and contribution of interface chemistry to prebiotic synthesis. *Orig. Life Evol. Biosph.*, 30, 527-537.

L. E. ORGEL (2003). Some consequences of the RNA world hypothesis. *Orig. Life Evol. Biosph.*, **33**, 211-218.

S. OSAWA (1995). *Evolution of the Genetic Code*. Oxford : Oxford University Press.

G. OURISSON et T. NAKATANI (1994). The terpenoid theory of the origin of cellular life : The evolution of terpenoids to cholesterol. *Chemistry and Biology*, **1**, 11-23.

K. OZAWA, A. NEMOTO, E. IMAI, H. HONDA, K. HATORI et K. MATSUNO (2004). Phosphorylation of nucleotide molecules in hydrothermal environments. *Orig. Life Evol. Biosph.*, **34**, 465-471.

J. D. PALMER (2003). The symbiotic birth and spread of plastids : How many times and whodunit ? *J. Phycol.*, **39**, 4-11.

S. PITSCH, A. ESCHENMOSER, B. GEDULIN, S. HUI et G. ARRHENIUS (1995). Mineral induced formation of sugar phosphates. *Orig. Life Evol. Biosph.*, **25**, 294-334.

S. PIZZARELLO et A. L. WEBER (2004). Prebiotic amino acids as asymmetric catalysts. *Science*, **303**, 1151.

A. POOLE, D. JEFFARES et D. PENNY (1999). Early evolution : prokaryotes, the new kids on the block. *Bioessays*, **21**, 880-889.

D. PRANGISHVILI (2003). Evolutionary insights from studies on viruses of hyperthermophilic archaea. *Res. Microbiol.*, **154**, 289-294.

B. P. PRIEUR (2001). Étude de l'activité prébiotique potentielle de l'acide borique. *C. r. Acad. Sci. Paris, Chimie/Chemistry*, **4**, 1-4.

A. RICARDO, M. A. CARRIGAN, A. N. OLCOTT et S. A. BENNER (2004). Borate minerals stabilize ribose. *Science*, **303**, 196.

M. C. RIVERA et J. A. LAKE (2004). The ring of life provides evidence for a genome fusion origin of eukaryotes. *Nature*, **431**, 152-155.

M. ROHMER (1999). The discovery of a mevalonate-independent pathway for isoprenoid biosynthesis in bacteria, algae, and higher plants. *Nat. Prod. Rep.*, **16**, 565-574.

M. ROHMER, C. GROSDEMANGE-BILLIARD, M. SEEMANN et D. TRITSCH (2004). Isoprenoid biosynthesis as a novel target for antibacterial and antiparasitic drugs. *Cur. Opin. Investig. Drugs*, **5** (No. 2), 154-162.

L. SAGAN (1967). On the origin of mitosing cells. *J. Theoret. Biol.*, **14**, 225-274.

J. G. SCHMIDT, P. E. NIELSEN et L. E. ORGEL (1997). Enantiomeric cross-inhibition in the synthesis of oligonucleotides on a nonchiral template. *J. Am. Chem. Soc.*, **119**, 1494-1495.

J. W. SCHOPF (1999). *Cradle of Life*. Princeton NJ : Princeton University Press.

A. W. SCHWARTZ (1998). Origins of the RNA World. *In The Molecular Origins of Life* (A. BRACK, éd.), 237-254. Cambridge : Cambridge University Press.

M. SHIMIZU (1982). Molecular basis for the genetic code. *J. Mol. Evol.*, **18**, 297-303.

A. SHIMOYAMA et R. OGASAWARA (2002). Peptides and diketopiperazines in the Yamato-791198 and Murchison carbonaceous chondrites. *Orig. Life Evol. Biosph.*, **32**, 165-179.

N. H. SLEEP, K. J. ZAHNLE, J. F. KASTING et H. J. MOROWITZ (1989). Annihilation of ecosystems by large asteroid impacts on the early Earth. *Nature*, **342**, 139-142.

M. L. SOGIN, J. D. SILBERMAN, G. HINKLE et H. G. MORRISON (1996). Problems with molecular diversity in the Eukarya. *In Evolution of Microbial Life* (D. McL. ROBERTS, P. SHARP, G. ALDERSON et M. A. COLLINS, éds.), 167-184. Cambridge : Cambridge University Press.

S. SPIEGELMAN (1967). An in vitro analysis of a replicating molecule. *Amer. Scient.*, **55**, 221-264.

R. Y. STANIER (1970). Some aspects of the biology of cells and their possible evolutionary significance. *Symp. Soc. Gen. Microbiol.*, **20**, 1-38.

R. SUTAK, P. DOLEZAL, H. L. FIUMERA, I. HRDY, A. DANCYS, M. DELGADILLO-CORREA, P. J. JOHNSON, M. MÜLLER et J. TACHEZY (2004). Mitochondrial-type assembly of Fe-S centers in the hydrogenosomes of the amitochondriate eukaryote *Trichomonas vaginalis*. *Proc. Natl. Acad. Sci. U.S.A.*, **101**, 10368-10373.

E. Szathmary (2002). The gospel of inevitability. *Nature*, **419**, 779-780.

J. W. Szostak, D. P. Bartel et P. L. Luisi (2001). Synthesizing life. *Nature*, **409**, 387-390.

K. Tamura et P. Schimmel (2004). Chiral-selective aminoacylation of an RNA minihelix. *Science*, **305**, 1253.

J. Tovar, G. Leon-Avila, L. B. Sanchez, R. Sutak, J. Tachezy, M. Van der Giezen, M. Hernandez, M. Müller et J. M. Lucocq (2003). Mitochondrial remnant organelles of *Giardia* function in iron-sulphur protein maturation. *Nature*, **426**, 172-176.

F. Van den Ent, L. A. Amos et J. Löwe (2001). Prokaryotic origin of the actin cytoskeleton. *Nature*, **413**, 39-44.

M. A. van Zullen, A. Lepland et G. Arrhenius (2002). Reassessing the evidence for the earliest traces of life. *Nature*, **418**, 627-630.

T. Vellai et G. Vida (1999). The origin of eukaryotes : the difference between prokaryotic and eukaryotic cells. *Proc. R. Soc. Lond. B*, **266**, 1571-1577.

F. Voncken, B. Boxma, J. Tjaden, A. Akhmanova, M. Huynen, F. Verbeek, A. G. M. Tielens, I. Haferkamp, H. E. Neuhaus, G. Vogels, M. Veenhuis et J. H. P. Hackstein (2002). Multiple origins of hydrogenosomes : functional and phylogenetic evidence from the ADP/ATP carrier of the anaerobic chytrid *Neocallimastix* sp. *Mol. Microbiol.*, **44** (No.6), 1441-1454.

C. D. von Dohlen, S. Kohler, S. T. Alsop et W. R. McManus (2001). Mealybug beta-proteobacterial endosymbionts contain gamma-proteobacterial symbionts. *Nature*, **412**, 433-436.

G. Wächtershäuser (1998). Origin of life in an iron-sulfur world. *In The Molecular Origins of Life* (A. Brack, éd.), 206-218. Cambridge : Cambridge University Press.

G. Wächtershäuser (2003). From pre-cells to Eukarya – a tale of two lipids. *Mol. Microbiol.*, **47** (No. 1), 13-22.

C. T. Walsh (2004). Polyketide and nonribosomal peptide antibiotics : Modularity and versatility. *Science*, **303**, 1805-1810.

J. Washington (2000). The possible role of volcanic aquifers in prebiologic genesis of organic compounds and RNA. *Orig. Life Evol. Biosph.*, **30**, 53-79.

A. L. Weber (2001). The sugar model : catalysis by amines and amino acid products. *Orig. Life Evol. Biosph.*, **31**, 71-86.

F. H. Westheimer (1987). Why nature chose phosphates. *Science*, **235**, 1173-1178.

T. D. White, B. Asfaw, D. DeGusta, H. Gilbert, G. D. Richards, G. Suwa et F. C. Howell (2003). Pleistocene *Homo sapiens* from Middle Awash, Ethiopea. *Nature*, **423**, 742-747.

J. Whitfield (2004). Born in a watery commune. *Nature*, **427**, 674-676.

C. R. Woese (1987). Bacterial evolution. *Microbiol. Rev.*, **51**, 221-271.

C. R. Woese (1998). The universal ancestor. *Proc. Natl. Acad. Sci. U.S.A.*, **95**, 6854-6859.

C. R. Woese (2000). Interpreting the universal phylogenetic tree. *Proc. Natl. Acad. Sci. USA*, **97**, 8392-8396.

C. R. Woese (2002). On the evolution of cells. *Proc. Natl. Acad. Sci. U.S.A.*, **99**, 8742-8747.

C. R. Woese (2004). A new biology for a new century. *Microbiol. Mol. Biol. Rev.*, **68**, 173-186.

C. R. Woese et G. E. Fox (1977). Phylogenetic structure of the prokaryotic domain. *Proc. Natl. Acad. Sci. U.S.A.*, **74**, 5088-5090.

J. T.-F. Wong (1975). A co-evolution theory of the genetic code. *Proc. Natl. Acad. Sci. U.S.A.*, **72**, 1909-1912.

J. T.-F. Wong (1991). Origin of genetically encoded protein synthesis : a model based on selection for RNA peptidation. *Orig. Life Evol. Biosph.*, **21**, 165-176.

J. T.-F. Wong et H. Xue (2002). Self-perfecting evolution of heteropolymer building blocks and sequences as the basis of life. *In Fundamentals of Life* (G. Palyi, C. Zucchi et L. Caglioti, éds.), 473-494. Paris : Elsevier.

Y. Xu et N. Glansdorff (2002). Was our ancestor a hyperthermophilic procaryote ? *Comp. Biochem. Physiol. Part A., 133*, 677-688.

Y. Yamagata, H. Watanabe, M. Saitoh et T. Namba (1991). Volcanic production of polyphosphates and its relevance to prebiotic evolution. *Nature, 352*, 516-519.

M. Yarus (2000). RNA-ligand chemistry : A testable source for the genetic code. *RNA, 6*, 475-484.

S. Yokoyama, A. Koyama, A. Nemoto, H. Honda, E. Imai, K. Hatori et K. Matsuno (2003). Amplification of diverse catalytic properties of evolving molecules in a simulated hydrothermal environment. *Orig. Life Evol. Biosph., 33*, 589-595.

W. Zillig (1991). Comparative biochemistry of Archaea and Bacteria. *Curr. Opin. Genet. Dev., 1*, 544-551.

Index

Accident gelé : 15, 24, 33, 123
α-cétoglutarate : 75-76
Acide
  – désoxyribonucléique : *voir* ADN
  – lipoïque : 75-76, 141
  – ribonucléique : *voir* ARN
  – thioctique : *voir* Acide lipoïque
Acides
  – aminés : 17, 19-20, 23-25, 28, 34-36, 42, 49, 69, 79, 81, 84, 93, 107-111, 113-118, 120-124, 126-128, 143, 151-152, 173, 178, 187, 198, 201
  – aminés protéinogènes : 36, 115
  – D-aminés : 23
  – gras : 17, 19, 42, 49, 62, 79, 144, 146-148, 150-151, 153, 160, 201-202
  – L-aminés : 22-24
Acidité : 51, 58, 80, 145, 160, 168-169, 191, 200
  – *voir aussi* Protons, pH
Actine : *voir* Cytosquelette
Activité optique : *voir* Chiralité
Adénine : *voir* Bases puriques
Adénosine triphosphate : *voir* ATP
ADN : 22, 28, 30, 40, 49, 83, 87-88, 90, 101, 111, 127, 133-138, 153, 187, 192-193, 212, 236, 241, 252, 255
ADP : 44, 60
Aérobies : 59, 61, 78, 158-159, 163, 166, 226, 232-236, 240
Alcool : *voir* Éthanol
Alcools à longue chaîne : *voir* Terpénoïdes
Aminoacyl-ARNt synthétases : 110, 113, 115, 117, 122, 124

AMP : 39, 45-48, 79, 81, 84, 109, 148, 174, 178-179, 245
Amphibiens : 247-249, 258, 267
Amphiphilie : 140, 151, 172, 175, 178
Anaérobies : 61, 74, 159, 170, 200, 225, 228-229, 232-237
Ancêtre de tous les ARN : 98
Animaux : 8, 41-42, 50, 59, 119, 168, 178, 185, 196, 211, 243-244, 248, 257, 264-265
Anticodons : 88, 111, 113, 116, 121-122, 124
Appariement de bases : 8, 87-89, 96, 111, 116, 121, 133-134, 187, 202
Arbre phylogénétique : 195-196, 200, 203-204, 206, 208, 220, 238, 246, 262
  – *voir aussi* Phylogénies moléculaires
Archaea : 83, 141, 150, 200-204, 207, 209, 221
ARN : 22, 24, 27-30, 32-34, 39, 51, 83-105, 109, 111, 113-119, 122-127, 129-130, 133, 135-138, 153, 172-176, 182, 187-189, 192-193, 199, 209, 211-212, 221-222, 241
  – de transfert : *voir* ARNt
  – messager : *voir* ARNm
  – ribosomial : *voir* ARNr
  – viral : *voir* virus à ARN
ARNm : 83-84, 88, 111-113, 116-117, 119, 122, 137, 173, 188
ARNr : 84, 111-113, 116-117, 133, 173, 199-200, 202-203, 206
ARNt : 49, 84, 88, 109-117, 119, 121-122, 173, 202, 231

Atmosphère : 19, 67, 166, 225-226, 228
– *voir aussi* Oxygène
ATP : 39-50, 52-55, 57-60, 62-67, 71, 73-74, 76, 78-79, 81, 86, 92, 94-95, 102, 109-110, 113-114, 133, 135, 144, 147-148, 155-157, 159-160, 162-169, 174, 179, 189, 212, 227, 232-234, 245
Autotrophie : 62, 67-69, 78, 167, 190

Bacteria : 141, 150, 200-204, 207, 209, 221
Bactéries : 34, 63, 80, 128, 135-136, 145, 150, 158-160, 163, 192, 196, 201, 203-205, 207, 216-217, 223, 228, 232, 234, 237, 241
Bactériorhodopsine : 168
Bases : 17, 21, 42, 53-54, 65, 81, 84-85, 89, 92-93, 95-96, 98, 105, 111-112, 119-121, 123-124, 128, 135, 141, 143-144, 164, 189, 197, 203, 264
– puriques : 39-40
– pyrimidiques : 19, 40, 89, 93
Bicouche lipidique : 139-144, 151-153, 175, 187
Bifurcations : 15, 163, 166, 195, 197, 200, 203, 207, 221, 246-247, 262
Biosynthèses : 8, 42-43, 46, 49-50, 148, 150, 163, 166
Biotechnologies : 259

Catalyseurs : 13, 23-24, 28-31, 33-34, 36, 55, 65, 67-68, 81, 83, 90, 102-103, 116-117, 124, 126, 130, 135, 144, 147, 151, 159, 166, 172-177, 179
– *voir aussi* Enzymes, Multimères, Ribozymes
Cellules : 8, 27-28, 41-42, 50, 65, 71-72, 74, 83, 87, 93, 101-102, 104, 117, 127, 135-137, 139, 143, 145, 152-153, 169, 188-189, 192-193, 196, 201, 204-219, 221-223, 227, 231-241, 243-246, 248, 264
Cellules eucaryotiques : *voir* Eucaryotes
Cellules procaryotiques : *voir* Procaryotes
Cerveau : 11, 251, 253-260, 266-268
Chaîne glycolytique : *voir* Glycolyse
Chaleur : 41, 43, 151, 178-179, 191, 201-202
– *voir aussi* Thermophilie
Chance : *voir* Coup de chance extraordinaire, Hasard
Chimérisme : *voir* Protoeucaryote

Chimie
– abiotique : 27, 51, 53-54, 67, 69, 80, 93, 171-172, 191
– cosmique : 18, 20, 24, 35, 53, 67, 69, 93, 153, 171-172, 174, 180, 182-183, 188, 190, 269
– organique : 39, 41, 51, 96, 171-176, 179-182, 211, 269
Chimie prébiotique : *voir* Chimie abiotique
Chimiotrophie : 62, 78, 157, 160-161, 163, 190
– *voir aussi* Autotrophie
Chiralité : 20, 23-25, 33, 53, 96, 115, 141, 146, 183, 207
Chloroplastes : 145, 150, 163, 213-214, 223, 225, 231, 238-239
Cholestérol : 142-143, 150, 211
Chromosomes : 135, 212, 218, 252
Cils : 223, 240
Code génétique : 8, 111, 119-125, 128, 138, 173, 176, 182, 187, 196, 209, 270
Codons : 88, 111-113, 116, 120-123, 125, 128
Coenzyme : 65, 76, 93, 102, 158, 160, 175, 182, 187
– A : 49, 75-77, 79, 146-148, 150, 160
– Q : *voir* Ubiquinone
Condensation déshydratante : 39, 42-43, 50, 68, 71, 107, 109, 151
Congruence : 29, 32-34, 90, 92, 94, 174-175
Contingence : 14, 262-263, 265, 267, 270
Coup de chance extraordinaire : 90, 99, 102, 179-180, 196-197, 206, 222, 256-257, 262-264, 270
Couplage : 42, 50, 59, 66-67, 73, 78, 80, 94, 155-156, 166, 168-169, 182, 189, 252
Couples redox : 58, 166
Cro-Magnon : 253, 255, 260
CTP : 39, 49, 86, 92, 94, 174
Cyanobactéries : 163, 217, 225, 227-228, 238-239
Cycle de Krebs : 66, 69, 73, 78-80, 172
Cytochromes : 65, 81, 159, 198, 228
Cytomembranes : *voir* Membranes
Cytosine : *voir* Bases pyrimidiques
Cytosquelette : 212, 221, 235

DACU : 118, 135, 185-191, 195, 199-200, 202-203, 206-209, 211, 214, 220-221, 228
Décarboxylation oxydative : 72, 75-77, 79, 146

Dernier ancêtre commun universel : *voir* DACU
Désoxyribose : 22-23, 40, 49, 62, 133-135
Dessein intelligent : 16, 29, 51, 91-93, 98, 124, 127-128, 176, 262, 270
Déterminisme : 20, 29, 36, 119, 175, 180, 182, 269-270
Dipneustes : 248, 258, 267
Division cellulaire : 136, 153, 173, 189, 244, 246, 264
Division mitotique : *voir* Mitose
Duplication de gènes : 99, 124, 185, 190, 206, 247, 257
– *voir aussi* Gènes paralogues
Dynéine : 212

Eau : 19, 39-40, 42-44, 46, 51, 53, 58-59, 61-65, 72, 108, 121, 140-141, 144, 151, 160, 163, 166, 177-178, 181, 225, 227, 233, 247
– oxygénée : 159, 225, 240
Électrons : 57-68, 72-74, 76, 78, 80, 82, 94, 149-150, 155-167, 169-170, 175, 187, 227
Endocytose : 143, 145, 212, 215-216
Endosymbiontes : 215, 217, 219-223, 227, 231-241
– *voir aussi* Symbiose
Énergétique : 40, 57, 60-61, 63-64, 71, 74, 81, 96, 110, 113, 166, 171, 233
Énergie : 8, 19, 39, 41-45, 48, 50-52, 57-69, 71-74, 76, 78-80, 93-94, 108-110, 113-114, 144, 146, 150, 156-159, 161-163, 165-166, 168-169, 179, 187, 207, 225-226, 232
Environnement : 8, 31, 36, 50, 61, 64, 68, 100, 108, 142, 145, 166, 168, 171, 174, 178-179, 181, 183, 189, 191, 195, 200-202, 217, 246-249, 256, 259, 262, 265-266, 268
Enzymes : 23, 28-34, 36, 50, 65, 73, 80, 101-104, 108, 111, 113-114, 116, 125-126, 129, 133-135, 137-138, 144, 152-153, 159, 166, 172-177, 179, 182-183, 187-188, 192, 202, 207, 209-210, 212, 216, 226, 228, 233
Espace
– des séquences d'ARN : 98-99, 127-128, 130, 264, 269
– des séquences de protéines : 127-128, 176-177, 198, 221
– interstellaire : 18, 67, 183, 264, 270
Éthanol : 61, 74, 144
Eucaryotes : 8, 59, 139, 141, 143, 145, 150, 158, 163, 187-188, 196, 199, 203-204, 206-207, 209, 211-216, 218-223, 231-232, 234-235, 238-241, 243, 246, 264
Europe : 27, 255
Évolution : 8, 16-17, 33, 100-101, 105, 120, 123, 126, 135, 173, 176, 186, 190, 196, 198, 209-210, 221, 236, 243, 246-249, 251, 253-256, 259-262, 264-268, 270
– convergente : 186, 207, 266, 270
– horizontale : 247-249, 258, 262
– verticale : 247-249, 262, 267
Expression des gènes : 83, 111, 136-137, 192, 208
Extraterrestre : *voir* Vie extraterrestre

Fer : 65, 67-68, 81-82, 94, 158-159, 163, 166, 228
– ferreux : 61, 68, 82, 158-159, 227-228
– ferrique : 61, 82, 158-159
Fermentations : 61, 65, 74
Ferrédoxine : 163
Fidélité de la réplication : *voir* Réplication
Flagelles
– bactériens : 167, 223
– eucaryotiques : 189, 240
Flavoprotéines : 158, 160
Force protonmotrice : 66-67, 73, 78, 94, 140-141, 143, 145, 155, 160, 167-169, 187, 189
– *voir aussi* Protons
Fossiles : 102, 151, 211, 225-226, 238, 243, 245, 252, 255, 261

Galaxie : 8, 19, 127, 181
Gènes : 8, 31, 83, 88, 90, 98, 105, 111, 123-127, 129, 135-136, 138, 143, 173, 185-190, 192-193, 196-197, 201-203, 205, 207-210, 215, 217, 220-221, 231-232, 235, 237, 239-241, 244-246, 248-249, 252, 255, 259-260, 264-265, 268
– paralogues : 190, 206
Génome : 14, 30, 123-124, 188, 191-193, 196-197, 199, 203-205, 220-223, 231, 235, 240-241, 246, 249, 257, 259
Glycéraldéhyde : 21, 54, 244
– *voir aussi* Chiralité
Glycolyse : 54, 66, 73, 78, 80, 172
Goulet
– restrictif : 14-15, 246, 256-257
– sélectif : 11, 13, 15, 124, 176, 190-191, 202, 226, 238, 246, 256, 265
Groupes : 19, 39, 43, 119, 148, 158-163, 192, 199-201, 204, 211, 219-

221, 226, 234, 236, 243, 247, 252, 256, 258
GTP : 39, 49-50, 76, 78, 86, 92, 94, 174
Guanine : *voir* Bases puriques

Halobactéries : 167-168, 214
Hasard : 13-16, 22, 24, 33, 52, 87, 90-91, 96, 103, 115, 176, 179-180, 183, 190, 239, 262-264, 269, 271
Hémoglobine : *voir* Hémoprotéines
Hémoprotéines : 65, 81, 159
– *voir aussi* Cytochromes
Hétérotrophie : 59, 62-63, 160, 167, 217, 234
Hominidés : 251
Homo : *voir* Humains
Homochiralité : *voir* Chiralité
Horloge moléculaire : 197-199
Humains : 8, 17, 135, 185, 249, 251-255, 257-260, 265-266
Hydrogène : 42, 58-59, 61-62, 74, 121, 139-140, 200, 205, 225, 227, 233-236, 241
– *voir aussi* Protons
Hydrogène sulfuré : 61-62, 80, 178
– *voir aussi* Thioesters
Hydrogénosomes : 220, 232-237
– *voir aussi* Mitochondries
Hydrophilie : 121, 140, 152-153
Hydrophobie : 121, 140-141, 143-144, 152-153, 202
Hypothèse
 – de la rencontre fatidique : 52, 67, 188, 190, 202, 222-223, 234-235, 237, 254, 257
 – du phagocyte primitif : 189-190, 193, 201, 203, 214-215, 218-222, 231, 237

Identité : *voir* ARNt
Isoprénoïdes : *voir* Terpénoïdes
Isotopes
 – radioactifs : 261

Jaillissements hydrothermiques abyssaux : 178, 181

Kinésine : 212
Krebs : *voir* Cycle de Krebs

Liaisons
 – à énergie élevée : 179
 – chimiques : 73, 79, 87, 93, 95, 142, 144, 146, 148, 160, 162

 – esters
  - *voir aussi* Phospholipides esters : 39, 71, 73, 81, 141, 146-147, 150, 201
 – éthers
  - *voir aussi* Phospholipides éthers : 141, 146, 148-150, 201
 – pyrophosphates
  - *voir aussi* ATP, NTP : 39-41, 46, 50, 52, 54, 71, 79, 87, 94, 179
 – thioesters : *voir* Thioesters
Lipides : 17, 42, 49, 79, 140, 142-143, 153, 160, 207, 235
Lipophilie : *voir* Hydrophobie
Lysosomes : 212, 215-216, 218-219

Macroévolution : *voir* Évolution verticale
Mammifères : 247, 259, 266-267
Mars : 27, 182
Membranes : 41, 66, 73, 78, 139-145, 150-153, 155, 158-159, 168, 173-174, 176, 182, 187, 189, 192, 202-203, 205, 207, 212-213, 215-218, 220-221, 232-233, 235, 241
Métabolisme : 8, 20, 27-29, 32-36, 50-51, 54-55, 59, 61, 66-68, 71, 73, 77-78, 80, 93, 123, 152, 156, 160, 172-175, 177, 179, 187, 189, 193, 203, 209, 240
Méthane : 19, 62-63, 200, 236
Méthanogènes : 62, 200, 205, 234
Microbes : 220
Microévolution : *voir* Évolution horizontale
Microfossiles : 198, 227
Microtubules : *voir* Cytosquelette
Mimétisme : 265, 270
Mitochondries : 145, 158, 205, 213-214, 219-220, 223, 231-239, 252
Mitose : 213
Mitosomes : 220
– *voir aussi* Mitochondries
Monde de l'ARN : 29, 100-105, 118-119, 135, 137, 214, 217, 232
Multimères : 34-37, 55, 67, 81, 84, 94, 97, 116, 126, 152-153, 172, 175-176
Mutations : 31, 33, 51, 103, 118, 123-125, 127, 130, 196-198, 245-246, 248-249, 257, 259, 262-265, 268-269
 – ponctuelles : 121, 124, 197, 264, 267
Mycètes : 8, 34, 59, 119, 185, 196, 220, 233, 243-244, 247, 264
Myosine : 212

NAD : 65, 72-73, 76, 102, 160, 162
NADH : 164

INDEX

NADP : 65, 102, 162-163
Nanaérobie : 228
Nécessité déterministe : *voir* Déterminisme
Noyau cellulaire : 150, 158-159, 168, 196, 204-205, 212, 218, 220-221, 231-232, 235, 240-241
NTP : 48-49, 67, 86-87, 91-92, 94-96, 102, 172
Nucléosides triphosphates : *voir* NTP

Optimisation : 14, 33, 51, 98-99, 121, 124-125, 130, 138, 176-177, 180, 182, 239, 264-265, 269-270
Organismes souches : 8, 51-54, 59, 62, 64-65, 83, 87, 111, 117, 119, 123, 127, 136, 150, 155, 177, 185-191, 196-197, 199-200, 202, 208, 211-212, 215, 218-220, 223, 225-229, 232, 235, 243-244, 246-249, 261, 267-268
Origine de la vie : 7-8, 18, 20, 52, 54, 65, 67, 78, 82-84, 90, 101, 127, 134, 170, 173, 176-178, 180-182, 185, 187, 190, 195-196, 198, 201, 203-204, 207, 212, 214-216, 218, 221-223, 227, 233, 235-237, 239-240, 244, 251-252, 255, 262, 265-266, 270
Oxydation : 42, 57-58, 72-73, 158, 160, 232-233, 240
Oxydo-réductions : *voir* Couples redox, Potentiels redox
Oxygène : 44-46, 48, 59-62, 64-67, 78, 133, 140, 159-160, 163, 166, 170, 213, 225-228, 232-233, 236, 240

Pantéthéine : 79-80, 146
Paralogie : *voir* Gènes paralogues
Paroi cellulaire : 23, 201, 215
Peptides : 23, 34-36, 79-80, 84, 103, 107, 118, 126, 152, 175, 178
Peptidyle-transférase : *voir* ARNr
Perméabilité : 153
Peroxyde d'hydrogène : *voir* Eau oxygénée
Peroxysomes : 215, 225, 232-233, 236, 238, 240
pH : 168-169, 191, 200
Phagocyte primitif : *voir* Hypothèse du phagocyte primitif
Phagocytose : 216-219, 223, 227, 235-236, 238
Phosphate : 39, 43, 45-46, 49-54, 57-59, 66, 79, 81, 86, 92-95, 141-142, 145-148, 151, 155, 201, 207
Phosphoglycéraldéhyde : 73, 78

Phospholipides : 49, 51, 145, 151-153, 201-203, 207, 217
– esters : 95, 141, 150, 203, 207
– éthers : 203
Phosphopantéthéine : *voir* Pantéthéine
Phosphorylation : 39, 43-44, 46-48, 50, 52, 54, 78, 94, 155, 163, 166, 179
Phosphorylations
– au niveau de substrats : 73, 233
– au niveau de transporteurs : 73, 148, 155, 163, 170, 233
Photophosphorylation : 63-64, 164
Photosynthèse : *voir* Phototrophie
Phototrophie : 62-65, 159, 163-167
– *voir aussi* Autotrophie
Phylogénies moléculaires : 8, 87, 150, 185-186, 191, 195-196, 203, 206-207, 219, 228, 235, 240, 247, 261
Planètes : 18-19, 27, 39-40, 88, 99, 150, 177, 181-182, 197, 211, 258-261, 266, 270
– *voir aussi* Système solaire
Polyphosphate : 39-40, 43-44, 47-48, 50, 52, 81, 94
Pompes : 41, 144, 169, 189
– à protons : 155-156, 158-159, 162-163, 167
Porphyrine : *voir* Hémoprotéines
Potentiels : 41, 145, 221
– de membrane
– de protons : 80, 156, 159, 162
  - *voir aussi* Force protonmotrice
– redox : 57-59, 72, 158, 160, 163, 166, 169
Pouvoir rotatoire : *voir* Chiralité
Primates : 256, 260, 267
Probabilité : *voir* Hasard
Procaryotes : 61-62, 141-143, 150, 169, 187-188, 196, 200-201, 206, 211-212, 214-215, 218, 221-223, 232, 234-235, 239-241, 244, 246
Protéines : 22-24, 28-31, 33-34, 36, 41-42, 65, 74, 79, 83-84, 88, 101, 104, 107-109, 111, 113-114, 116, 118-119, 121, 123-128, 130, 136, 142-147, 150, 153, 158-160, 168, 172-173, 177, 187, 189, 192-193, 196, 198, 202-203, 208-209, 218, 221-222, 224, 231, 245, 264
Protistes : 196, 219-220, 233, 236, 240, 243-245
Protocellules : 30-31, 103, 117-118, 124-126, 128-130, 138, 151-153, 168-169, 174, 179, 193, 210
Protoeucaryote : 203, 205
Protométabolisme : 27-30, 32-34, 36, 66, 81, 92, 102-103, 105, 125, 134, 153, 171-177, 179-180, 189
Protons : 57-59, 155-156, 159, 168-169

Pseudo-goulet : 14, 190, 238, 245, 252, 270
Pyrophosphate : 39, 44-45, 47-49, 52, 54, 76, 79, 81, 86, 94, 109, 148-149, 171, 175, 178-179
Pyrophosphorylation : 46, 49, 148
Pyruvate : 58, 74-77

Quinones : 65, 149, 158

RE : 212, 216, 218
Récepteurs : 108, 145, 170, 189, 212
Réduction : 57-58, 69, 78, 134, 146, 148, 158, 162-163, 166, 207, 246
Réductions
– biosynthétiques : 50, 62-66, 77-80, 157, 163, 166
Réplication : 30-31, 51, 83, 89, 91, 93, 95, 97, 100, 104-105, 117-118, 126, 136-137, 189, 203, 208, 231, 264
– de l'ADN : 88, 133-134, 136, 212, 269
– de l'ARN : 87, 91, 100, 103-104, 116, 126, 129-130, 133-135, 137, 172-173, 192, 269
Reproduction sexuée : 192, 245-246, 262
Reptiles : 247, 267
Réticulum endoplasmique : *voir* RE
Rétrovirus : 135, 137, 192-193
Rhodopsine : 168
Ribose : 22, 24, 39-40, 49, 53-54, 62, 79, 84, 86, 92-93, 95-96, 115, 133-134
Ribosomes : 111-112, 116-119, 145, 212, 216, 231
Ribozymes : 28-30, 32, 83, 97, 101-105, 111, 115-116, 118-119, 122, 127, 129, 138, 153, 172-174, 182, 188

Sélection
– artificielle : 180
– cellulaire : 51, 126, 128, 138, 154, 217, 219, 245
– darwinienne : *voir* Sélection naturelle
– directe : *voir* Sélection moléculaire
– indirecte : *voir* Sélection cellulaire
– moléculaire : 30, 32, 54-55, 95-96, 100, 103, 105, 116, 118, 124, 135, 175-176, 180, 209
– mutuelle : 115, 173, 234
– naturelle : 11, 36, 54, 100, 113, 116, 118, 122-124, 128, 130, 153, 168-169, 172-177, 182, 189-190, 195, 198, 201, 208-210, 221, 239, 244, 246, 254, 257, 259-261, 265-267, 269
Séquences : 28, 49, 87, 98, 100, 108, 111, 127-130, 185, 196-198, 200, 222, 224, 255, 261, 269
Singularités : 8, 11, 14-17, 19-20, 24, 39, 50, 71, 73, 89, 108, 111, 120, 124, 139, 143, 155, 170, 177, 179, 182, 185, 189-190, 196, 206, 214, 220, 232, 237, 239, 243, 245-246, 251-252, 258, 269, 271
Soleil : 177, 181, 260
Soufre : 61-62, 65, 67-68, 80-82, 94, 158, 163, 166, 178
– *voir aussi* Hydrogène sulfuré, Sulfate
Sources volcaniques : 52, 68, 80-81, 94, 178-179
– *voir aussi* Jaillissements hydrothermiques abyssaux
Substances
– inorganiques : 43, 50-51, 57, 62, 139, 160, 190
– minérales : *voir* Substances inorganiques
– organiques : 41, 52, 54, 59, 62-65, 67, 69, 76, 93-94, 96, 108, 144, 160, 176, 180, 183, 187, 227, 264-265
Succinate : 160
Sulfate : 80, 160
Symbiose : 204-205, 235
Synthèse
– de l'ARN : 24, 40, 49, 53, 55, 67, 84, 86-87, 90-91, 95, 134
– des protéines : 42, 44, 49, 79, 83-84, 88, 104-105, 109-111, 113, 115-119, 121, 123, 125-128, 136-138, 143, 147, 149, 151, 171, 173, 176, 182, 199, 209, 212, 217
Système solaire : 18, 24, 42, 94, 182, 189-190, 212, 216-219, 227, 232-233, 235-236, 244, 271

Terpénoïdes : 202
Terre : 18, 20, 27, 35, 51-52, 80, 92, 111, 135, 152, 177, 181-182, 195-196, 200, 227, 243, 260, 266-267, 269-270
Thermodynamique : *voir* Énergétique
Thermophilie : 59
Thioesters : 35, 46, 66-67, 69, 71-73, 76, 78-81, 94, 114, 146, 155, 163, 171, 175, 178, 187
Thiols : 46, 71-73, 75-76, 79-80, 178
Thymine : 88-89, 133-135
Titan : 27

INDEX

Traduction : 30, 88-89, 111, 113, 119, 125-126, 137, 203, 208
Transcription : 30, 88-89, 111, 127, 136-137, 203, 212, 231, 244-245, 249
– réverse : 88, 135, 187, 192
Transducteurs : 41, 50, 108
Transfert
– d'acyle : 46, 76
– d'électrons : 37, 48, 57-59, 65-69, 71-73, 76, 78-81, 94, 103, 155, 160, 162, 166-167, 169, 175, 178, 189, 192
– de gènes horizontal : 31, 98, 129, 169, 186-187, 206-208, 219-220, 237
– de gènes vertical : 98, 129, 187, 202, 205-207, 209-210, 261
– de groupe séquentiel : 42, 47, 73, 79, 87, 109, 146, 148
– de groupes : 37, 43, 49, 65, 71-72, 76, 79-80, 103, 110, 147-149, 159, 169, 175
– de nucléotidyle : 47, 49, 79, 87
– de phosphoryle : 44, 48
– de pyrophosphoryle : 47, 49
Translocation : 143-145, 156, 218, 231
Transport actif : 41, 144, 146

Transporteurs
– d'électrons : 65-66, 155, 158-160, 163, 166-167, 187, 212
– de groupes : 49, 77, 79, 109, 144-147, 150, 153, 158-159, 163, 189
Travail : *voir* Énergie
Tubuline : *voir* Cytosquelette

Ubiquinone : 158
Uracile : *voir* Bases pyrimidiques
Ur-Gen : 98-99, 114
UTP : 39, 49, 86, 92, 94, 174

Végétaux : 8, 17, 59, 64, 119, 185, 196, 211, 225, 239, 243-244, 247-248, 264
Vie extraterrestre : 8, 25, 171, 180, 182-183, 190-191, 195-196, 200, 206, 226, 228-229, 271
Virus : 83, 87, 133, 135, 137, 191-193
– à ADN : 192-193
– à ARN : 137, 192-193
Vitamines : 76, 146, 150, 158-159
Voies métaboliques : *voir* Métabolisme
Volcans : *voir* Sources volcaniques

Table

Avant-propos 7

INTRODUCTION GÉNÉRALE
Les mécanismes de la singularité 11

Mécanisme 1. Nécessité déterministe 11
Mécanisme 2. Goulet sélectif 11
Mécanisme 3. Goulet restrictif 14
Mécanisme 4. Pseudo-goulet 14
Mécanisme 5. Accident gelé 15
Mécanisme 6. Coup de chance extraordinaire 15
Mécanisme 7. Dessein intelligent 16

CHAPITRE I
Briques 17

La chimie prébiotique 17
La chimie cosmique 18

CHAPITRE II
Homochiralité 21

CHAPITRE III

Protométabolisme 27

Métabolisme et enzymes 28
Congruence 29
Les premiers catalyseurs 34

CHAPITRE IV

ATP 39

Anatomie d'une molécule 39
Le moteur universel de la vie 40
Le transfert de groupe : clé de la biosynthèse 43
Pourquoi le phosphate ? 51
Pourquoi l'adénosine ? 53

CHAPITRE V

Électrons et protons 57

Énergétique des transferts d'électrons 57
Fonctions bioénergétiques des transferts d'électrons 59
Catalyseurs 65
Mécanismes de couplage 66
Les premiers transferts d'électrons 66

CHAPITRE VI

Thioesters 71

Thioesters et transferts d'électrons 72
Thioesters et transferts de groupes 79
Pourquoi le soufre ? 80
Un mot à propos du fer 81

CHAPITRE VII

ARN 83

L'ARN aujourd'hui 84
Origine de l'ARN 90
Le berceau protométabolique de l'ARN 92
La naissance de l'ARN 95
L'ancêtre de tous les ARN 98
Le monde de l'ARN 101

CHAPITRE VIII

Protéines 107

La synthèse protéique aujourd'hui 109
L'émergence des protéines 114
Traduction et code génétique 119
Croissance des protéines 125

CHAPITRE IX

ADN 133

La naissance de l'ADN 134
Pourquoi l'ADN ? 135
Quand l'ADN ? 138

CHAPITRE X

Membranes 139

Le tissu universel des membranes 139
Protéines membranaires 143
La naissance des membranes 145

CHAPITRE XI

Force protonmotrice 155

Anatomie d'une machine de couplage protonmotrice 155
Fonctions métaboliques du transfert d'électrons protonmoteur .. 160
Origine de la force protonmotrice 168

CHAPITRE XII

Retour au protométabolisme 171

Vue d'ensemble 171
La domination de la chimie 173
Le pouvoir de la sélection 176
Le berceau de la vie 177
La probabilité de la vie 179
La singularié de la vie ? 182

CHAPITRE XIII

Le DACU 185

Un portrait reconstitué du DACU 186
Naissance du DACU 189
Les virus 191

CHAPITRE XIV

La première bifurcation 195

Phylogénies moléculaires 196
La grande fissure procaryotique 200
Le protoeucaryote 203
Une vision nouvelle du DACU 208

CHAPITRE XV

Eucaryotes 211

Les signes distinctifs des cellules eucaryotiques 212
L'origine des cellules eucaryotiques 214
L'hypothèse du « phagocyte primitif » 215
L'hypothèse de la « rencontre fatidique » 222

CHAPITRE XVI

Oxygène 225

CHAPITRE XVII

Endosymbiontes 231

Mitochondries et hydrogénosomes 232
Chloroplastes 238
Autres endosymbiontes 239

CHAPITRE XVIII

Multicellulaires 243

Les fondateurs 243
Les organismes souches 246

CHAPITRE XIX

Homo 251

Un survol de l'évolution humaine 251
Mécanismes 256
Où allons-nous ? 258

CHAPITRE XX
Évolution 261

Hasard ou nécessité ? 262
L'environnement au pouvoir ? 266

Pour conclure 269
Bibliographie 273
Index 283

Ouvrage publié sous la responsabilité éditoriale
de Gérard Jorland

DANS LA COLLECTION « POCHES ODILE JACOB »

N° 1 : Aldo Naouri, *Les Filles et leurs mères*
N° 2 : Boris Cyrulnik, *Les Nourritures affectives*
N° 3 : Jean-Didier Vincent, *La Chair et le Diable*
N° 4 : Jean François Deniau, *Le Bureau des secrets perdus*
N° 5 : Stephen Hawking, *Trous noirs et Bébés univers*
N° 6 : Claude Hagège, *Le Souffle de la langue*
N° 7 : Claude Olievenstein, *Naissance de la vieillesse*
N° 8 : Édouard Zarifian, *Les Jardiniers de la folie*
N° 9 : Caroline Eliacheff, *À corps et à cris*
N° 10 : François Lelord, Christophe André, *Comment gérer les personnalités difficiles*
N° 11 : Jean-Pierre Changeux, Alain Connes, *Matière à pensée*
N° 12 : Yves Coppens, *Le Genou de Lucy*
N° 13 : Jacques Ruffié, *Le Sexe et la Mort*
N° 14 : François Roustang, *Comment faire rire un paranoïaque ?*
N° 15 : Jean-Claude Duplessy, Pierre Morel, *Gros Temps sur la planète*
N° 16 : François Jacob, *La Souris, la Mouche et l'Homme*
N° 17 : Marie-Frédérique Bacqué, *Le Deuil à vivre*
N° 18 : Gerald M. Edelman, *Biologie de la conscience*
N° 19 : Samuel P. Huntington, *Le Choc des civilisations*
N° 20 : Dan Kiley, *Le Syndrome de Peter Pan*
N° 21 : Willy Pasini, *À quoi sert le couple ?*
N° 22 : Françoise Héritier, Boris Cyrulnik, Aldo Naouri, *De l'inceste*
N° 23 : Tobie Nathan, *Psychanalyse païenne*
N° 24 : Raymond Aubrac, *Où la mémoire s'attarde*
N° 25 : Georges Charpak, Richard L. Garwin, *Feux follets et Champignons nucléaires*
N° 26 : Henry de Lumley, *L'Homme premier*
N° 27 : Alain Ehrenberg, *La Fatigue d'être soi*
N° 28 : Jean-Pierre Changeux, Paul Ricœur, *Ce qui nous fait penser*
N° 29 : André Brahic, *Enfants du Soleil*
N° 30 : David Ruelle, *Hasard et Chaos*
N° 31 : Claude Olievenstein, *Le Non-dit des émotions*
N° 32 : Édouard Zarifian, *Des paradis plein la tête*
N° 33 : Michel Jouvet, *Le Sommeil et le Rêve*
N° 34 : Jean-Baptiste de Foucauld, Denis Piveteau, *Une société en quête de sens*
N° 35 : Jean-Marie Bourre, *La Diététique du cerveau*
N° 36 : François Lelord, *Les Contes d'un psychiatre ordinaire*

N° 37 : Alain Braconnier, *Le Sexe des émotions*
N° 38 : Temple Grandin, *Ma vie d'autiste*
N° 39 : Philippe Taquet, *L'Empreinte des dinosaures*
N° 40 : Antonio R. Damasio, *L'Erreur de Descartes*
N° 41 : Édouard Zarifian, *La Force de guérir*
N° 42 : Yves Coppens, *Pré-ambules*
N° 43 : Claude Fischler, *L'Homnivore*
N° 44 : Brigitte Thévenot, Aldo Naouri, *Questions d'enfants*
N° 45 : Geneviève Delaisi de Parseval, Suzanne Lallemand, *L'Art d'accommoder les bébés*
N° 46 : François Mitterrand, Elie Wiesel, *Mémoire à deux voix*
N° 47 : François Mitterrand, *Mémoires interrompus*
N° 48 : François Mitterrand, *De l'Allemagne, de la France*
N° 49 : Caroline Eliacheff, *Vies privées*
N° 50 : Tobie Nathan, *L'Influence qui guérit*
N° 51 : Éric Albert, Alain Braconnier, *Tout est dans la tête*
N° 52 : Judith Rapoport, *Le garçon qui n'arrêtait pas de se laver*
N° 53 : Michel Cassé, *Du vide et de la création*
N° 54 : Ilya Prigogine, *La Fin des certitudes*
N° 55 : Ginette Raimbault, Caroline Eliacheff, *Les Indomptables*
N° 56 : Marc Abélès, *Un ethnologue à l'Assemblée*
N° 57 : Alicia Lieberman, *La Vie émotionnelle du tout-petit*
N° 58 : Robert Dantzer, *L'Illusion psychosomatique*
N° 59 : Marie-Jo Bonnet, *Les Relations amoureuses entre les femmes*
N° 60 : Irène Théry, *Le Démariage*
N° 61 : Claude Lévi-Strauss, Didier Éribon, *De près et de loin*
N° 62 : François Roustang, *La Fin de la plainte*
N° 63 : Luc Ferry, Jean-Didier Vincent, *Qu'est-ce que l'homme ?*
N° 64 : Aldo Naouri, *Parier sur l'enfant*
N° 65 : Robert Rochefort, *La Société des consommateurs*
N° 66 : John Cleese, Robin Skynner, *Comment être un névrosé heureux*
N° 67 : Boris Cyrulnik, *L'Ensorcellement du monde*
N° 68 : Darian Leader, *À quoi penses-tu ?*
N° 69 : Georges Duby, *L'Histoire continue*
N° 70 : David Lepoutre, *Cœur de banlieue*
N° 71 : Université de tous les savoirs 1, *La Géographie et la Démographie*
N° 72 : Université de tous les savoirs 2, *L'Histoire, la Sociologie et l'Anthropologie*
N° 73 : Université de tous les savoirs 3, *L'Économie, le Travail, l'Entreprise*

- N° 74 : Christophe André, François Lelord, *L'Estime de soi*
- N° 75 : Université de tous les savoirs 4, *La Vie*
- N° 76 : Université de tous les savoirs 5, *Le Cerveau, le Langage, le Sens*
- N° 77 : Université de tous les savoirs 6, *La Nature et les Risques*
- N° 78 : Boris Cyrulnik, *Un merveilleux malheur*
- N° 79 : Université de tous les savoirs 7, *Les Technologies*
- N° 80 : Université de tous les savoirs 8, *L'Individu dans la société d'aujourd'hui*
- N° 81 : Université de tous les savoirs 9, *Le Pouvoir, L'État, la Politique*
- N° 82 : Jean-Didier Vincent, *Biologie des passions*
- N° 83 : Université de tous les savoirs 10, *Les Maladies et la Médecine*
- N° 84 : Université de tous les savoirs 11, *La Philosophie et l'Éthique*
- N° 85 : Université de tous les savoirs 12, *La Société et les Relations sociales*
- N° 86 : Roger-Pol Droit, *La Compagnie des philosophes*
- N° 87 : Université de tous les savoirs 13, *Les Mathématiques*
- N° 88 : Université de tous les savoirs 14, *L'Univers*
- N° 89 : Université de tous les savoirs 15, *Le Globe*
- N° 90 : Jean-Pierre Changeux, *Raison et Plaisir*
- N° 91 : Antonio R. Damasio, *Le Sentiment même de soi*
- N° 92 : Université de tous les savoirs 16, *La Physique et les Éléments*
- N° 93 : Université de tous les savoirs 17, *Les États de la matière*
- N° 94 : Université de tous les savoirs 18, *La Chimie*
- N° 95 : Claude Olievenstein, *L'Homme parano*
- N° 96 : Université de tous les savoirs 19, *Géopolitique et Mondialisation*
- N° 97 : Université de tous les savoirs 20, *L'Art et la Culture*
- N° 98 : Claude Hagège, *Halte à la mort des langues*
- N° 99 : Jean-Denis Bredin, Thierry Lévy, *Convaincre*
- N° 100 : Willy Pasini, *La Force du désir*
- N° 101 : Jacques Fricker, *Maigrir en grande forme*
- N° 102 : Nicolas Offenstadt, *Les Fusillés de la Grande Guerre*
- N° 103 : Catherine Reverzy, *Femmes d'aventure*
- N° 104 : Willy Pasini, *Les Casse-pieds*
- N° 105 : Roger-Pol Droit, *101 Expériences de philosophie quotidienne*
- N° 106 : Jean-Marie Bourre, *La Diététique de la performance*
- N° 107 : Jean Cottraux, *La Répétition des scénarios de vie*
- N° 108 : Christophe André, Patrice Légeron, *La Peur des autres*
- N° 109 : Amartya Sen, *Un nouveau modèle économique*
- N° 110 : John D. Barrow, *Pourquoi le monde est-il mathématique ?*

N° 111 : Richard Dawkins, *Le Gène égoïste*
N° 112 : Pierre Fédida, *Des bienfaits de la dépression*
N° 113 : Patrick Légeron, *Le Stress au travail*
N° 114 : François Lelord, Christophe André, *La Force des émotions*
N° 115 : Marc Ferro, *Histoire de France*
N° 116 : Stanislas Dehaene, *La Bosse des maths*
N° 117 : Willy Pasini, Donato Francescato, *Le Courage de changer*
N° 118 : François Heisbourg, *Hyperterrorisme : la nouvelle guerre*
N° 119 : Marc Ferro, *Le Choc de l'Islam*
N° 120 : Régis Debray, *Dieu, un itinéraire*
N° 121 : Georges Charpak, Henri Broch, *Devenez sorciers, devenez savants*
N° 122 : René Frydman, *Dieu, la Médecine et l'Embryon*
N° 123 : Philippe Brenot, *Inventer le couple*
N° 124 : Jean Le Camus, *Le Vrai Rôle du père*
N° 125 : Elisabeth Badinter, *XY*
N° 126 : Elisabeth Badinter, *L'Un est l'Autre*
N° 127 : Laurent Cohen-Tanugi, *L'Europe et l'Amérique au seuil du XXIe siècle*
N° 128 : Aldo Naouri, *Réponses de pédiatre*
N° 129 : Jean-Pierre Changeux, *L'Homme de vérité*
N° 130 : Nicole Jeammet, *Les Violences morales*
N° 131 : Robert Neuburger, *Nouveaux Couples*
N° 132 : Boris Cyrulnik, *Les Vilains Petits Canards*
N° 133 : Christophe André, *Vivre heureux*
N° 134 : François Lelord, *Le Voyage d'Hector*
N° 135 : Alain Braconnier, *Petit ou grand anxieux ?*
N° 136 : Juan Luis Arsuaga, *Le Collier de Néandertal*
N° 137 : Daniel Sibony, *Don de soi ou partage de soi*
N° 138 : Claude Hagège, *L'Enfant aux deux langues*
N° 139 : Roger-Pol Droit, *Dernières Nouvelles des choses*
N° 140 : Willy Pasini, *Être sûr de soi*
N° 141 : Massimo Piattelli Palmarini, *Le Goût des études ou comment l'acquérir*
N° 142 : Michel Godet, *Le Choc de 2006*
N° 143 : Gérard Chaliand, Sophie Mousset, *2 000 ans de chrétientés*
N° 145 : Christian De Duve, *À l'écoute du vivant*
N° 146 : Aldo Naouri, *Le Couple et l'Enfant*

- N° 147 : Robert Rochefort, *Vive le papy-boom*
- N° 148 : Dominique Desanti, Jean-Toussaint Desanti, *La liberté nous aime encore*
- N° 149 : François Roustang, *Il suffit d'un geste*
- N° 150 : Howard Buten, *Il y a quelqu'un là-dedans*
- N° 151 : Catherine Clément, Tobie Nathan, *Le Divan et le Grigri*
- N° 152 : Antonio R. Damasio, *Spinoza avait raison*
- N° 153 : Bénédicte de Boysson-Bardies, *Comment la parole vient aux enfants*
- N° 154 : Michel Schneider, *Big Mother*
- N° 155 : Willy Pasini, *Le Temps d'aimer*
- N° 156 : Jean-François Amadieu, *Le Poids des apparences*
- N° 157 : Jean Cottraux, *Les Ennemis intérieurs*
- N° 158 : Bill Clinton, *Ma Vie*
- N° 159 : Marc Jeannerod, *Le Cerveau intime*
- N° 160 : David Khayat, *Les Chemins de l'espoir*
- N° 161 : Jean Daniel, *La Prison juive*
- N° 162 : Marie-Christine Hardy-Baylé, Patrick Hardy, *Maniaco-dépressif*
- N° 163 : Boris Cyrulnik, *Le Murmure des fantômes*
- N° 164 : Georges Charpak, Roland Omnès, *Soyez savants, devenez prophètes*
- N° 165 : Aldo Naouri, *Les Pères et les Mères*
- N° 166 : Christophe André, *Psychologie de la peur*
- N° 167 : Alain Peyrefitte, *La Société de confiance*
- N° 168 : François Ladame, *Les Éternels Adolescents*
- N° 169 : Didier Pleux, *De l'enfant roi à l'enfant tyran*
- N° 170 : Robert Axelrod, *Comment réussir dans un monde d'égoïstes*
- N° 171 : François Millet-Bartoli, *La Crise du milieu de la vie*
- N° 172 : Hubert Montagner, *L'Attachement*
- N° 173 : Jean-Marie Bourre, *La Nouvelle Diététique du cerveau*
- N° 174 : Willy Pasini, *La Jalousie*
- N° 175 : Frédéric Fanget, *Oser*
- N° 176 : Lucy Vincent, *Comment devient-on amoureux ?*
- N° 177 : Jacques Melher, Emmanuel Dupoux, *Naître humain*
- N° 178 : Gérard Apfeldorfer, *Les Relations durables*
- N° 179 : Bernard Lechevalier, *Le Cerveau de Mozart*
- N° 180 : Stella Baruk, *Quelles mathématiques pour l'école ?*

- N° 181 : Patrick Lemoine, *Le Mystère du placebo*
- N° 182 : Boris Cyrulnik, *Parler d'amour au bord du gouffre*
- N° 183 : Alain Braconnier, *Mère et Fils*
- N° 184 : Jean-Claude Carrière, *Einstein, s'il vous plaît*
- N° 185 : Aldo Naouri, Sylvie Angel, Philippe Gutton, *Les Mères juives*
- N° 186 : Jean-Marie Bourre, *La Vérité sur les oméga-3*
- N° 187 : Édouard Zarifian, *Le Goût de vivre*
- N° 188 : Lucy Vincent, *Petits arrangements avec l'amour*
- N° 189 : Jean-Claude Carrière, *Fragilité*
- N° 190 : Luc Ferry, *Vaincre les peurs*
- N° 191 : Henri Broch, *Gourous, sorciers et savants*
- N° 192 : Aldo Naouri, *Adultères*
- N° 193 : Violaine Guéritault, *La Fatigue émotionnelle et physique des mères*
- N° 194 : Sylvie Angel et Stéphane Clerget, *La Deuxième Chance en amour*
- N° 195 : Barbara Donville, *Vaincre l'autisme*
- N° 196 : François Roustang, *Savoir attendre*
- N° 197 : Alain Braconnier, *Les Filles et les Pères*
- N° 198 : Lucy Vincent, *Où est passé l'amour ?*
- N° 199 : Claude Hagège, *Combat pour le français*
- N° 200 : Boris Cyrulnik, *De chair et d'âme*
- N° 201 : Jeanne Siaud-Facchin, *Aider son enfant en difficulté scolaire*
- N° 202 : Laurent Cohen, *L'Homme-thermomètre*
- N° 203 : François Lelord, *Hector et les secrets de l'amour*
- N° 204 : Willy Pasini, *Des hommes à aimer*
- N° 205 : Jean-François Gayraud, *Le Monde des mafias*
- N° 206 : Claude Béata, *La Psychologie du chien*
- N° 207 : Denis Bertholet, *Claude Lévi-Strauss*
- N° 208 : Alain Bentolila, *Le Verbe contre la barbarie*
- N° 209 : François Lelord, *Le Nouveau Voyage d'Hector*
- N° 210 : Pascal Picq, *Lucy et l'obscurantisme*
- N° 211 : Marc Ferro, *Le Ressentiment dans l'histoire*
- N° 212 : Willy Pasini, *Le Couple amoureux*
- N° 213 : Christophe André, François Lelord, *L'Estime de soi*
- N° 214 : Lionel Naccache, *Le Nouvel Inconscient*
- N° 215 : Christophe André, *Imparfaits, libres et heureux*
- N° 216 : Michel Godet, *Le Courage du bon sens*

- N° 217 : Daniel Stern, Nadia Bruschweiler, *Naissance d'une mère*
- N° 218 : Gérard Apfeldorfer, *Mangez en paix !*
- N° 219 : Libby Purves, *Comment ne pas être une mère parfaite*
- N° 220 : Gisèle George, *La Confiance en soi de votre enfant*
- N° 221 : Libby Purves, *Comment ne pas élever des enfants parfaits*
- N° 222 : Claudine Biland, *Psychologie du menteur*
- N° 223 : Dr Hervé Grosgogeat, *La Méthode acide-base*
- N° 224 : François-Xavier Poudat, *La Dépendance amoureuse*
- N° 225 : Barack Obama, *Le Changement*
- N° 226 : Aldo Naouri, *Éduquer ses enfants*
- N° 227 : Dominique Servant, *Soigner le stress et l'anxiété par soi-même*
- N° 228 : Anthony Rowley, *Une histoire mondiale de la table*
- N° 229 : Jean-Didier Vincent, *Voyage extraordinaire au centre du cerveau*
- N° 230 : Frédéric Fanget, *Affirmez-vous !*
- N° 231 : Gisèle George, *Mon enfant s'oppose*
- N° 232 : Sylvie Royant-Parola, *Comment retrouver le sommeil par soi-même*
- N° 233 : Christian Zaczyck, *Comment avoir de bonnes relations avec les autres*
- N° 234 : Jeanne Siaud-Facchin, *L'Enfant surdoué*
- N° 235 : Bruno Koeltz, *Comment ne pas tout remettre au lendemain*
- N° 236 : Henri Lôo et David Gourion, *Guérir de la dépression*
- N° 237 : Henri Lumley, *La Grande Histoire des premiers hommes européens*
- N° 238 : Boris Cyrulnik, *Autobiographie d'un épouvantail*
- N° 239 : Monique Bydbowski, *Je rêve un enfant*
- N° 240 : Willy Pasini, *Les Nouveaux Comportements sexuels*
- N° 241 : Dr Jean-Philippe Zermati, *Maigrir sans regrossir. Est-ce possible ?*
- N° 242 : Patrick Pageat, *L'Homme et le Chien*
- N° 243 : Philippe Brenot, *Le Sexe et l'Amour*
- N° 244 : Georges Charpak, *Mémoires d'un déraciné*
- N° 245 : Yves Coppens, *L'Histoire de l'Homme*
- N° 246 : Boris Cyrulnik, *Je me souviens*
- N° 247 : Stéphanie Hahusseau, *Petit guide de l'amour heureux à l'usage des gens (un peu) compliqués*
- N° 248 : Jean-Marie Bourre, *Bien manger : vrais et faux dangers*
- N° 249 : Jean-Philippe Zermati, *Maigrir sans régime*

N° 250 : François-Xavier Poudat, *Bien vivre sa sexualité*
N° 251 : Stéphanie Hahusseau, *Comment ne pas se gâcher la vie*
N° 252 : Christine Mirabel-Sarron, *La Dépression*
N° 253 : Jean-Pierre Changeux, *Du vrai, du beau, du bien*
N° 254 : Philippe Jeammet, *Pour nos ados, soyons adultes*
N° 255 : Antoine Alaméda, *Les 7 Péchés familiaux*
N° 256 : Alain Renaut, *Découvrir la philosophie 1, le Sujet*
N° 257 : Alain Renaut, *Découvrir la philosophie 2, la Culture*
N° 258 : Alain Renaut, *Découvrir la philosophie 3, la Raison et le Réel*
N° 259 : Alain Renaut, *Découvrir la philosophie 4, la Politique*
N° 260 : Alain Renaut, *Découvrir la philosophie 5, la Morale*
N° 261 : Frédéric Fanget, *Toujours mieux !*
N° 262 : Robert Ladouceur, Lynda Bélanger, Éliane Léger, *Arrêtez de vous faire du souci pour tout et pour rien*
N° 263 : Marie Lion-Julin, *Mères : libérez vos filles*
N° 264 : Willy Pasini, *Les Amours infidèles*
N° 265 : Jean Cottraux, *La Force avec soi*
N° 266 : Olivier de Ladoucette, *Restez jeune, c'est dans la tête*
N° 267 : Jacques Lecomte, *Guérir de son enfance*
N° 268 : Béatrice Millêtre, *Prendre la vie du bon côté*
N° 269 : Francesco et Luca Cavalli-Sforza, *La Science du bonheur*
N° 270 : Marc-Louis Bourgeois, *Manie et dépression*
N° 271 : Thierry Lévy, *Éloge de la barbarie judiciare*
N° 272 : Gilles Godefroy, *L'Aventure des nombres*
N° 273 : Giacomo Rizzolatti, Corrado Sinigaglia, *Les Neurones miroirs*
N° 274 : Laurent Cohen, *Pourquoi les champanzés ne parlent pas*
N° 275 : Stéphanie Hahusseau, *Tristesse, peur, colère*
N° 276 : Élie Hantouche et Vincent Trybou, *Vivre heureux avec des hauts et des bas*
N° 277 : Jacques Fricker, *Être mince et en bonne santé*
N° 278 : Jacques Fricker, *101 conseils pour bien maigrir*
N° 279 : Hervé Grosgogeat, *Ma promesse anti-âge*
N° 280 : Ginette Raimbault, *Lorsque l'enfant disparaît*
N° 281 : François Ansermet, Pierre Magistretti, *À chacun son cerveau*
N° 282 : Yves Coppens, *Le Présent du passé*
N° 283 : Christian De Duve, *Singularités*
N° 284 : Edgar Gunzig, *Que faisiez-vous avant le Big Bang ?*
N° 285 : David Ruelle, *L'Étrange Beauté des mathématiques*

Cet ouvrage a été transcodé et mis en pages
chez Nord Compo (Villeneuve d'Ascq)

Impression réalisée par

CPI
BRODARD & TAUPIN

La Flèche (Sarthe), le 18-03-2011
N° d'impression : 63448
N° d'édition : 7381-2622-X
Dépôt légal : avril 2011

Imprimé en France